湛庐CHEERS

与最聪明的人共同进化

HERE COMES EVERYBODY

The Science Behind What Makes Us Unique

人类的本质

Human

Michael S.Gazzaniga

[美] 迈克尔·加扎尼加 著
彭雅伦 译

浙江教育出版社·杭州

MICHAEL S. GAZZANIGA

- 认知神经科学领域开创者
- 揭秘左右脑分工模式
- 脑科学研究领域的霍金
- 普惠大众的思想家

迈克尔·加扎尼加

认知神经科学之父

我们这个时代最顶尖的思想家之一

加扎尼加之于脑科学研究，堪比斯蒂芬·霍金之于宇宙学。

——《纽约时报》

加扎尼加是全球最著名的脑科学家之一，被誉为认知神经科学之父。他是生物心理学博士、美国国家科学院院士、美国艺术与科学院院士、加州大学圣巴巴拉分校 SAGE心智研究中心主任。他促进了人类对大脑功能以及大脑两半球之间关系的认识，不仅在临床和基础科学研究领域闻名遐迩，在普罗大众当中也声名卓著。

揭秘左右脑分工模式 成就诺贝尔奖重大发现

加扎尼加在美国加利福尼亚州长大，小时候就喜欢在车库里捣鼓各种实验。其父是外科手术医生，在父亲的指导下，他开始真正理解生物化学这门学科，并在后来进入达特茅斯学院，开始关注脑科学专业的动态。

因为对加州理工学院的动物大脑研究产生了浓厚的兴趣，加扎尼加决定给该研究的负责人、著名神经生物学家罗杰·斯佩里（Roger Sperry）写信，询问他是否需要一名暑期实习生。斯佩里回复："当然需要。"加扎尼加回忆说："我一直鼓励我的学生，直接给你想一起做研究的那个人写信，也许机会就会落到你身上。"

从达特茅斯学院毕业后，加扎尼加以研究生的身份加入斯佩里的实验室，主要负责裂脑人的研究工

作，史上著名的裂脑实验也自此拉开了大幕。经过多年研究，加扎尼加同斯佩里及神经外科医生约瑟夫·博根（Joseph Bogen）联名发表了一系列研究报告。三人的发现推翻了大脑平均分工执行具体功能的传统观念，让“左脑”与“右脑”从此成为日常用语。

1981 年，斯佩里因这一研究荣获诺贝尔生理学或医学奖，神经生物学也因此取得了跨越式的进步，脑科学更是由此走出象牙塔，进入了普罗大众的视野。

让生物学与心理学联姻 开创意识研究全新领域

加扎尼加对自己的成功并不满足，他一直尝试解答“大脑究竟如何产生意识”这一问题。为此，他没有局限于自己的研究方法和领域，而是广泛结交心理学、社会学、语言学、生物学、医学、数学、计算机科学、脑成像技术等各领域的专家。20 世纪 70 年代末期，在一次次跨学科的交流与碰撞中，一个全新的领域诞生了：加扎尼加和心理学家、语言学家乔治·米勒（George Miller）共同创立了认知神经科学。这一交叉学科打通了心理学和生物学的“经络”，成为研究人类意识问题的前沿学科。

1982年，加扎尼加在美国新罕布什尔州创建了认知神经科学研究所（CCN）并担任主席。此外，他还是《认知神经科学杂志》的创始人和名誉总编辑。

普惠大众的思想家

加扎尼加不仅醉心学术研究，也热衷于政治和社会问题。2001年，由于在脑科学领域举足轻重的地位，他被邀请加入美国总统生物伦理专家委员会。这个委员会由美国时任总统小布什直接组建，用于监督干细胞研究、制定管理细则，以及评估各种生物医学技术对社会和伦理带来的影响。

加扎尼加博古通今，善于用讲故事的方式为大众打开科普之门，其畅销书和教材更是广受好评。2005年，加扎尼加应邀在云集了世界顶级思想家的吉福德讲座（the Gifford Lecture）作了一系列以自由意志为主题的演讲，随后根据自己的演讲内容写出了《谁说了算？》这本极具思想性又充满挑衅意味的作品。2008年，加扎尼加出版了《人类的本质》，从意识角度揭密了人类为什么独一无二。2015年，加扎尼加出版了《双脑记》，讲述自己的学术生涯，向读者充分展示了科研生活的迷人魅力。

2019年，加扎尼加将最新的研究与人类探索意识的历史相结合，从宏观视角揭示了关于意识的科学研究成果，指明了认知神经科学与人工智能的未来。

加扎尼加“认知神经科学四部曲”

献给

——

丽贝卡·安·加扎尼加医学博士，

你是人类的典范，

也是大家最爱的姑姑。

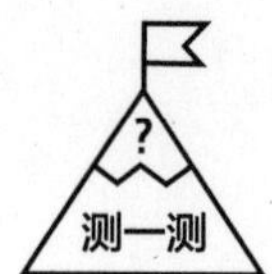

你了解人类的独特性吗?

扫码鉴别正版图书
获取您的专属福利

- 美国科学院院士、认知神经学家迈克尔·加扎尼加曾做过《最强大脑》节目的评审，这是真的吗?

  A. 真

  B. 假

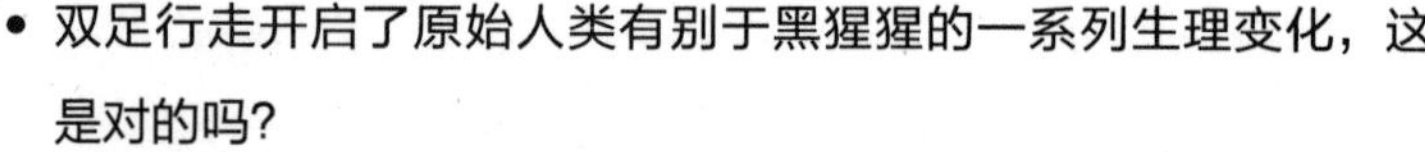

- 双足行走开启了原始人类有别于黑猩猩的一系列生理变化，这是对的吗?

  A. 对

  B. 错

扫码获取全部测试题及答案，
一起了解人类的本质

- 社会群体规模是指在不依靠组织层级的情况下，单个人的社交可控人数。人类的社会群体规模是多少?

  A. 30

  B. 55

  C. 150

  D. 300

扫描左侧二维码查看本书更多测试题

中文版序

欢迎踏上关于大脑的探索之旅

我曾经有一段非比寻常的经历：做《最强大脑》总决赛的评委。我不仅是一位评委，还是要在比赛出现平局时决定最终胜负的评委。我坐在舞台上，周围环绕着耀眼的灯光和炫目的特效，以及非常热情的观众。高效的制作组在后台来回忙碌着，保证所有环节都正常运转。随着比赛的继续，我所观看到的“头脑大比拼”让我惊讶不已，甚至不得不集中注意力来避免自己因为讶异而合不拢嘴。我可不想让观众觉得他们请了个“乡巴佬”来做评委。很快我就意识到自己并不想当这个决定比赛胜负的评委，我怎么可能做得出决定呢？幸运的是，当最后的结果公布时，并没有出现平局。我不需要做出这个不可能的决定了，但愿我解脱时舒了口气的样子没有被广播到整个世界。

虽然并不是所有人都能有这样非比寻常的经历，但作为人类，做着那些人类所做的事情，本身在动物世界就已经是非凡而独特的了。其他物种都不可能具有这样的社会性、合作性以及创造性，只有人类能够想出在全球范围内举办一个令人眼花缭乱的大脑竞赛的主意！其他物种甚至根本不知道自己有大脑，它们也无法创造出可以让自己飞到中国参加活动的喷气式飞机。我们与动物世界的其他成员们都有哪些相似之处，又有哪些人类的特性给了我们这些超凡的能力呢？

一位科学家的生活是被好奇所驱动着的旅程，途中面临一个又一个问题。你首先会问一个问题，然后这个问题的答案会带领你去问下一个问题，引导你进入一段新的旅程，而这段旅程的终点则是另一个问题。科学不是一座无人之岛，来自世界各地的成千上万名充满好奇的科学家都跟你一起走在这段旅程上，每个人都为解答不断出现的问题贡献着自己的一份力量。对于有些问题，你能够在第一次尝试时就找到答案；但对另外一些问题，你可能需要尝试好几次才能找到答案；而还有些问题可能难住你，所以你只能跟其他科学家们一起苦心研究，祈祷自己可以为最后的答案做出些贡献。多数关于大脑的问题就属于最后一类。

让我踏上科学这条曲折道路的问题是：切断连接人类大脑半球的粗大神经纤维束——胼胝体，是否会改变人类的行为？有些证据表明这样做不会有什么影响，但对我来说这并不合理，我很快就搞清楚了人类的行为会因切断胼胝体而变化，这就是裂脑研究的开端。当然，答案也将我们引向了更多的问题：行为被怎样改变了？为什么行为被改变了？大脑的不同半球是否负责不一样的事情？它们分别负责什么？为什么这样分工呢？其他动物也有跟我们相似的大脑设置吗？我很快就发现，当胼胝体被切断后，不仅我们的两个大脑半球会独立运作，而且两者之间还不知道对方所知道或正在做的事情！这让我疑惑，这是否意味着我们有两个思想呢？为什么两个大脑半球没有不停地争执？为什么我们觉得自己好像只有一个思想？这些问题和其他一些问题让我在五十多年间不断地忙碌着。

这个系列的三本书意在向读者揭露我们从裂脑研究中获得的对大脑如何

工作这一问题的了解。《人类的本质》这本书从“人类大脑中有什么让人类如此特殊”这一角度来回答了这一问题。《谁说了算？》一书则从现代科学的视角，提出“我们是否应该为自己的行为负责”这一问题。《双脑记》则讲述了我的这段科学之旅，其中包括所有加入进来并为解答这个问题做出贡献的人们，以及所有这些科学是如何一步步被融合在一起的故事。

我想要感谢中国的出版者给了我一个很棒的机会，将这些书和书中的故事组合成这样一套三部曲。我希望读者们能够像我享受研究大脑一样，享受阅读有关大脑的这些书。

序

是什么让人类独一无二

每当听到加里森·凯勒（Garrison Keillor）[①]说“身体健康，工作顺利，保持联络”时，我总会忍不住露出一抹笑意。话本身简简单单，却饱含着复杂的人性。其他灵长类动物可没这么多愁善感，我们这个物种喜欢祝别人好，不喜欢咒别人坏。没人会说“祝你今天过得糟”或者“工作烦心”，至于“保持联络”，是随着手机的普及而产生的新说法，意味着哪怕没事儿也不妨多问候。

短短一句话，凯勒就抓住了人性。有一幅描述人类进化循环链的漫画，想来人人都见过。链条左边是一只猿猴，中间经过若干早期人类的过渡阶段，到了链条右端变成了一个直立的人。我们如今知道真正的进化线没这么直来直去，可这种比喻依然站得住脚。我们确实在进化，经

① 加里森·凯勒，美国知名男演员。——编者注

过自然选择的力量，我们变成了如今的样子。不过，我想为这幅漫画做些修正：画面右端的人类转过身来，手里拿着一把刀，切断了自己与祖先之间假想的锁链，自由自在地做着没有其他动物能比得上的事。

我们人类是特殊物种，可以做到毫不费力地解决问题。比如，当我们手里满满当当地提着杂物袋，又刚好来到一扇门前面时，我们立刻知道此时该伸出小指头，勾住门把手，把门打开。人类的意识是如此生机勃勃又丰富多产，人类几乎能够把意图投射到任何东西上，我们的宠物、我们的旧鞋、我们的车、我们的世界。这就好像我们不愿意孤零零地待在认知链的最顶端，稳坐地球上最聪明生物的位置。我们觉得自己的狗充满魅力，拥有触动我们情绪的能力，我们想象它们也有怜，有爱，有恨……我们是食物链顶端的物种，却有点高处不胜寒。

数百年来，上千名科学家和哲学家都发现了人类的独特性，也意识到人类总是拼命否认这种独特性，千方百计地在其他动物身上寻找人性的痕迹。近年来，对于一切曾经被我们认为是人类独有的构造，聪明的科学家全都找到了前身。我们曾以为只有人类才具备反思能力，即“元认知”，但是真的如此吗？美国佐治亚大学的两名心理学家指出，老鼠同样具有这种能力。实验表明，老鼠知道什么是自己不知道的，这意味着我们该把捕鼠夹都扔掉吗？我不这么认为。

放眼望去，到处都能看到有关人类与其他动物的异同的趣事，生物学上尤其如此。拉尔夫·格林斯潘（Ralph Greenspan）是美国加利福尼亚州拉霍亚神经科学研究所一位才华横溢的神经科学家和遗传学者，专门从事果蝇睡眠的研究工作。

一天吃午饭的时候，有人问他：“果蝇睡觉吗？”他打趣说：“我不知道，我也不在乎。”可过了一会儿，他又觉得如果果蝇睡觉，说不定他可以从果蝇神秘的睡眠过程中学到点儿什么，毕竟人对睡眠所知不多。后来的事情长话短说，果蝇果然睡觉，跟人类一样。更重要的是，果蝇的睡眠和清醒周期，竟是由跟控制人的睡眠和清醒周期一样的基因表达式控制的。事实上，从格林斯潘目前的研究来看，连原生动物也睡觉。

人类的大多数活动都能在其他动物身上找到相关的前兆，这固然是不容抹杀的事实，但一味沉溺于此，未免错失人类经验的要旨。在后面的章节中，我们将梳理有关人类大脑、思维、社交世界、感受、艺术活动以及建立中介的能力和意识的数据，同时还包括越来越丰富的用半导体零件替换大脑元件这方面的知识。由此，一个清晰的事实浮现出来，尽管我们人类和其他动物一样，都是由同样的化学物质构成的，也有着同样的生理反应，但其实存在很大的不同。正如气体能变成液体，液体能变成固体，进化中也会出现状态变化。表面上看来，这种变化非常巨大，使人几乎难以想到它们具有相同的要素，就像人类也难以想到浓雾和冰山的构成要素竟然一样。实际上，在与环境的复杂联系中，化学结构相同的类似物质，可以呈现出截然不同的实体和形态。

事实上，我认为，在人类进化的过程中，也出现了一种类似形态变化的东西。我们拥有惊人的能力，我们有着热切的渴望，我们可以随时跳出肉身，在思想中云游四海。这一切，不是某个单独的因素能解释的。尽管我们跟孕育了自己的生物世界有着千丝万缕的联系，尽管我们在某些情况下拥有跟其他动物类似的心理结构，我们仍然与众不同。虽然我们跟其他动物一样拥有大部分相同的基因和大脑结构，但总能找出些许差异。人类能用车床打磨精致的珠宝，黑猩猩能用石头敲开坚果，但两者间的差距其实非常大。家养的爱犬或许能表达出一些情感，但没有哪种宠物能够理解悲痛与同情之间的差异。

随着形态发生变化，许多东西改变着我们的大脑和意识。本书讲述的便是人类的独一无二，以及人类是怎么变得独一无二的故事。从个人的角度来说，我热爱我们这个物种，一直如此。我从来不觉得我们应该放弃成功，放弃我们对宇宙的支配地位。所以，就让我们从理解“为什么人类是独一无二的”来开始这趟旅程吧！祝你阅读愉快。

目 录

第二部分 社会性的大脑

THE SCIENCE BEHIND
WHAT MAKES US UNIQUE

HUMAN

第一部分

人类生命的基础

显而易见，人类在生理上是独一无二的，但同样显而易见的是，人类跟其他动物的区别存在于更为复杂的层面上。我们不需要神经科学家告诉我们这一切都是大脑在发号施令，但我们需要有人解释大脑到底是怎么做到的。

01

人的大脑是独一无二的吗

> 大脑这一器官，把我们跟其他所有物种区别开来。我们在肌肉和骨骼方面并没有什么特别的，但我们的大脑与众不同。
>
> 帕什科 · 拉基奇
> Pasko T. Rakic
> 美国耶鲁大学医学院神经科学家

杰出的心理学家大卫 · 普雷马克（David Premack）曾经感叹道："为什么（同样杰出的）生物学家威尔逊（Edward O. Wilson）[①]可以在 100 米外区分出两种不同的蚂蚁，却看不见蚂蚁和人之间的区别呢？"这具有讽刺意味的说法强调了在人类独特性的问题上存在两种截然不同的意见。看起来，在科学界，一半的人认为人这种动物跟其他动物是连续统一的，另一半人则认为动物和人之间是断开的，是完全不同的两个群体。双方的争论已经持续了

① 爱德华 · 威尔逊，美国杰出生物学家，社会生物学的主要开创者。代表作《人类存在的意义》《创造的本源》《半个地球：人类家园的生存之战》，中文简体字版由湛庐引进，浙江人民出版社出版。——编者注

许多年，不久的将来肯定也得不到解决。说到底，我们人类既跟其他动物紧密联系，又跟它们截然分开。我们既可以看到两者之间的相似性，也可以注意到区别点。

我希望能从一个特殊的角度阐明这一问题。我认为对此进行争论没有意义，举例来说，人类和蚂蚁都有社会性行为，人的社会性行为毫无独特之处。“战隼”战斗机（F-16 Fighter）和“派珀”轻型机（Piper Cub）都是飞机，都符合物理学定律，都能让你从甲地飞到乙地，但它们有着巨大的不同。我想要简单地指出，人的意识与大脑迥然有异于其他动物的意识与大脑，有一些结构、加工过程和能力仅限于人类拥有。

我一直觉得很奇怪，为什么一听到有人提出“人类大脑有没有什么独特功能”一类的问题，许多神经科学家就会很激动。一些可见的生理差异造就了人类的独特性，这种观点接受起来很容易，可为什么说到人类大脑的特点及其运作方式，他们就这么敏感呢？我向一些神经科学家提出了以下问题：倘若你正在记录海马切片发出的电脉冲信号，事先你并不知道这一切片来自什么生物，你能判断出该切片属于人类还是老鼠、猴子或其他动物吗？换句话说，人类神经元有什么独特的地方吗？未来的大脑工作者能利用这类神经元培养出人类的大脑吗？老鼠或猴子的神经元也能做到这一点吗？我们能够假设说，每一个神经元本身并没有什么独特的地方，人类大脑的奥妙在于神经元连接方式的精妙吗？

随便摘录一段回答你就能看出人们的反应何其激烈。“细胞就是细胞罢了。它是一个通用的加工单元，蜜蜂和人类的细胞只有大小上的差异。就算按比例放大老鼠、猴子或人类的锥体细胞，你也没法看出它们之间的区别。”就是这样！当我们研究老鼠或者蚂蚁的神经元时发现，其中的机制和人类神经元并无差异。

这里还有另外一种回答："大脑中有多种神经元类型，这些神经元的反应特点各不相同。但就哺乳动物来说，我认为神经元就是神经元。该神经元的输入和输出（以及突触成分）决定了它的功能。"漂亮！其他动物的神经元在生理上又一次跟人类保持了一致。没有这种假设前提，费力地研究这些神经元就毫无意义了。相似的地方当然是有的，但真的就没有区别吗？

人类是独一无二的。数百年来令科学家、哲学家甚至律师困惑不解的是，人类独特在哪些地方？为什么会这样独特？一旦尝试区分动物和人类，大家就围绕各种观念和数据的意义打起了论战，等硝烟散尽，我们获得了更多信息，得以建立更严密可靠的理论。有意思的是，这场探索证明许多互相对立的看法似乎各有其正确性。

显而易见，人类在生理上是独一无二的，但同样显而易见的是，人类跟其他动物的区别存在于更为复杂的层面上。我们创造艺术，品尝美食，设计复杂的机器，一部分人还懂得量子物理。我们不需要神经科学家告诉我们这一切都是大脑在发号施令，但我们需要有人解释大脑到底是怎么做到的。我们有多独特？我们的独特体现在哪里？

大脑如何推动我们的思维和行动，至今仍然是个谜。众多谜题中最大的一道是，源自深层无意识中的想法是怎样变成了意识。研究大脑的方法日益成熟，一些谜题解开了，但解开一道谜题往往意味着产生了更多的谜题。脑成像研究令一些原本被普遍接受的原则遭到了怀疑，另外那些原则的接受度也大打折扣。举个例子，有一种想法是这样的：大脑像个多面手，它以同样的方式处理所有输入信息，接着将这些信息一一搭配起来。较之 20 世纪 90 年代初期，对这种想法的接受度现在已经大大降低。脑成像研究表明，大脑的不同区域会被不同类型的信息激活。比如，当你看着一种工具时，你的大脑并非整个参与到思考它怎么用的问题当中，实际上，大脑中只有一个特定区域被激活来观察工具。

这一领域的发现带来了很多问题：对应着各自区域的信息到底有多少种？激活大脑中每一区域的特定信息是什么？为什么一类活动有特定区域，其他活动却没有？要是我们的大脑中没有针对某类信息的特定区域，那会怎么样？尽管复杂的成像技术能告诉我们，大脑的哪一部分参与了特定类型的思考或行动，但无法说明大脑的那个部分到底是怎么工作的。如今，学者们认为，大脑皮层恐怕是“科学界已知最复杂的实体”。

大脑本身就够复杂的了，研究它的学科又极多[①]，这些研究得出了成千上万的信息域，相关的数据汗牛充栋。一门学科所用的词汇往往在另一门学科中具有完全不同的含义。糟糕或错误的解释会扭曲发现所得，并成为不准确的理论基础，引起偏颇的理论争辩。或许要等几十年后才会有人对这些东西产生怀疑或重新进行评价。政客和其他公众人物经常曲解或忽视对己方不利的研究结果，以支持他们特定的目的，或一举扼杀不符合自己政治意图的研究。不过，别沮丧，科学家反复思索和推敲，最终会琢磨出准确的理论和研究成果。

让我们像过去那样探索人类的独特性吧，从观察大脑入手。它的外观能告诉我们什么特别的东西吗？

脑袋大一定智慧多吗

比较神经解剖学的工作恰如其名。它比较不同动物大脑的大小和结构。这一点很重要，因为要想知道人类大脑有什么独特之处，你首先得弄清楚各类大脑有什么相似和相异之处。过去这种工作也算容易，用不上什么设备，

---

① 大脑不仅吸引了人类学家、心理学家、社会学家、哲学家和政治学家的兴趣，还抓住了各类生物学家（如微生物学家、解剖学家、生物化学家、遗传学家、古生物学家、生理学家、进化生物学家、神经学家）、化学家、药理学家和电脑工程师的眼球。甚至连营销专家和经济学家也忙不迭地掺和进来。

锯子够锋利、天平够精确就行了。直到 19 世纪中叶，能用的东西就是这些。接着，达尔文发表了《物种起源》，人是否和猿出自同一祖先成了首要的大问题。比较解剖学吸引了人们的目光，站在舞台中央的则是大脑。

神经科学在发展历史中提出过某些假设。其中之一是，认知能力的提高跟大脑随着进化越变越大有关系。达尔文就是这么看的，他写道："人和高等动物的认知能力显然只有程度上的区别，种类上别无二致。"他的盟友比较解剖学家赫胥黎也持同一看法，他认为人的大脑没有什么独特的地方，就是特别大。大家普遍接受的概念如下：所有哺乳动物的大脑都由同样的成分构成，但随着大脑越变越大，其功能越来越复杂，由此带来了我们在学校学到的进化阶段图：人位于进化阶梯的最顶端，而不是单列在进化树之外。然而，美国哥伦比亚大学人类学教授拉尔夫·霍洛韦（Ralph Holloway）不同意这一看法。20 世纪 60 年代中期，他提出：认知能力的进化改变是大脑重新组织的结果，而不光是由体积大小决定的。人类大脑跟其他动物的区别，说到底，也就是各类动物大脑之间的区别，到底是数量上的还是质量上的？这一争论还将持续下去。

美国耶基斯国家灵长类动物研究中心（Yerkes National Primate Research Center）的神经科学家托德·普罗伊斯（Todd M. Preuss）解释了为什么这一分歧会引发如此多的争议，以及为什么新发现的大脑连接性差异会被人视为"不合时宜"。有关大脑皮层组织的诸多概念认为各类动物大脑之间的区别是"数量"上的。科学家们相信，在其他哺乳动物（如老鼠和猴子）的大脑模型中所发现的结果，可以外推到人类身上。如果这种说法不正确，必定会在其他很多领域引发震荡，比如人类学、心理学、古生物学、社会学等。普罗伊斯主张，要想得到较为准确的结果，需要比较研究较高等哺乳动物的大脑，而不是以较低等哺乳动物（比如老鼠）的大脑为模型解释人类大脑是如何运作的。托德和很多科学家都发现，在微观层面上，不同哺乳动物的大脑差别巨大。

HUMAN ▸ 认识人类

各类动物大脑之间的区别是“数量”上的吗？好像不然。从绝对体积上来说，许多哺乳动物的大脑都比人类的大。蓝鲸的大脑体积是人类的 5 倍，难道说它比人类聪明 5 倍？难说。蓝鲸的大脑体积大是因为它要控制更庞大的身躯。实际上，蓝鲸的大脑结构是相对简单的。虽然亚哈船长①似乎发现了一条有思想的鲸鱼，可这毕竟不是普遍现象。故此，重要的或许是大脑的相对体积，即大脑相对于身体的大小，通常叫作“相对大脑容量”。以这样的方式计算脑的大小差异，鲸鱼才算回归了本来面貌：它的大脑容量仅占体重的 0.01%，而人类的大脑容量则占体重的 2%。与此同时，再来看看另外一个例子：囊鼠的大脑容量占体重的 10%。实际上，19 世纪初，解剖学家乔治・居维叶（Georges Cuvier）指出：“同等条件下，个子小的动物大脑相对较大。”事实证明，随着身躯的减小，大脑的相对体积会增大。

然而，跟个头相当的哺乳动物相比，人类大脑体积平均要大 4 ～ 5 倍。其实，在原始人类（猿）这一支上，大脑体积的发展速度比躯干快得多，其他灵长类动物则并没有这种发展趋势。自从在进化的道路上跟黑猩猩分道扬镳之后，人类大脑的体积突飞猛涨。黑猩猩的大脑重约 400 克，人类大脑却重达 1 300 克。所以说，人类的大脑相对较大。这一独特性，可以解释人类的智慧之源吗？

还记得尼安德特人②吗？他们的体格跟智人③差不多，但颅骨容量比智

① 亚哈船长，美国小说《白鲸》中的主人公。——译者注

② 尼安德特人，约 35 万年前由海德堡人进化而来。大约在 3 万年前灭绝。——编者注

③ 智人，约在 100 万年前由迈人演化而来。在约 80 万年前进入欧洲，渐渐散布到欧亚大陆各地。——编者注

人稍大，大约是 1 520 立方厘米，而现代人一般为 1 340 立方厘米。也就是说，尼安德特人的相对大脑容量比现代人还大。他们有着跟现代人相似的智力吗？尼安德特人制造工具，从遥远的地方运输原材料，还发明了标准化技术。大约 5 万年前，他们开始装饰自己的身体，安葬死者。许多研究者认为，这些活动暗示他们存在一定程度的自我意识，而且开始了象征性思考，而象征性思考是人类语言必不可少的组成部分。没人知道他们的语言能力达到了何种水平，但有一点可以确定，尼安德特人的物质文明不如同一时期的智人复杂。尽管尼安德特人的大脑体积比他们大，却不如他们能干，但尼安德特人显然比黑猩猩要能干。“大脑体积”理论不能解释的是，智人的大脑比尼安德特人小了大约 150 立方厘米，但智人的文化和社会结构更为复杂。因此，相对大脑容量固然重要，但还不是全部的奥妙所在。我们面对的是“科学界已知最复杂的实体”，想必这一结果并不会令人感到意外。

从我个人的观点来看，我对“大脑体积说”从来不感兴趣。自 20 世纪 60 年代到现在，我一直在研究裂脑患者。为了控制这些患者的癫痫症，医生通过手术把他们大脑的两个半球分离开来。手术后，病人的左右脑无法再进行有意义的沟通，彼此之间孤立开来。这样一来，一个互相关联、总重量 1 340 克的大脑，就成了两个 670 克的大脑。这对智力有什么影响吗？

没有多少影响。相反，我们看到的是人类在漫长进化过程中发展出来的大脑分工。左脑是聪明的那一半，它负责逻辑思考，语言表达和分析推理。右脑则不然，用象征性的说法，它是左脑不争气的堂兄弟，但它也有一些优于左脑的技能，尤其是在形象感知方面。然而，我们目前所讨论的内容最重要的一点是，就算左脑跟右脑分开，每一半只剩下 670 克，它的认知能力也跟之前一样。聪明的大脑不光是靠体积。

在我们结束对大脑体积问题的讨论之前，还有一些来自遗传学领域的激动人心的新信息。遗传学研究掀起了许多科学领域的革命，神经科学恰在其内。在自然选择论者看来，人类大脑体积的膨胀是自然选择通过多种机制发挥作用的结果。基因是染色体上的功能区域，这些区域由 DNA 序列[①]构成。有时候，DNA 序列会出现细微的变化，特定基因的作用也会存在某种程度上的不同。这种变异的 DNA 序列叫作“等位基因”。比如，花朵颜色的基因代码在 DNA 碱基对上出现变化，便带来了不同的花色。倘若某一等位基因对生物体起着极为重要的正面作用，比如提高了生物体的生存适应性或繁殖可能性，该等位基因便能被“正向选择”或“定向选择”。自然选择倾向于这种变异，该等位基因很快就会变得随处可见。

HUMAN▶

认识人类

虽然我们还不知道所有基因的功能，但涉及人类大脑发展的许多基因[②]跟其他哺乳动物的有所不同，具体来说，是跟其他灵长类动物的有所不同。在胚胎发育期间，这些基因参与决定大脑中有多少神经元、大脑的体积有多大。神经系统中处理日常“家务”的基因，也就是参与最基础细胞功能（如新陈代谢、蛋白质合成等）的基因，在各物种之间没有太大差异。研究人员已经确定了两种能影响大脑体积的基因：小脑症基因和 ASPM 基因（异常纺锤形小脑畸形症相关基因）。这两种基因的名字分别来自于它们的缺陷导致的疾病。人们能发现这两种基因，是因为倘若它们存在缺陷，造成的问题便会通过生育遗传给其他家族成员。这两种基因中的任何一种有问题，都会带

① DNA（脱氧核糖核酸）是一种双螺旋分子，其骨架由糖类和磷酸盐组成。每个糖分子都与四种碱基里的一种相接：腺嘌呤（简称 A）、胞嘧啶（简称 C）、鸟嘌呤（简称 G）和胸腺嘧啶（简称 T）。这些碱基又彼此相连（A 和 T，C 和 G），形成螺旋状结构。携带遗传密码的就是这些碱基序列。

② 包括 ASPM 基因、小脑症基因、CDK5RAP2 基因、CENPJ 基因、SHH 基因、APAF1 基因和 CASP3 基因。

来先天性小脑畸形——一种常染色体隐性[①]神经紊乱。这种紊乱有两个主要特点：一是大脑体积明显小于正常值（大脑体积小，但结构正常），其中，大脑皮层较之大脑别的部位体积减少得最多；二是非进行性智力迟滞。先天性小脑畸形患者的大脑体积减少非常明显（比正常值低3个标准差），变得跟早期的原始人类差不多大。

美国芝加哥大学兼霍华德·休斯医学研究所（Howard Hughes Medical Institute）的遗传学教授布鲁斯·拉恩（Bruce Lahn）所在的实验室进行了一项研究，在智人的进化过程中，自然选择的压力驱使小脑症基因和ASPM基因发生了重大变化。证据表明，（无缺陷的）小脑症基因顺着整个灵长类世系加速进化，而（同样无缺陷的）ASPM基因则在人类和黑猩猩分开之后进化得最为迅速，这就暗示着这些基因是我们祖先大脑体积迅速增大的成因。

加速进化意味着什么不言自明。在这些基因的作用下，携带者具备了一种极具竞争优势的特点。拥有它们的物种会繁衍出更多的后代，于是这些基因占据了优势。研究人员并未满足于上述结果，他们还想知道，这些基因能否解答这个问题：人类大脑还在继续进化吗？事实证明，人们通过这些基因找到了答案：人类大脑的确在继续进化。遗传学家的推论是，如果一种基因是在人类物种的形成过程中为了增强适应性而进化出来的，就像增加大脑体积的这些基因一样，那么它们可能仍然在继续进化。为什么这么说呢？

---

① 每个人在常染色体上的每一组基因都有两个副本，一个来自母亲，一个来自父亲。如基因为隐性，要想造成可见或可测特征，则必须有同时来自母亲和父亲的隐性基因副本。假设只有一个副本，如果说来自母亲，那么就由来自父亲的显性基因决定可见特征。要让子女表现出隐性基因的特征，父母双方都必须是该基因的携带者。如果父母均为隐性基因携带者，则子女有25%的机会表现出隐性特征。

科学家比较了全世界不同地区和不同种族的人类基因序列，发现不同的人在神经系统编码的基因上有一些序列差异（称为“多态性”）。他们利用基因概率和其他多种方法，分析了人类和黑猩猩的基因多态性模式和地域分布情况，发现了一些证据，证明人类的部分基因仍在进行积极的“正向选择”。他们计算出，小脑症基因的变异大概出现在3.7万年前，跟现代人类文化的出现时间基本吻合，较之随机遗传漂变和人口迁徙，它的出现频率提高得极为迅速，这表明它经历了“正向选择”。ASPM基因变异出现在大约5 800年前，当时正值农业普及，城市形成，并出现了第一条书面语言记录，这种基因变异在人口中的出现频率也很高，暗示着有力的“正向选择”。

听起来颇有答案见分晓的希望。我们有了体积较大的大脑。一些头部体积大的聪明人发现，至少我们的部分基因跟大脑体积大有关系，在我们进化的关键时刻，这些基因似乎出现了变化。这难道不意味着是它们造成了这一切，是它们令我们独一无二吗？如果你觉得答案在本书开篇就能揭晓，那你简直没利用好你的大脑。我们并不清楚，是这些基因变化引起了文化变化，还是基因变化与文化变化相互作用。就算确实是这些基因变化引起了我们的文化变化，我们也不知道大脑里具体发生了什么，是怎么发生的，是仅仅发生在我们身上，还是也发生在我们的“亲戚”黑猩猩身上，只是程度稍有不及。①

从大脑结构看人类的独特性

我们可以从三个不同的层面来观察大脑结构：区域层面、细胞结构层面和分子层面。我在前文中提到，神经解剖学在过去是一项容易的工作。知

① 我们处在进化树的一条分支上，而不是阶梯的顶端。黑猩猩是跟我们血缘最接近的“亲戚”，我们有着共同的祖先。人们在动物研究中经常拿黑猩猩做比较，因为它们跟人有类似能力的可能性最大。

名实验心理学家卡尔·莱什利（Karl Lashley）曾建议我的导师罗杰·斯佩里（Roger Sperry）："别教书。非教不可的话，那就教神经解剖学，因为它绝不会出现什么变化。"但是，事情已经出现了变化。如今，研究人员不仅可以靠诸多不同的染色技术（能够揭示出不同的信息）在显微镜下研究大脑切片，还可以使用其他多种化学方法，如放射性示踪、荧光、酶组织化学和免疫组织化学技术。现在有限的反而是用于研究的实际材料——灵长类动物的大脑不容易找到。黑猩猩被列入了濒危物种名单，大猩猩和猩猩的大脑也多不了多少；人类的大脑虽然多得是，可想跟主人分离的大脑却没几颗。对其他物种所做的研究，不少是侵犯性的、长期性的，不能对智人采用这种方法。而对非人类物种，脑成像研究很难进行，让一只活的大猩猩安静躺平实在困难。即便如此，还是有许多工具可用；况且，尽管学者们积累了大量的资料，还是有不少问题没有被研究清楚。事实上，现有研究结果中只有很小一部分是确凿无疑的。虽然这保证了神经科学家们饭碗无忧，但是研究结果上存在的巨大差距却还有待人们进行探索，并提出不同观点。

进化的宠儿：新皮层

我们对大脑的进化知道多少呢？大脑的体积是各部分平均增长，还是只有特定区域在增长？

我不妨先来介绍一些定义。大脑皮层位于大脑的外部，像一张覆盖在大脑其他部分之上的褶皱的抹布。人类大脑和其他灵长类动物大脑在体积上的差异，主要是皮层大小所致。大脑皮层是高度关联的，在大脑的所有连接中，75% 位于皮层之内，仅有 25% 是通往大脑其他部分和神经系统的输入输出连接。

新皮层是大脑皮层中较晚进化出来的区域，它负责感官知觉、发出运动指令、进行空间推理和有意识思维，对智人而言，也是语言产生的地方。解剖学将新皮层分为四个脑叶：额叶、顶叶、颞叶和枕叶。很多人都同意，对包括人类在内的灵长类动物而言，新皮层大得异乎寻常。刺猬的新皮层占大脑重量的 16%，夜猴及黑猩猩的大脑新皮层分别占大脑重量的 46% 和 76%，人类新皮层所占的比例则更大。

大脑的部分区域扩大意味着什么呢？等比例扩大指的是所有部分都按相同的比例扩大。假设大脑大了两倍，那么大脑的每一部分也都大了两倍。非等比例扩大则指的是某一部分的扩大超过了其他部分。通常，随着大脑区域体积的变化，内部结构也会发生变化，这跟商业组织差不多。假设你和朋友发明了一种产品，而且卖出去一些。一旦这产品流行开来，你就得雇用更多人手来生产，之后你还会需要秘书和销售代表，最终，你会需要专家的帮助。

大脑也出现了这样的情况。随着一个区域的扩大，一部分结构中就建立了分支，专门从事某项活动。大脑体积扩大时真正增加的其实是神经元的数量，而各物种神经元的体积又相对恒定，单个神经元只能跟数量有限的其他神经元相连。所以，神经元的数量虽然增加了，但每个神经元连接的绝对数量并没有增加。这样一来，随着大脑绝对体积的扩大，等比例的连接性反而减小了，单个神经元无法再彼此相连。人类大脑有数十亿组成局部回路的神经元，如果这些回路像蛋糕那样叠起来，就构成了皮层区域；如果它们不是叠起来，而是聚在一起，则称为神经核。区域和神经核同样相互连接，形成系统。美国加州大学欧文分校的乔治·施特里特（George Striedter）认为，大脑在不失协调性的前提下能长到的最大体积，有可能受限于体积变化导致的连接性变化。大脑的进化创新，可能正是为了克服这个问题。神经元连接的密度降低，迫使大脑出现功能分工，建立局部回路，进行自动处理。不过，按照加州大学伯克利分校生物人类学及神经科学教授特伦斯·迪肯（Terrence Deacon）的说法，总体而言，一个区域的范围越大，连接性就越好。

问题来了：新皮层是等比例扩大，还是非等比例扩大？如果是后者，扩大的是哪些区域？让我们先从枕叶开始。枕叶包括初级视觉皮层，也叫纹状皮层。黑猩猩的纹状皮层占整个新皮层的5%，而人类的纹状皮层只占2%，低于预期值。如何解释这种现象呢？难道我们的纹状皮层萎缩了吗？还是新皮层的其他部分扩大了？根据预测，要是黑猩猩的体型有我们这么大，它的纹状皮层应该跟我们的一样大。这样看来，纹状皮层缩小的可能性不大，恰恰相反，是皮层的其他部分扩大了。争论的焦点在于扩大的是哪一部分。

HUMAN ▸

认识人类

研究者们认为，按比例来看，人类的额叶比其他灵长类动物的稍大。早先对这一主题所做的研究是在非灵长类动物（大部分是非猿灵长类）的基础上进行的，对大脑的各个部位，研究者使用的称呼和标示缺乏一致性。1997年，凯特琳娜·塞门德福里（Katerina Semendeferi）和同事发表了一篇论文，比较了10个人、15只大猿（包括6只黑猩猩、3只倭黑猩猩、2只大猩猩和4只猩猩）、4只长臂猿和5只猴子（3只猕猴、2只卷尾猴）的枕叶。表面上看，这个样本规模很小，但在比较神经解剖学中，对于灵长类动物的研究来说，已经算是相当大了，样本量比从前所有的研究都多。从他们的数据来看，虽然人类额叶的绝对体积最大，但在参与这次研究的所有灵长类动物中，额叶的相对体积是相同的。故此，他们得出结论，按照比例，人类的额叶并不比其他灵长类动物的大。

额叶的大小为什么这么重要呢？额叶跟较高级的人类行为功能（如语言和思维）有很大关系。倘若人类额叶的相对体积并不比其他猿类的大，我们应该如何解释语言这类高级功能呢？研究人员提出了以下四种可能性：

1. 该区域有可能进行过重组，皮层区有选择地（而非全部）增大，其他部分则未有相应发展。

2. 相同的神经回路可能在额叶区域之内，以及额叶区域与大脑其他区域之间建立了更丰富的连接。

3. 额叶内的次级区域可能出现过局部回路的调整。

4. 额叶内有可能新增或淘汰了某些次级区域（包括肉眼可见或需借助显微镜才能见到的区域）。

托德·普罗伊斯认为，就算你接受额叶扩大的比例并未超过皮层其他区域扩大的比例的说法，也应该区分额叶皮层和前额叶皮层。前额叶皮层指的是额叶的前面部分。它跟额叶其他部分的区别在于，前额叶皮层有一层额外的神经元[①]，牵涉到复杂认知行为的规划、人格、记忆、语言和社会行为等方面。普罗伊斯认为，额叶皮层与前额叶皮层的比例或许发生了变化。他提供的证据表明，人类额叶的运动皮层部分比黑猩猩的小，暗示着人类额叶另有其他部分增大，才使得额叶的体积不曾出现整体缩小的情况。事实上，塞门德福里证实，人类外侧前额叶的第 10 区几乎有猿类的两倍大。第 10 区涉及的功能包括记忆和规划、认知灵活性、抽象思维、开展适当行为、阻碍不当行为、学习规则以及从感官知觉中提取相关信息。在后面的章节中我们将看到，人类的这些能力比其他灵长类动物要强得多，还有些能力是人类独有的。

托马斯·舍尼曼（Thomas Schoenemann）和他在美国宾夕法尼亚大学的同事们对前额叶皮层中的白质相对量问题很感兴趣。白质位于皮层之下，由神经纤维构成，这些纤维把皮层和神经系统的其他部分连接起来。他们发现人类前额叶白质与其他灵长类动物相比，多得不成比例，由此得出结论，大脑的这一部分存在更高级的连接。

连接性极为重要。假设你打算成立一家组织，寻找一名你怀疑开着车在

① 这就是所谓的第四内颗粒层。

全美游荡的逃犯。那么，你希望参与此事的各执法机关怎么做呢？沟通是重要的。要是高速公路巡警在埃尔帕索看见一辆可疑的汽车朝西开，却没有告诉位于西面的新墨西哥州的巡逻队，那就什么用也没有。凭借大量的输入信息，调查人员之间的沟通越好，整个搜索活动才能开展得越有效。

前额叶皮层的真正意义也正在于此。它不同部分之间的沟通更多，不仅运作速度更快，而且也更灵活。这意味着，用于一项任务的信息也可以用到其他任务上。你知道得越多，大脑运作得越快。虽然我们跟黑猩猩有着相同的大脑结构，但我们的大脑冒出的点子更多，部分原因或许就在于前额叶皮层的相互连接。

前额叶皮层还有另一个有趣的地方。非灵长类哺乳动物的前额叶皮层有两个主要区域，灵长类动物则有三个。最初的区域是眶额皮层（对有可能获得奖励的外部刺激做出反应）和前扣带回皮层（处理有关身体内部状态的信息）。这两个部分其他灵长类动物也有，并且在进化中出现得较早，它们共同参与决策的“情绪”方面。附着其上的新区域叫作颗粒皮层，也就是第10区所在的地方。

这一新区域显然为灵长类动物所独有，它主要参与决策的理性方面，也就是我们为做出一个决定所做的有意识努力。在人类大脑中，这一区域跟后顶叶皮层和颞叶皮层密集地相互连接，而在新皮层以外的部分，它还跟背侧丘脑（也出现了不成比例的增大）的若干细胞群，即中缝背核和枕核相连。乔治·施特里特认为，增大的不是随机选择的区域和神经核，而是整个回路。他指出，这一回路让人类获得了更大的灵活性，更擅长为解决问题找出新颖的途径。这一回路还拥有抑制无意识反应的能力，这在寻找新反应时是必要的。

大多数研究都集中在额叶，我们对颞叶和顶叶的认识非常有限，只知道它们比预期要大很多。如果要写博士论文的话，这两个部位还有大量的研究空间。

那么脑的其他部分呢？还有什么东西增大了吗？小脑增大了。小脑位于大脑半球的后方，负责协调肌肉运动。小脑的一部分，尤其是齿状核比预期大。这一区域从外侧小脑皮层接收输入神经，并通过丘脑（丘脑对来自神经系统其他部分的感觉信息进行分类和指挥）向大脑皮层传递输出神经。这很有意思，因为越来越多的证据表明，小脑不仅对运动机能很重要，对认知也很重要。

皮层区域的功能故事

除了划分出额叶等实体部分，大脑还可以按"皮层区域"这样的功能单位来划分，它们同样有着具体位置。有趣的是，第一个冒出这种念头的是 19 世纪初的一位德国医生弗朗茨·约瑟夫·高尔（Franz Joseph Gall）。他将其称为"颅相学理论"，该理论后来又得到了其他颅相学者的扩充。高尔认为，大脑是负责意识的器官，大脑的不同部分各司其职，这是他想法里好的一面。不好的一面则在于，他认为根据大脑不同区域的大小，可以看穿一个人的性格和特点。头骨的形状准确对应着大脑的形状（事实并非如此），触摸头骨，即可判断大脑各个区域的大小。故此，颅相学家用自己的手在头骨上摸来摸去，甚至用游标卡尺来测量。根据所得数据，他们能预测人的性格。颅相学大受欢迎，当时的人们用它来评估求职者，预测孩子的个性。麻烦的是，这方法并不灵验。不过，高尔想法里好的那部分内容却很有用。

皮层区域里有一些特点迥异的神经元，对应着不同类型的刺激，完成不同的认知活动，有着不同的显微解剖结构。[①] 例如，眼睛和耳朵传入的信号分别由不同的皮层区域进行处理，处理前者的是位于枕叶的初级视觉皮层，处理后者的是位于颞叶的初级听觉皮层。如果初级感觉区受到破坏，人就再也无法察觉感官知觉。比如要是听觉皮层受到破坏，人或许还能对声音起反

① 神经元是专业分工的。它们的形状、大小、电化学性质存在广泛差异，取决于它们具体参与什么样的加工和传输工作。

应；但意识不到自己听见了声音。此外还有联合区，负责整合各种类型的信息；还有运动区，专门负责有意运动的各个方面等。

额叶的皮层区域参与冲动控制、决策和判断、语言组织、记忆、问题解决、性行为、社会化和自发行为。额叶是大脑“高管”所在的位置，负责规划、控制、协调行为，并控制部分肢体，尤其是手部的有意识运动。

顶叶的皮层区到底发生了些什么，至今仍然有点神秘，但它们凭借视觉空间处理和对象控制，参与整合肢体不同部位输入的感觉信息。颞叶的初级听觉皮层参与聆听，而高级别的听觉处理还涉及其他的区域。人类的左侧颞叶专门负责言语、语言理解、给事物命名和口头记忆等语言功能，讲话的韵律或节奏则由右侧颞叶处理。颞叶的腹侧部分也从事一些具体的视觉处理工作，如面部、场景和物体的识别。颞叶的中间部分忙于记忆事件、经历和事实。海马是古老的进化结构，位于颞叶深处，人们认为它参与了将短时记忆转化为长时记忆的加工以及空间记忆。枕叶与视觉有关。

既然人类可以做许多其他猿类做不了的事情，那就肯定可以从中找出一些独特的东西，你不这么认为吗？人们发现，灵长类动物比其他哺乳动物有更多的皮层区。灵长类动物有 9 个或 9 个以上的前运动区，即负责计划、选择、执行运动行为的皮层区域，非灵长类动物则仅有 2 ～ 4 个。这叫人忍不住会想，由于我们人类有着更高级的功能，我们应该拥有比其他灵长类动物更多的皮层区。事实上，有证据表明，研究者在人类大脑的视觉皮层里找到了独特的区域。美国纽约大学的戴维 · 希格（David Heeger）刚刚在人类大脑里发现了一些在其他灵长类动物大脑里找不到的新区域。然而除此之外，研究者并没有在人类大脑里发现其他额外的皮层区。

为什么人类竟然没有更多的皮层区？语言和思维是哪儿来的？作曲、壁画、赛车比赛，这些东西是怎么冒出来的？如果黑猩猩跟我们有着相同的皮层区，为什么它们不能做出同样的东西来？至少，我们的语言区应该是不同寻常的吧？答案可能出在这些区域的结构上，它们的连线方式可能有所不同。

事实证明，尽管我们的探索之旅越来越复杂，但也越发有趣了。姑且不说没有证据表明人类比猿类拥有更多的皮层区，而今反倒有越来越多的证据显示，猿类有着对应人类独有功能的皮层区域。除了大猿，其他灵长类动物似乎也有着跟我们的语言区域、工具使用区域相对应的皮层区，而且这些区域同样是偏侧化的，也就是说，它们主要位于单个半球，跟人类一样。

HUMAN ▶
认识人类

人类大脑的独特之处，在于一个叫作“颞平面”的区域，这一区域为所有灵长类动物所共有。颞平面是韦尼克区（与语言输入——如理解书面和口头语言等有关的皮层区[①]）的组成部分。人类、黑猩猩和猕猴的左脑颞平面均比右脑更大，但它在人类左脑里有着些许独特之处！具体来说，人类左脑颞平面的微神经柱比右脑的要大，微神经柱之间的区域也是左脑的宽于右脑的，而在黑猩猩和猕猴的大脑里，微神经柱的粗细和柱间距左右脑相同。

目前为止，我们得出了哪些结论呢？我们的大脑比同体积的猿类要大，我们的新皮层比按身体大小预测出来的大 3 倍，我们新皮层的某些区域和我们的小脑大于预期，我们有更多的白质，意味着我们可能存在更多的连接，现在，我们的微神经柱又有了微观上的部分差异，姑且不论具体是些什么差异。

① 另一个牵涉到语言的皮层区是布罗卡区，它的功能我们尚未完全弄清，但主要是语言输出。一种名为“上纵束”（arcuate fasciculus）的神经通路连接着这两个区域。

接下来，我们要看看颞平面中神经柱的不对称性跟其功能有什么样的联系，以及它是不是真的跟人类独特性有所关联。语言中枢位于大脑左半球的听觉皮层，耳朵把接收到的声音刺激转换成电脉冲，传递到左右两个半球的初级听觉皮层。听觉皮层由若干部分组成，每一部分都有不同的结构和任务。例如，听觉皮层的一些神经元对声音的不同频率敏感，另一些则对声音的响度敏感。人类听觉皮层这些部分的数量、位置和组织方式，我们至今尚未完全搞懂。就语言而言，大脑两个半球着重于不同方面的功能。左半球的韦尼克区识别言语的不同部分，右半球听觉皮层的某个区域识别韵律，即言语的节奏结构（这一点我们稍后还会讲到），然后又将之传到韦尼克区。

现在，我们进入了推测的领域。我们知道，人类左脑的颞平面比右脑的大，左脑和右脑的微神经柱不同。左脑的神经柱更粗，之间的空隙更大，这种结构上的差异是人类独有的。神经柱之间的空隙加大，锥体细胞的树突随之扩展，但后者的扩展跟间隙的加大并不成比例，这就使得左脑互相连接起来的微神经柱在数量上少于右脑。有人提出，这可能暗示着左脑这一区域的局部处理架构存在更为复杂、更为精简的模式，或者也可能暗示这一间隙中存在额外的成分。这种情况跟另一处听觉区域的有所不同，在那里，锥体细胞树突的扩展填补了增加的间距。

左右半球的后语言区在宏观神经柱水平上也有所不同。两个半球有同等面积的片状连接，但左半球片状体之间的距离要大于右半球，意味着左半球互相连接的宏观神经柱更多。据推测，这种相互关联的模式和视觉皮层类似。在视觉皮层中，处理同类信息的宏观神经柱也是聚在一起的。故此，后听觉系统连接性的增强，或许产生了类似的功能集群，从而得以更精细地分析收到的信息。

到目前为止，由于技术限制了我们对人类大脑长距离连接的研究，还没有找到直接证据证明左右脑区域连接的不对称性，但这里有一些间接的证据。微神经柱间距增大，可能是输入输出连接的差异导致连接数增加，或连接体积增大造成的。左右半球有着对称的形状差异，神经元的长程和短程决定了脑回的形状。

最后，在前后语言区左侧，以及初级听觉区和次级听觉区的上颗粒层，超大锥体细胞的数目都增多了。许多研究人员认为，这暗示了左右脑区域连接的不对称性，并可能跟左右脑对即时信息的处理有关，这一点非常重要。

时间的重要性只要去问问史蒂夫·马丁（Steve Martin）或丽塔·拉德纳（Rita Rudner）就知道了。[①] 因为处理即时信息的能力对理解语言至关重要，所以人类的大脑可能需要建立专门的连接来处理它。而左半球能更快地处理这些信息，所以甚至有人认为，在左右半球之间传递信息耗费的时间，导致了语言功能的偏侧化发展。

古怪的偏侧化

可以肯定的是，人类大脑是一种古怪的装置，它通过自然选择逐渐形成，只为了实现一个主要目的——做出有利于成功繁衍的决策。这一简单的事实带来了许多后果，也是进化生物学的核心内容。只要掌握了它，脑科学家便能更好地理解人类大脑功能的一个突出现象——偏侧化专业分工的普遍存在。在动物王国中，没有其他动物像人类这样，各项功能高度专门化。为什么会这样呢?

或者，事实正如我姐姐的朋友凯文·约翰逊（Kevin Johnson）所说："大脑由两半构成，它们必须互相作用，才能让思维运转起来。现在，倘若我们假设大脑和思维都是进化的结果，分成两半的大脑有什么适应性

① 这两人都是上了年纪的脱口秀明星，作者的意思应该是说，随着时间的流逝，这两位明星的人气大不如前。——译者注

上的优势呢？是什么样的进化力量能让如此古怪的安排具有适应性呢？”根据我自己所做的裂脑研究，我得出了一点看法，或许可以解释这些问题。

事实证明，经常遭人忽视的胼胝体，即被普遍认为只负责两个半球交换信息的纤维束，有可能是决定人类地位的伟大功臣。相比之下，其他哺乳动物大脑两侧功能分工的证据不太多。但也有极少数例外，比如我的同事查尔斯·汉密尔顿（Charles Hamilton）和贝蒂·韦梅尔（Betty Vermeire）在研究短尾猴面部识别能力时发现，短尾猴大脑右半球更擅长识别猴子的面孔。鸟类也存在大脑功能偏侧化的现象（我们将在稍后的章节更详尽地讨论鸟类的大脑），至于偏侧化到底是整棵进化树上共同的特点，还是各个物种独立发展出来的，这个问题尚待研究。

随着皮层对空间的需求日益增长，其中一个半球可能开始随着自然选择而发生改变，另一个半球却保持原样不动。有了胼胝体在两个半球间交换信息，突变事件可能只发生于单侧的皮层区，另一侧保持不变，继续从同源区域向整个认知系统提供皮层功能。由于新功能的发展，原本负责其他功能的皮层区域可能转向了新的任务。但因为另一个半球继续维持着原来的功能，大脑的整体功能没有损失。总之，多亏了胼胝体，大脑实现了无成本扩充。靠着减少冗余，新的皮层区获得了扩展空间，皮层能力大大加强。

这里我要介绍认知神经科学史上的一项发现，可以为上述说法补充背景知识。该发现有力地指出，局部短连接对大脑神经回路的维持和运作非常重要。长纤维系统可能主要跟沟通计算结果有关，短纤维系统却是执行计算的关键。这是否意味着，随着专业化分工计算需求的增加，大脑突然面临着需要调整回路来适应新生的活动区域？

HUMAN▶
认识人类

裂脑研究发现的一项重要事实是，大脑左半球在知觉功能上存在明显的局限性，而右半球在认知功能上有着更为突出的局限性。故此，裂脑研究的模型认为，偏侧化分工反映了新技能的出现和原有技能的保留。自然选择容许出现这种古怪的状况，因为胼胝体把这些新发展整合成了一套更好的决策功能系统。

让我们从大脑右半球可能付出的代价入手，看看这一观点的另一方面。表面上看，正在发育的儿童跟猕猴有着差不多的认知能力。例如，猕猴和 12 个月大的孩子都能完成简单的分类任务。可对接受了裂脑手术的受试者来说，大脑右半球似乎无法很好地完成此类任务。情况似乎是这样：大脑右半球的注意－知觉系统在发展过程中部分挪用了原来的认知能力，因此在认知上有所欠缺；正如大脑左半球的语言系统在发展过程中部分挪用了原来的知觉能力，因此在知觉上有所欠缺。

随着大脑功能的偏侧化发展，人们可以预见到，局部的半球内回路将增多，跨半球回路将减少。由于局部回路专门针对特定功能做了优化，原来双侧化的大脑不再需要把两套相同的处理系统连在一起，来完成信息处理的各个方面。因为只有处理中枢得出的结果需要传给另一半球，所以大脑两半球之间的沟通大大减少。美国埃默里大学耶基斯灵长类动物研究中心的研究员报告说，灵长类动物大脑白质的增长率相对于胼胝体来说有很大差异。在人类大脑中，胼胝体的增长率较之半球内白质明显下降。

贾科莫·里佐拉蒂（Giacomo Rizzolatti）发现的镜像神经元（稍后会讲到），也能帮助我们理解人类独有的新能力是怎样在皮层进化期间出现的。猴子的额叶神经元不仅在自己去抓食物的时候会做出反应，在人类实验者去抓食物的时候也会有反应。看起来，猴子大脑里的回路能让它再现他人的动作。研究表明，人类的镜像神经元系统比猴子的规模更大、参与面更广。里佐拉蒂认为，这一系统可能为模块化思维理论（为人类所独有）奠定了基础。

基于这一背景，在漫长的进化发展过程中，不断变化的皮层系统逐渐适应，确立了偏侧化分工体系，人类大脑走上了独特的神经系统之路。

寻找控制语言的基因

我们差不多已经完成了这趟大脑之旅，但别忘了，还有一个更细微的层面在等着我们，那就是分子层面。接下来我们准备动身去往遗传学的领地，那儿可是个热闹的地方。其实，我们目前为止讨论的一切东西，它们之所以变成那个样子，全是因为该物种的 DNA 把它们编码成了那样。归根究底，人类大脑的独特性，来自人类独特的 DNA 序列。人类和黑猩猩基因组的成功排序，以及比较基因学这一新领域的蓬勃发展，让我们得以一窥表型特性（即可见的生理或生物化学特征）差异的遗传学基础。在你兴高采烈，觉得谜底即将揭晓的时候，请允许我与你分享如下引文："物种形成后的遗传变化及其生物学结果似乎比最初假设得更为复杂。"你不知道吗？那让我们来看一种基因，看看它看似简单的变化会有多复杂。

我们得稍微了解一下基因是什么，是做什么的。基因指的是染色体特定位置上的一段 DNA。① 每个基因都是由 DNA 的编码序列和调控序列构成的，

---

① 染色体是所有细胞核中均能发现的一种微观线状结构，它是遗传特征的载体。它由一种复杂的蛋白质和 DNA（一种核酸，其中包含了所有细胞发育的遗传指令）构成。每个物种均有一定数量的染色体，人类有 23 对（共 46 条）染色体。然而，生殖细胞（配子）却只有 23 条染色体。因此，当男性和女性的配子结合，受精卵（合子）的染色体分别来自父母。

编码序列决定蛋白质的结构，调控序列控制蛋白质的生产时间和位置。基因支配着细胞的结构和新陈代谢功能。生殖细胞中的基因把自己的信息遗传给下一代。每个物种的每一条染色体上均有数量明确的基因，基因排列顺序也是确定的。任何变动都会导致该染色体突变，但突变并不一定会对生物体造成影响。有趣的是，真正为蛋白质编码的 DNA 很少。跟染色体交织在一起的还有大量非编码 DNA 序列（约占总数的 98%），我们目前尚未弄清它们的作用。好了，现在我们可以回到正题了。

HUMAN ▸
认识人类

故事开始于英国的一家诊所，那儿的医生正为一个独特的家族（称作 KE 家族）治病，这家人的不少成员都患有严重的言语和语言失调病症。他们很难控制面部和口部的复杂协同运动，这妨碍了说话。此外，他们还有很多口头和书面语言上的问题，比如难以理解语法结构复杂的句子，无法根据语法规则处理词语，平均智商低于未患病的家族成员。这家人被介绍到了牛津大学韦尔科姆基金会人类遗传学中心（Wellcome Trust Centre for Human Genetics），该中心的研究人员查阅了族谱，发现这是一种遗传模式很简单的疾病，和其他一些患有语言障碍的家族不同（这些家族的遗传问题要复杂得多）。KE 家族在一个常染色体显性基因上存在缺陷。这就意味着，出现这种基因突变的人，有 50% 的概率把它遗传给下一代。

研究人员继续调查，把范围缩小到 7 号染色体上的一段区域，其中包含了 50 ～ 100 个基因。接下来的事情完全是因为运气好，有一位与 KE 家族无关的患者也患有类似的语言问题，也被送到了该中心。他患有一种名为“易位”的染色体异常病症，两条不同染色体的末端片段断裂并交换了位置。其中一条染色体是 7 号染色体，断点的位置刚好处于跟 KE 家族问题相关的那一区。人们分析了 KE 家族 7 号染色体上处于该位置的基因，发现了一个突变的碱基对：本来应该是鸟嘌呤的地方变成了腺嘌呤，在其他 364 名正常对照组中都没有发现这一碱基对突变。根据预测，这种突变使得蛋白质发生了变化，在 FOXP2 蛋白的叉头型 DNA 结合域，组氨酸替代了精氨酸。导致 KE 家族问题的罪魁祸首，就是这一名为“FOXP2 突变”的基因突变。

怎么会这样呢？这么一丁点儿的变化，为何会造成这么大的破坏呢？深深吸一口气，慢慢呼出来。很好，现在你已经准备好了。叉头框（FOX）基因有很多种，是一个基因大家族，专为有着叉头框结构域的蛋白编码。叉头框指的是 80 ～ 100 个氨基酸组成一个特殊的形状，像钥匙插进锁里那样，跟 DNA 的特定区域结合在一起。一旦契合，FOX 蛋白就会规定目标基因的表达。精氨酸被换掉，改变了 FOXP2 蛋白的形状，使其无法再跟 DNA 结合，钥匙打不开锁了。

FOX 蛋白是一种转录因子。转录因子又是什么？请记住，基因有编码区和调控区。编码区是蛋白质结构的配方，为了生成蛋白质，DNA 序列中的配方必须首先复制到信使 RNA 的中介副本中，通过名为转录的精心控制过程，得到蛋白质的生产模板。调控区决定生产多少份信使 RNA 副本，也决定了蛋白质的数量。转录因子是一种蛋白质，跟其他基因们（请注意我在这里使用了复数，也就是说，它影响多至上千个基因，而不是仅仅一个）的调控区相结合，调节其转录水平。有着叉头型结合域的转录因子只针对特定的 DNA 序列，不能不加选择地随意结合，目标的选择取决于叉头的形状和细胞环境，既可能增加转录，也可能减少转录。一个转录因子的缺失就可能影响到其他的基因，至于到底有多少基因会受影响，数量无法确定，有可能很大。你可以把转录因子想象成一个开关，它为特定数量的基因开启或关闭其基因表达。这些基因的数量有时很少，有时也可能多至 2 500 个。如果叉头型蛋白不能跟一条 DNA 链的调控区结合，生产该区域编码 DNA 的开关就无法开启或关闭。许多叉头型蛋白是胚胎发育的关键调控员，它们负责将未分化的细胞变成专门的组织或器官。

回到 FOXP2 蛋白，这是一种会影响到大脑、肺、肠道、心脏和人体其他部位组织的转录因子，该基因的突变只影响到了 KE 家族的大脑。请记住，每对染色体有两个副本，KE 家族的患病成员有一个正常的副本和一个变异的副本。研究人员假设，在神经形成的某个阶段中，FOXP2 蛋白数量的减少会导致事关言语和语言的神经结构出现畸形，而正常的染色体副本所生产的 FOXP2 蛋白数量足以让其他组织完成发育。

倘若 FOXP2 基因对语言的发育这么重要，那么它是人类所独有的吗？这个问题非常复杂，涉及研究基因的遗传学和研究基因表达的基因组学之间的巨大区别。大量哺乳动物都有 FOXP2 基因，由 FOXP2 基因编码的蛋白在人类和老鼠中只有三个氨基酸不同。研究人员发现，这三个不同的氨基酸，有两个出现在人跟黑猩猩在进化道路上分道扬镳之后。因此，人类确实有一种独特的 FOXP2 基因，产生独特的 FOXP2 蛋白。人类基因的两个突变改变了蛋白质的结合特性，这可能对其他基因的表达造成了巨大影响。据估计，这两个突变出现在过去 20 万年中，它们经历了加速进化和正向选择。不管它们到底做了些什么，总归给人类带来了竞争优势。更重要的是，这段时间刚好跟人类口头语言的出现期相吻合。

这就是关键吗？就是这个基因负责言语和语言的编码吗？这样吧，我再分享一份比较研究。根据这份研究，和黑猩猩相比，人类大脑皮层 91% 的基因都存在不同的表达，其中 90% 得到了明显优化，也就是说，人类的表达水平增强了。这些基因有着不同的功能，有些为神经系统正常发育所需，有些跟神经信号及活动增多有关，有些负责调节能量传输的增强，还有些功能不明。最有可能的情况是，FOXP2 基因只是语言功能众多变化中的一分子，但这引出了更多的问题。这种基因是做什么用的？它还会影响其他哪些基因？人类和黑猩猩之间的两点突变差异真的在回路或肌肉功能上造成了重大变化吗？如果确实如此，是怎样造成的呢？

故事到此尚未结束。神经科学家帕什科·拉基奇介绍了人类大脑形成中的另一些新特点。2006 年夏天，拉基奇和同事们描述了新的“前身细胞”，它在局部神经形成的过程中早于其他细胞出现。目前还没有证据证明其他动物也有这种细胞。

HUMAN ▸

历史和当前的社会及科学力量坚持认为，人类和猿类大脑之间的唯一区别就是体积，即神经元的数量。然而，冷静地看待这些摆在面前的数据，我们可以清楚地发现，人类大脑有着许多独特的功能。从整体解剖到分子层面，科学文献中都有着充分的例子来证明这一点。简而言之，我们在提出人类大脑是独一无二的这个观点时，是有着坚实的立论基础的。既然我们的大脑如此独特，我们的意识为什么不会同样独一无二呢？

02

我们与黑猩猩的区别

> 没有好口舌，大脑也不顶事儿。
>
> 法国谚语

几乎所有人都会带着一丝感性的怜爱和尊敬看待自家养的猫猫狗狗，甚至自己穿了多年的旧鞋子。人们习惯为非人的动物和物体赋予人性，甚至逐渐相信这类东西是真实而持久的，为它们披上一层感情的面纱。人们经常说："我家的狗当然聪明。""我的猫咪通人性。"诸如此类的说法无穷无尽。

人类这个物种过去曾经很难分清"我们"和"它们"之间的界限。中世纪的时候，我们有过动物法庭。不管你信不信，我们曾经会把动物送上审判席，让它们对自己的行为负责。从公元 824 年到 1845 年，欧洲的动物如果违犯了人类的法律，或者只是打扰了人的安宁，可别想逍遥法外。跟普通的罪犯一样，它们也会被捕入狱（动物和人会挤在同一个监狱里），被控告做了坏事，被迫接受审判。法庭会给它们指派一名律师，律师代表它们，并为它们辩护。一些律师因为给动物辩护而出了名。被控告的动物如果被判定有罪，将受到惩罚。惩罚通常都是报复性的，换言之，动物当初做了什么，人就怎么处置它。

有这么一件关于猪的案子。那时候的猪可以在城里自由自在地跑来跑去，相当具有攻击性。有一头猪咬了一个小孩儿的脸，还扯掉了他的胳膊。这头猪遭到的惩罚是脸被砍烂，前腿被切掉，然后被吊死。动物受到惩罚，是因为它们有害。然而有的时候，要是当事的动物比较贵重，比如牛或马，它的刑期就会判得比较轻，人们说不定还会把它捐给教会。如果家畜造成了损害并被判有罪，主人会因为监管不力而遭罚款。这里似乎已经出现了一些矛盾：到底应该由动物负全责，还是应该由主人负责呢？为了拿到供词，动物也可能遭受酷刑。你瞧，严格遵守法律真的很重要。各种家畜都上过法庭：马把骑手摔了下来，把车拉翻了，上庭；狗咬了人，上庭；公牛踩了人，撞了人，或顶了人，上庭。其中，猪是最常见的罪犯。这些审判均在民事法庭举行。除此之外，由于动物与人类在司法程序中处于同等地位，人们认为吃受惩处而死的动物尸体有欠妥当（节俭的佛兰德人例外，他们会兴高采烈地把被绞死的牛烤了吃）。

不难看出人类在对动物的看法上总是充满纠结的情绪。我在前面提过，人类大脑的一个普遍而明确的特点便是在意识里反射性地构建有关他者（包括动物和物体）意图、感觉和目标的模型。我们身不由己，情不自禁。要是你去过罗德尼·布鲁克斯（Rodney Brooks）设在美国麻省理工学院的人工智能实验室，见过他那著名的机器人“齿轮”，那么你只需几秒钟时间就能跟这堆钢铁和电线建立起感情。“齿轮”扭着脑袋，用眼睛盯着在房间里四处转悠的你。“‘齿轮’真了不起，‘他’是个好家伙！”如果你看“齿轮”是这样，那看将来的机器人“螺丝”也会是这样。

兽医会告诉你，人会对宠物表现出与对人类似的悲痛周期。人会为逝者构建一套精神上的模型，他们必须经历一系列过程才能恢复平静。我曾经做过大量的灵长类动物研究，很快就能分清每一只动物，注意到它的个性、智力和合作能力。研究常常需要对动物进行大型神经外科手术，有时候，术后照料要花很大的工夫。这种情况总是很让我烦心。但每当动物从手术中活了下来并逐渐康复，我总会对它越来越依恋。

HUMAN ▸
认识人类

我还记得，1967 年我喜欢过一只黑猩猩，我叫它莫桑比克。它需要吃一些维生素，但讨厌溶剂的味道。于是，我拿出猴子最喜欢的美味——香蕉。我把维生素溶剂注入香蕉的一头，指望莫桑比克三两下就着美味的香蕉把维生素也吃进去。我的小把戏见效了一次。第二天，我如法炮制。这一回，莫桑比克拿着香蕉，两头都看了看，发现维生素溶剂正从一头渗出来。于是它把香蕉掰成两半，扔掉滴水的那一半，吃了另一半！我简直不敢相信自己的眼睛，但我禁不住为它喝彩。

这个故事的问题在于，我没法肯定我自以为看到的莫桑比克的高级心理活动是否可以作为证据，还是只是一次偶然事件，只不过被我过度阐释了。我想跟莫桑比克多花些时间相处吗？我真的想跟一只黑猩猩共度很长时间吗？这是值得我严肃反思的地方。我们得多花些时间，真正搞懂我们跟黑猩猩有什么共同之处。当然，硬币还有另外一面，我们希望跟所有东西建立心理联系。这种愿望是我们人类独有的吗？

人可以跟黑猩猩约会吗

试看以下个人广告：

单身时髦女性寻强壮男伴。年龄不重要。我年轻，身材苗条，长得漂亮，是个爱玩儿的姑娘。我喜欢在林中漫步，坐着你的皮卡车（我喜欢新款有皮革内饰的那种）兜风，打猎和野营，跟当地人闲逛逗趣。我喜欢在温暖又充满热情的夜晚，你把手指捋过我的毛发。月夜晚餐会让我很听话。我不是那种总喜欢谈感受的姑娘，你只要抚摸我，然后关注我的反应就好。等你下班回家，我会站在门口。我是你的。顺便再带几个朋友过来。请致电 555-××××，找黛西。

或是这样：

单身女性寻聪明男伴建立长期关系。我年轻，身材苗条，长得漂亮，是个有幽默感的姑娘，我喜欢弹钢琴，散步，从花园里摘取美味的果实做好吃的。我喜欢在树林里散步，聊天，开着你的保时捷去看足球比赛。你去打猎和钓鱼的时候，我会在篝火边读书。我喜欢去博物馆、音乐会和艺术画廊。我喜欢在温馨的冬夜，躺在篝火边伴着你。到高档餐厅去吃烛光晚餐会让我变得顺从。说些甜言蜜语，温柔地抚摸我，别忘了我的生日，随时关注我的反应。

这两条广告，你喜欢哪一条？据说第一条广告刊登在亚特兰大市的一份报纸上，列出的电话号码属于当地人道促进会，刊登头两天就接到了 643 通电话。黛西是条黑色的拉布拉多犬，连黑猩猩都不是。人道促进会否认刊登了这条广告。

这两种约会会有什么不同呢？要是你回复了第一则广告，发现面前站着只黑猩猩，你是哪儿搞错了呢？你能跟黑猩猩约会吗？你们两个会有什么共同之处吗？

毫无疑问，我们的近亲黑猩猩和我们之间的差异与相似之处是一目了然的。我们说“近亲”的时候，到底是什么意思呢？我们常听人说，人类的总

DNA 序列有 98.6% 跟黑猩猩都是一样的。不过这个数字的误导性可不是一点半点，它不是说我们跟黑猩猩有着 98.6% 的相同基因。按目前的情况估计，人类有超过 30 000 个基因。但这 30 000 个基因在总基因组里才占了不过 1.5%，基因组的其他部分不参与编码。故此，基因组里的绝大部分基因只是占个位置，我们基本上不知道它们有什么作用。

既然人类 DNA 中只有 1.5% 的基因负责基因编码，而这 1.5% 是构建人类的关键，那么，遗传学家的意思是不是说，黑猩猩和人在这 1.5% 上有 98.6% 的相似性呢？答案是否定的。换个说法，1.4% 的 DNA 怎么可能带来这么大的差异呢？答案很明显，基因，即一组 DNA 序列与其最终作用之间的关系，不像人们想得那么简单。每一个基因都有许多不同的表达方式，表达方式的差异可以带来功能上的巨大差异。

以下内容，是《自然》杂志上一篇有关黑猩猩染色体序列的论文摘要：

> 哪些遗传变化事关人类独有特征的起源，如高度发达的认知功能、两足行走、复杂语言的使用等？要缩小这类遗传变化的范围，比较研究人类与黑猩猩的基因组是基本。在这里，我们报告的是黑猩猩 22 号染色体上含有的 33.3 兆碱基的高质量基因序列。通过对比人类相应副本（21 号染色体）的整个序列，我们发现，该染色体有 1.44% 的部分发生了单碱基替换，此外还有将近 68 000 处“插入”或“删除”。在大部分蛋白质中，这些差异足以带来变化。确实，在 231 段编码序列（包括有着重要功能的基因）中，有 83% 在氨基酸序列水平上表现出了差异。此外，我们发现，反转录转座子在两个亚科上有着不同发展，这暗示了反转录转座子对人和黑猩猩的进化有着不同的影响。物种形成后的基因变化及其生物学后果，似乎比人们最先设想的要复杂得多。

大猿包括猩猩、大猩猩、黑猩猩、倭黑猩猩和人类，这些物种是从一个共同的祖先进化而来的。大概 1 500 万年前，这棵世系树上分化出了猩猩，1 000 万年前分化出了大猩猩。约在 500 万到 700 万年前，我们跟黑猩猩的共同祖先出现。这就是为什么猿类是跟我们血缘最近的“亲戚”。出于某种原因（一般认为是气候变化），食品供应发生改变，导致了我们在共同血缘上的进一步分化。大猿家族的一支住在热带森林，另一支走出森林，来到开阔的平地。

留在森林里的分支变成了黑猩猩和后来的倭黑猩猩（有时也叫作“侏儒黑猩猩”，虽然它们只是稍微小一些罢了）。倭黑猩猩一脉是在 150 万到 300 万年前从黑猩猩的祖先中分化出来的，它们占据了中西非扎伊尔河以南的热带森林，那里没有大猩猩跟它们抢粮食，而黑猩猩和大猩猩则住在扎伊尔河以北的热带森林里。由于黑猩猩素来以热带森林为家，因此被称为保守物种。它们不曾被迫适应各种变化，因此从进化上来说，它们从我们的共同祖先那里分化出来以后，没有太多的变化。

离开热带森林进入开阔平地的那一支血脉却不是这样。它们不得不适应一种完全不同的环境，从而经历了许多变化。在数次遭遇不成功的开始和走进死胡同之后，它们最终进化成了智人。与黑猩猩共同的祖先分化以后，人类是唯一幸存下来的人科物种，但在我们之前，还有多个原始人科物种。1974 年，唐纳德·约翰森（Donald Johanson）发现了南方古猿阿法种“露西”的化石，震惊了整个人类学界。露西双足行走，但没有大型大脑。而在当时，学界一直以为，要先有大型大脑，才能双足行走。

HUMAN ▶

认识人类

1992 年，加州大学伯克利分校的蒂姆·怀特（Tim White）发现了已知最古老的人类化石。这些与猿类似的双足动物被叫作“地猿”，生活在距今 440 万到 700 万年前。在埃塞俄比亚发现的南方古猿湖畔种化石（仍为蒂姆·怀特所发现）距今 410 万年，暗示它可能是地猿的后代，“露西”的祖先。好几个不同的物种都是从南方古猿分化出来的，其中也包括我们的祖先智人。然而，人类并不是从“露西”直线发展而来的。在过去的某个年代，不同物种的智人和南方古猿是共存的。

生理影响的不只是外表

尽管如此，问题还是最初的那一个：人类到底有多不同呢？我们知道，基因组上看似很小的 1.5% 的差异，其实意味着很大的不同。这样一来，我们恐怕可以找出自己物种上一些重要的独特之处了。

双足行走算不算独特？澳大利亚人摇了摇头，袋鼠不也是双足行走吗？尽管人类不是唯一双足行走的动物，但双足行走的确开启了原始人类有别于黑猩猩的一系列生理变化。

我们的大脚趾不再跟其余四趾相对，并进化出了可以负担直立体重的足部。有了脚，我们才能穿上意大利设计师设计的高档鞋子，这可是个只有人类才有的行为。黑猩猩的大脚趾仍然跟其余四趾相对，作用跟拇指类似，用来抓树枝非常合适，但不能负担身体直立的重量。

随着双足行走，我们的腿变直了，不再像黑猩猩那样弯着。我们的骨盆和髋关节的大小、形状和连接角度都发生了变化。我们的脊柱弯曲成 S 形，而黑猩猩的脊柱是直的。我们的胸椎脊髓孔——脊髓贯穿的通道扩大了，脊髓进入颅骨的结合点向前挪到了头盖骨的中央，而不是后面。

美国马里兰大学的罗伯特·普罗文（Robert Provine）专门研究笑声，他做出假设：双足行走为说话奠定了生理基础。对靠四肢行走的猿类来说，在跑动时，肺部必须充分吸气，才能提供额外的强度，让胸膛吸收前肢接触地面所带来的冲击。双足行走打破了呼吸模式与步幅之间的联系，带来了调节呼吸的灵活性，最终使我们产生了说话的能力。

其他有利于说话的变化也出现了：我们的脖子变长了，咽和舌顺着喉咙往下降。黑猩猩和其他猿类的鼻腔通道是直接连到肺部的，完全独立于食物通过口腔进入食道的路线，这意味着其他猿类不会被吃的东西噎住，但我们会。我们有一套不一样的独特系统：空气和食物共享喉咙后面的通路。我们发展出一个被称为“会厌”的结构，在吞咽东西时，它会关闭通往肺部的通道，在呼吸的时候又把它打开。咽和喉的这种结构使得我们有可能发出变化多端的声音。尽管因为哽塞致死的风险提高了，但我们必然获得了一些生存优势。这种优势是沟通能力的增强吗？

直立行走，释放前肢

一旦直立行走，我们的手就空出来了，可以用来搬东西，我们的拇指也变得非同寻常起来。事实上，我们的拇指变得独一无二了。黑猩猩的拇指同样跟其他四指相对，但它们拇指的运动幅度比不上我们，这才是关键。我们可以拱起拇指，跟小指交叉，黑猩猩却做不到。我们可以用手指的指尖拾起物体，而不光是靠指侧。我们的指尖也更敏感，每平方厘米上有成百上千的神经向大脑发送信息，这使得我们有能力完成生物界最具运动协调性的任务。根据目前的化石证据，我们的手早在 200 万年前的“能人”（Homo habilis）时代就出现并发挥作用了。1964 年，能人化石在坦桑尼亚的奥杜瓦伊峡谷被发现，它旁边还有一批已知最古老的手工加工的工具。这对当时的人类学家来说是个巨大的冲击，因为能人的大脑还不到我们的一半大。当时的人们认为，要制造工具，大脑必须更大才行。事实上，多亏了能弯曲的拇指，我们的祖先才能抓起物体，把它们敲打在一起，制造出第一批工具。请记住，制造工具并不是人类独有的技能。科学家们观察到，黑猩猩、乌鸦和海豚都能把棍棒、草和海绵当成工具使用。不过，它们都没生产出跑车，跑车倒是人类独有的。

大脑大，骨盆大

骨盆尺寸的变化也造成了极大的影响。人类的产道变窄了，大脑和脑袋却变大了，于是人类生育变得更为艰难。从机械角度来看，有宽阔的骨盆，就不可能实现双足行走。胎儿期间，灵长类动物的头骨呈松散的板块状承托着大脑，要等出生后才接合起来。（记不记得有人警告过你，宝宝的脑袋上有块很软的地方，千万不能摸？）这使得人类头骨保持了足以通过产道的柔韧度。较之其他猿类的宝宝，人类的婴儿生下来时发育很不完善。事实上，跟其他猿类相比，我们早产了整整一年，这就是为什么人类的婴儿那么脆弱，需要长时间的照料。板块状的头骨要到大约 30 岁的时候才会完全接合起来。刚出生时，我们的大脑体积只相当于成人的 23%，要等进入青春期，它才会停止发育增大。

尽管我们大脑的某些方面似乎一辈子都在发育，但这恐怕并不是因为新的神经元在增加。相反，是包围着神经元的髓鞘在生长。哈佛大学医学院专攻神经科学的精神科教授弗朗辛·贝尼斯（Francine Benes）发现，大脑中至少有一部分髓鞘[①]的形成要延续 60 年。轴突（神经纤维）中髓鞘的形成增加了自神经元胞体到终端区域电信号的传播。她假设，这些轴突可能在认知过程中扮演了整合情绪行为的角色，在人的一生中，这类功能可能一直都在发育和成熟。此外还有一个很有趣的性别效应：较之同龄男性，6 ～ 29 岁女性的髓磷脂更多。

事实证明，我们的生理解剖结构是重要的，只不过，它在多大程度上影响了大脑的发展，又进而影响了我们人性的发展，目前还不清楚。让我们还是回到约会对象这个正题上来。除了外貌，我们对约会对象最看重的是其性格上的闪光点。我们有什么共同之处，又有哪些无法调和的地方？假设一个男人聪明又有好奇心，他跟黑猩猩能合得来吗？

---

① 指海马旁回里的上髓板。

各物种的思维有何不同

黑猩猩预期中的伴侣与人类的相比有一些很重要的区别。黑猩猩不能说话，不会控制火，不会煮饭，没有对艺术的爱好，不怎么慷慨，不搞单一配偶制，也不种植粮食。然而，黑猩猩会受到一个强壮伴侣的吸引，这个伴侣有地位意识，是杂食动物，喜欢社交、打猎、吃好的，并会跟伴侣亲密接触。

黑猩猩具有一定的智力吗？人的智力和动物的智力有区别吗？关于这个问题可以写整整一本书，而且很多人都写过。但在这一领域除了争议还是争议。智力的定义一般是从人的视角做出的，比方说："智力是一种综合性的心理能力，包括抽象思维、理解概念与语言、学习、规划、推理和解决问题的能力。"但不同物种之间也可以比较智力吗？或许休伯特·马克尔（Hubert Markl）提出的"动物智力定义"更有用。马克尔是德国马克斯·普朗克科学促进学会的前主席，他说，动物智力是"把无关的不同信息片段以新的途径联系到一起，并以适应性的方式应用所得结果"。

美国路易斯安那大学认知进化小组兼儿童研究中心主任丹尼尔·波维内利（Daniel Povinelli）则以这样一个问题点明了动物智力问题："不同物种的思维有什么不同？"或者换个说法："一个物种需要什么样的思维，才能使它在自己所适应的环境中生存下去？"你能想象一种不同的思维吗？我们很难想象除了人类思维方式之外的其他思维方式。因此，我们也很难想象其他物种的心智状态，光是理解我们自己的心智状态就够难的了。波维内利关注的是，当心理学家们热衷于确立人类和其他大猿之间心智发展上的连续性时，只注意到两者的相似之处。他提醒我们："事实上，进化是确实存在的，它会产生多样性。"不要曲解大猿的真实本性，认为它们的意识不过是比我们的小一些、笨一些、不怎么能说话而已，而要观察心智状态的多样性，这或许才能为我们带来更多的信息。边境牧羊犬训练师约翰·霍姆斯（John Holmes）指出："我认为'狗几乎与人类无异'这样的说法对犬类动物来说实在是莫大的侮辱。狗可以做很多人做不到、不能做、永远也不会做的事情。"确实如此，只有差异性才能定义一个物种及其独特之处。

这就给我们研究黑猩猩的心智状态和行为提出了一个很大的挑战。我们应该怎么做？我们可以在野外观察它们，长途跋涉去它们生活的地方，在蚊虫肆虐的潮湿环境中长时间地跟踪和观察它们；又或者，我们可以在实验室里观察它们，但是实验里有能力照料黑猩猩的人很少，可供实验的黑猩猩很少，实验设计受到限制，而且一旦黑猩猩熟悉了实验环境，它们就会变得"世故"起来。在野生环境中考察过黑猩猩的科学家说，实验室里的人为因素太强，黑猩猩在实验室里的行为与在野生环境中不同，而且有可能会受到实验者的影响。实验室科学家预先创造出一种假设和预期，接着设计实验，尽可能控制可变因素，而后记录并解释结果。他们说，在实地考察的科学家对环境没有进行实验控制，不能根据发生在这种环境下的行为得出准确的因果推论。两种科学家还都要受到以下事实的连累：他们都是以人类的眼光去观察的，而他们本身又会受到文化、政治、背景、宗教和心理理论的影响。请记住上述局限性，接下来，我们要来看看来自实验室和实地的科学家分别提供的证据和观察报告：黑猩猩和我们究竟有多相似，又有多不同。

人类具有一种天生的能力，能够理解其他人有着不同的欲望、意图、信念和心理状态，我们也有能力构建有着一定准确度的理论，阐释这些欲望、意图、信念和心理状态。这便是最早由我们在第1章提到的大卫·普雷马克及其同事盖伊·伍德拉夫（Guy Woodruff）于1978年提出的"心理理论"（Theory of Mind，简称TOM），这是一个独创性的理论。换一种说法：它指的是观察行为，进而推断出导致该行为的心理状态的能力。儿童会在4～5岁时自动构建起完备的心理理论，有迹象显示，两岁大的孩子似乎也具有部分心理理论。心理理论似乎是与智商相独立的。患有孤独症的儿童和成人在心理理论上都有缺陷，推理他人心理状态的能力也因之受损，可他们在其他方面的认知能力并不受影响，甚至还有所提高。在观察其他动物的行为时，心理理论带来了两个问题。一方面，我们或许会陷入这样一个陷阱：看到动物的某种行为时，用我们人类的心理理论推断该动物的心理状态，从而将动物拟人化，得出不恰当的结论。另一方面，我们或许会过分看重自己的心理理论，把它视为衡量一切的黄金标准，认为人完全独立于所有哺乳动物。那么，只有人类具有心理理论吗？

这是黑猩猩研究中的一个重要问题。具备心理理论是人类很重要的一项能力，很长时间以来，科学界普遍认为这是人类独有的特点。不管是出于社交目的还是自我保护目的，对他人的欲望、意图、信念和心理状态的理解，影响着我们的行为和反应。普雷马克和伍德拉夫提出“心理理论”这一说法时也想到过，黑猩猩是不是也具备心理理论呢？自那以来，人们做了几十年的研究，但在实验室里，这个问题尚未得到满意解答。1998年，英国伦敦大学学院的塞塞利娅·海斯（Cecelia M. Heyes）回顾了当时针对非人类灵长类动物的所有实验和观察资料，并对之进行了严谨评估。这些实验研究了动作模仿（自发效仿新奇的动作）、镜像自我认知（在镜子中认出自己）、社会关系、角色承担（采纳他人观点的能力）、欺骗和观点采择（观点采择涉及“看到”是否能转化为“知道”的问题，即能否意识到他人看到了什么）。她得出的结论是，在每一个将非人类灵长类动物的行为阐释成具有心理理论迹象的例子中，情况都可以另有解释：既可能是偶然事件，也可能是非心理过程的产物。她认为，从目前的研究来看，黑猩猩到底有没有心理理论仍然是一件说不准的事情（尽管她对黑猩猩镜像自我认知研究提出的争议并未得到普遍接受）。波维内利和同事珍妮弗·冯克（Jennifer Vonk）也得出了相同的结论。

在这样一个重要的领域，没有什么简简单单的事情。德国莱比锡马克斯·普朗克进化人类学研究所的迈克尔·托马塞洛（Michael Tomasello）及其团队得出了不同的结论。“尽管黑猩猩肯定不是按跟人类相同的方式来理解其他人的想法的，比如它们显然不理解信念是怎么一回事，但它们确实理解一部分心理过程，比如‘看到’。”他们觉得，黑猩猩至少具备心理理论的一些成分。

如果我能确信你的心理状态，你也能确信我的，那么这就叫作“意图顺序”。“我知道（1）你知道（2）我知道（3）你希望我去巴黎，（4）我也想去。”在一场有关意图的对话中，大多数人可以领悟到第（4）层，但有些人可以理解到第（5）甚至第（6）层，所以我不妨写出来：“你知道（5）我不能去，我知道（6）你知道这一点，可你还是不停地找理由让我去。”如前所述，其他猿类到底具备什么程度的心理理论，争议还很大。但大家基本上认可它们具备第（1）层意图。许多研究人员（并不是所有人）相信，进行战术欺骗的个体具备第（2）层意图。他们认为，要想欺骗另一个体，动物必须相信对方动物相信某种东西。综合了多个观察研究，理查德·伯恩（Richard Byrne）和安德鲁·怀滕（Andrew Whiten）指出，战术欺骗的例子在原猴[①]和新世界猴群体中极为罕见，但在具有更高级的社会性的旧世界猴和猿类群体，尤其是在黑猩猩中很常见。

HUMAN ▸ 认识人类

虽然并不是所有研究人员都从观察研究中找到了满意的答案，但不少人已经对非人类灵长类动物存在第（2）层意图表示接受。过去十几年，托马塞洛及其团队在一系列实验中指出，黑猩猩知道其他黑猩猩看见了什么和没看见什么，并能够据此采取相应的行为。它们会去抢夺领头的黑猩猩看不见的食物，不去碰领头的黑猩猩看得到的食物。一些地位较低的黑猩猩还会采取战略活动，如为了获取食物等待和隐藏。我们将在第 5 章更深入地了解黑猩猩对于“看到”的理解。托马塞洛还发现，它们对他者的意图有一定的理解，能看出实验者是不愿

① 现存灵长类动物中与人类亲缘关系最远的一支。

意给它们食物，还是不能给。较之需要合作完成的任务，黑猩猩在竞争性任务上更具技巧，可一旦需要合作，它们也会选择一只过去在类似任务里表现更好的黑猩猩。

但黑猩猩没有通过四五岁小孩子能完成的“错误信念”任务的测试。过去，这项测试被用来检测心理理论是否已经发展完全。然而，人们渐渐意识到，把它视为统一标准有点夸大了。诚如美国耶鲁大学的保罗·布卢姆（Paul Bloom）[①] 和英国科尔切斯特市埃塞克斯大学的蒂姆·杰曼（Tim German）指出，心理理论发展已完全并不只是完成了“错误信念”任务就可以证明的，“错误信念”任务的完成也不仅用于测试心理理论是否发展完成。

HUMAN ▶ 认识人类

这是一个什么样的任务呢？传统上它叫作“萨莉和安测试”，大概运作方式如下：有两个外观一样的容器，萨莉把一份奖励品（比如食物）藏在了其中一个容器里面，安旁观，但受试者（儿童或黑猩猩）不在场。接着，受试者看到安在她认为装有食物的容器上做了一个记号。之后，儿童和黑猩猩要选出容器，获得食物。儿童和黑猩猩都可以成功做到这一点。接下来，萨莉又重新把奖励品藏在其中一个容器里面，安旁观，受试者不在场。受试者看见安离开房间，而就在她离开之后，受试者看见萨莉调换了容器。安回到房间之后，在她相信装有食物的容器（当然是错误的那个）上做了记号。有时候，年龄在 4 ～ 5 岁之间的儿童明白，安以为装有食物的那个容器已经被调换了，而安并不知道这一点。他们知道，安有了一个错误的信念，所以他们会选择真正装有食物的正确容器，而不是

① 保罗·布卢姆还研究了婴儿和黑猩猩的道德观，更多研究可参见他所著的《善恶之源》一书，该书中文简体字版由湛庐引进，浙江人民出版社于 2015 年出版。——编者注

安做了记号的那个。可是，黑猩猩和患有孤独症的儿童不能理解安的错误信念，还是会选她做了记号的那个容器。

在过去十几年里，研究人员意识到，这项测试对 3 岁以下的孩子太难了。改用了不同版本或不同类型的测试后，连 18 个月到两岁的儿童都可以通过对诸如目标、感知等心理状态的理解来解释他人行为。

这项任务到底向我们说明了什么呢？为什么 3 岁和 5 岁的孩子之间出现了如此分水岭一般的变化？这些孩子的大脑里发生了什么转变，让他们能够完成黑猩猩做不到的事情呢？

争议比比皆是，其中有两种不同的解释论战最激烈。其一是，随着儿童年龄渐长，他们对信念的理解出现了概念上的变化：他们从理论上理解了心理状态，可能获得了一种理论形成的一般领域机制（domain-general mechanism）。换言之，理论先出现，再由它导出了概念。另一种解释则说，随着孩子年龄渐长，一种模块化的心理理论机制（theory of mind mechanism，简称 ToMM）逐步形成。

说到模块，我的进度又稍微超前了一些，但马上你就会了解很多很多。在此处，我们不妨这样理解模块：它是一种硬件（天生）机制，在无意识中指引你按特定的方式思考或行动，指引你注意到信念、欲望、借口等状态，并让你从这些心理状态中学习。模块说认为，你天生就拥有这些概念。先有概念，之后才形成理论。模块机制为孩子提供了若干信念状态选项，接下来的次级选择过程（选择过程不是模块化的，因此能够被知识、环境和经验影响）会推理出带来信念状态的潜在心理状态。

举例来说，一个孩子观察并注意到了某人说“嗯”的行为。接着选项弹了出来：“这可能是说她相信这一点，而且这是真的；也可能是她相信这一点，但它不是真的。”但奥妙在这儿：“她相信这一点，而且它是真的”这一选项是默认选项。这个选项总是存在，而且经常被选中，一般来说是正确的。人们所相信的往往是真的。但是，在某些情况下，其他人的确也有错误的信念，你很清楚这一点。在这种不寻常的时候，不应当选择默认选项。要想不选这一选项，正确完成“错误信念任务”，该选项必须受到抑制，而这恰恰是最难的地方。抑制对很小的孩子和黑猩猩来说实在是太难了。这一理论还能说明我们为什么在对他人信念进行归因方面越做越好：一旦我们具备了抑制能力，知识和经验就能发挥作用了。

托马塞洛并不认为黑猩猩具有完备的心理理论，但他假设黑猩猩“具备一种‘社会认知图式’，能够透过表面看得再深入一点，洞悉一部分行为意图结构以及知觉是如何影响行为的”。波维内利不赞成这一结论，他觉得行为的相似性并不能说明心理的相似性。他提出了“再阐释假说”，认为人和其他灵长类动物所共有的社会行为，绝大部分都出现在很早以前，那时候人类的祖先尚未进化出足够的思维能力，无法从第（2）层意图状态出发阐释这些行为的心理意义。

争论还扩展到人类和黑猩猩所共有的意识上。波维内利认为，我们共有的意识最多只有一丁点儿：“数据的关键指向了这样的可能性：就算黑猩猩真的具备心理理论，也跟我们的心理理论截然不同。”这就让我们又绕回了最初的那个问题：各物种之间的思维有什么样的不同呢？

波维内利换了一种更精炼的说法：黑猩猩的心理状态是关于什么的呢？嗯，肯定大部分跟热带森林的生活有关系。波维内利认为，“这样的推论应该是站得住脚的。黑猩猩的心理状态首先必然跟它们的自然生态有关，比如记住果树的位置，警惕天敌，盯牢雄性头领。”到目前为止，黑猩猩是个露营的好伴侣。波维内利接着又说：“和人类相反，黑猩猩严格依靠他者的可见特点来形成自己的社会概念。如果这一点属实，就意味着黑猩猩意识不到他者不光只有动作、面部表情和行为习惯。”简而言之，波维内利相信，“人和黑猩猩所共有的任何能力都源自一套共同的心理结构，与此同时，人类依靠一套或多套独有的系统，将之扩大增强。”稍后，我们还会谈谈其他动物的心理理论。

HUMAN ▶ 认识人类

智力的另一作用是能够规划未来。除了从事心理理论研究，德国莱比锡马克斯·普朗克研究所的尼古拉斯·马尔卡希（Nicholas Mulcahy）和何塞普·考尔（Josep Call）观察了其他大猿是否能够进行规划。他们发表了一篇有关 5 只倭黑猩猩和 5 只猩猩的研究报告，发现它们有能力保存合适的工具，供将来使用。在研究中，研究人员先教受试的动物们使用工具从测试室的一台机器上获取食物奖励。“接下来，我们在测试室里放了两种合适的工具和六种不合适的工具，但不让受试动物接近诱饵机器。5 分钟后，我们把受试动物带到测试室外面的等候室，当着它们的面，让管理员把测试室里的所有东西都搬走。一个小时后，受试动物返回测试室，获准接近诱饵机器。因此，想要获取食物，受试动物必须先在测试室选择一种合适的工具，带着它到等候室，过一个小时之后再把它带回测试室。”受试的动物们在 70% 的试次里都带了工具。研究人员重复了实验，将等候的时间间隔延长到了 14 个小时，受试的动物们还是做得很好。马尔卡希和考尔得出结论：“这些发现暗示大猿在 1 400 万年前，即现存的所有大猿物种的共同祖先时期，就进化出了为将来进行规划的技能的前身。”说不定，当你和黑猩猩约会时，你的黑猩猩对象会提前做好计划，为你预留时间。

教黑猩猩学说话

你的黑猩猩对象恐怕对你没有什么了解，因此，你跟它在一起时所做的一切，在它看来都是没有什么意图的。不过，也许它对自己的心理状态有些感觉，想要告诉你。当然，言语指的是用清晰的话语表达或描述思想、感觉或看法的能力或行为。可黑猩猩不能说话。我还记得我在哥伦比亚大学的朋友斯坦利·斯坎特（Stanley Schachter）老爱感叹："赫伯特·特勒斯（Herbert Terrace）[①] 怎么会因为证明黑猩猩不能说话而出了名呢？"归根结底，它们没有能够清晰发出所需各种声音的解剖结构，自然没法说话。但这显然并不意味着它们不能沟通。

简单来说，沟通就是用言语、信号、文字或行为传递信息。具体到动物沟通的世界里，它指的是一方动物的行为对其他动物当前或未来的行为产生影响。举个跨物种沟通的例子：响尾蛇摇动尾巴是一个警告，表明它要攻击了。当然，语言也是沟通的一种类型。它的起源及作用要复杂得多，所以定义它也很麻烦。事实上，语言学家们在不断地修正语言的定义，搞得研究黑猩猩习得人类语言的动物学家们不知如何是好。

美国佐治亚州立大学的灵长类动物学家苏·萨维奇－南姆勃（Sue Savage-Rumbaugh）曾主张猿类具备语言能力，但她不无沮丧地说："早先，语言学家说，我们要想宣称动物能学会语言，必须让它们以象征的方式使用符号。好啊，我们办到了。他们又说：'不行，那不是语言，因为没有句法。'于是我们证明猿类能够产生某种符号的组合，但语言学家又说，这不是句法，或者不是正确的句法。他们永远不肯承认我们已经做得足够了。"

语言是一套抽象符号和语法（规则）的系统，符号在其中处于被操纵的地位。举例来说，dog、chien 和 cane 三个单词的意思都是"狗"，词的发音

① 赫伯特·特勒斯，哥伦比亚大学心理学教授。

跟它的意思不挂钩，只是不同语言中指代“狗”的一个音节，一个抽象符号。语言不一定只有口头和书面两种形式，它也可以用手势表达，比如美国手势语（American Sign Language）。复杂而多变的是我们对规则的看法，规则包括些什么，它们来自哪里以及哪些构成部分是人类语言所独有的。

句法指的是句子或词组的构成范式，它控制着词语搭配成句子的方式。人类语言可以无限制地把词组串在一起，产生数量无限的、全然不同的、从没有人说过的句子。如果懂得这种语言，你就可以理解它们，因为字词是按照一定的结构层次和递归方式组织起来的，而不是随机的。这样，使用人类语言的人可以在某时某地安排一场约会，并给你何时和怎样去那儿的准确指示。“中午在银行旁边的博物馆前见”跟“中午在博物馆旁边的银行前见”是不一样的，也跟“银行见你中午博物馆我前”一类的胡言乱语不同。为什么说这是胡言乱语？因为它不符合语法规则。如果语言没有句法，我们只会有一大堆乱七八糟串起来的字和词。你或许能够理解某些基本含义，但你无法确定。对约会来说，这可真够糟糕的。

句法是怎样发展的呢？一个物种要么具备学习语言的能力，要么不具备，而这种能力是通过自然选择的进化过程获得的。如果一个物种能够学习语言，那么这个物种中的个体天生就具备了对象征性表征和句法的感觉。当然，也有人不同意这种理论，反方看法有二。有一些人相信语言不是先天能力，而是习得的。这不是指学习特定的语言，而是学习任一语言的能力。换言之，这种观点认为，个体并不是本能地使用句法和象征性表征。另一些人对语言的进化持不同看法。认知语言学家支持“连续性”理论，他们认为，既然生理特征是在自然选择的力量下产生的，心理特征亦然。“非连续性”理论的支持者则认为，行为和心理特征的某些元素为特定物种所独有，跟其他现存物种或已灭绝物种没有进化上的遗传关系。麻省理工学院杰出的语言学家诺姆·乔姆斯基（Noam Chomsky）主张，从这个意义上来说，人类语言是“非连续性”的。

请记住，我们最关心的是找出什么特质为人类所独有。我们的语言能力经常上榜，持相同看法的可不只是乔姆斯基。黑猩猩可以用语言沟通吗？这个问题实际上是在问，猿猴可以用人类教它们的语言进行沟通吗？最先教黑猩猩语言的是大卫·普雷马克，那时他还在美国加州大学圣巴巴拉分校教书。我之所以知道这一点，是因为那只受训的黑猩猩就在我隔壁的办公室。它名叫萨拉，可聪明了。实际上，要是它真能把一个个完整的故事讲清楚，说不定已经在学校获得终身教职啦。

普雷马克到美国宾夕法尼亚大学后继续尝试，其他人也参与了竞争，其中包括哥伦比亚大学的赫伯特·特勒斯。1979 年，特勒斯发表了一篇文章，讲述他教一只名为尼姆的黑猩猩学习美国手势语的经历，并对黑猩猩的语言能力表示了怀疑。尼姆能够把手势跟意义联系起来，并表达简单的思想，比如“给橙子我吃”。然而，尼姆不能把手势按没有教过的方式结合起来，表达新的思想，它不能掌握句法。特勒斯还回顾了其他人教黑猩猩语言的努力，并得出了同样的结论：黑猩猩表达不出复杂的句子。

HUMAN ▸

认识人类

训导员彭妮·帕特森（Penny Patterson）教过一只叫可可的大猩猩手语。她评估可可的能力时，出现了一个问题。帕特森是对话的唯一阐释者，因此，她不够客观。耶鲁大学的语言学家斯蒂芬·安德森（Stephen Anderson）评论道，尽管帕特森说自己做了系统化的记录，可没有其他人能够研究这些记录，而且，自 1982 年以来，所有关于可可的信息都来自通俗媒体和互联网上人们跟可可的聊天过程，而帕特森负责翻译并阐释可可的手势。

手势语言阐释起来模棱两可，使得苏·萨维奇－南姆勃转而使用含义确定的图形字。事实上，萨维奇－南姆勃有着最吸引人的数据和一只偶然发现的雌性倭黑猩猩玛塔塔。她在电脑键盘上使用一种名为“图形字”（lexigram）的人工符号系统。

她开始教玛塔塔如何使用键盘。实验人员按下代表图形字的键，同时指向目标对象或行为。然后，电脑说出该字，按键亮起。当时，玛塔塔有个名叫坎齐的宝宝，年纪很小，不能离开母亲，所以在训练过程中坎齐一直跟玛塔塔在一起。玛塔塔不是个好学生，两年后，它几乎什么都没学到。坎齐差不多两岁半的时候，玛塔塔被转到了另一个机构，人们开始关注坎齐。虽说它从没接受过具体的训练，只是看过母亲上课，却竟然学会了以系统化的方式使用键盘上的部分图形字！

萨维奇－南姆勃决定改变战术。她不再照搬先前对玛塔塔使用的那一套训练方法，而是随时带着键盘，并在日常活动中使用。坎齐学到了什么呢？它可以匹配图片、物体、图形字和口语单词。它可以毫不困难地使用键盘，做出想要什么东西和想去什么地方的请求。它可以告诉你它打算去哪儿，接着就去了。它可以进行概括，用代表面包的图形字来指代所有的面包，包括玉米卷儿。它可以在听到一段信息之后，根据信息调整自己正在做的事。先前我们引用了萨维奇－南姆勃的一段话：“早先，语言学家说，我们要想宣称动物能学会语言，必须让它们以象征的方式使用符号。”萨维奇－南姆勃指的就是这件事。她说得没错，坎齐的确做到了。

然而，所有这一切都回避了句法这个实质问题。斯蒂芬·安德森指出，语言的产生（敲击键盘）和语言的识别（听到英语口语）这两者都需要评估。坎齐使用键盘和手势，有时候还把两者结合起来排出个顺序。它会先用图形字指代动作，比如“挠”，然后做出个指的动作来说明对象，一贯是这个顺序，哪怕它不得不先穿过房间去指图形字，再回来示意对象。这是坎齐自己

发明出来的随意规则。安德森说，这并未满足句法的定义。按照定义来说，意义的沟通依赖于字词的类型（名词、动词、介词等）、意义和它在句中所发挥的作用（主语、宾语、条件从句等），而不是它是用键盘打出来的、做手势做出来的、说话说出来的，还是写字写出来的。

加州大学洛杉矶分校的语言学家帕特里西娅·格林菲尔德（Patricia Greenfield）专门研究儿童的语言习得，她分析了萨维奇－南姆勃的所有数据，提出了不同意见。她认为，坎齐的多字组合有句法结构。比方说，它可以识别词序，懂得“让狗狗咬蛇”和“让蛇咬狗狗”之间的区别，并使用布偶动物玩具演示了这两种不同的意思。听到隐藏的训导员用声音发出的陌生指示，比如“抓住热狗”时，在 70% 的时间里它做出了回应。它是表现出这两种能力的第一只非人类动物。

安德森还是没被说服。他指出，倘若一个句子的理解取决于某个“语法词”，比如介词的时候，坎齐的表现很差。它似乎无法区分 in、on 或 next to，而且目前也说不清楚他是否理解连词，比如 and、that 和 which。要是拿坎齐当约会对象的话，它最明显的优势是，你不会听到它说什么垂悬分词或终端介词，比如“Where are you going to be at?”（你要去哪里?）以它目前的水平，坎齐能够掌握代表可视物体或行为的词汇。安德森表示：“坎齐可以把图形字和某些口语按自己头脑里的部分复杂概念联系起来，但它只能忽略那些仅表示语法内容的词，因为它没有掌握语法，这些词发挥不了作用。”尽管坎齐表现出了非凡的能力，但我们必须记住，训练了多年以后，它的能力仍然只维持在基本水平。

我们在上一章了解到，人类和其他大猿（尤其是黑猩猩）在大脑结构上有许多相似之处，但人类的大脑体积更大，有更多连接，还有 FOXP2 基因。我们了解到，自从在共同祖先那一辈开始分化以后，我们的解剖结构有了很大的改变，使得我们能够更好地发出声音。我们和其他大猿的共同祖先大脑里的部分神经连接方式已经产生，黑猩猩一脉按一种方式使用它，而人类经历的大量变化使得我们产生了一些别的东西，这么说是否有道理呢？萨维奇－南姆勃指出：“不管怎么说，坎齐拥有语言的某些要素，这有着非常重大的意义。由于猿类大脑的体积不到人类大脑的三分之一，我们应当把检测出的少量语言元素看作是连续性的证据。”

其他非人类灵长类动物能够彼此沟通吗？其他物种中存在自然语言吗？毕竟，诚如波维内利的提醒，其他物种在进化中学会了彼此沟通。然而不幸的是，正如萨维奇－南姆勃所言，坎齐对人类语言的了解远远多于人类对倭黑猩猩语言的了解。

正如我先前所说，我们要来看看其他类型的沟通。语言只是沟通的一种类型，而且明显不怎么可靠。让我们去森林里看看已经观察到的资料吧。有关跨物种沟通，目前最有名的研究应该是罗伯特·赛法特（Robert Seyfarth）和多萝西·切尼（Dorothy Cheney）在肯尼亚安博塞利国家公园所做的黑长尾猴研究。他们发现，面对不同的天敌，黑长尾猴有不同的警报呼叫：蛇是一种，豹是一种，捕食性飞禽是一种。听到对蛇的警报，其他黑长尾猴的反应是站起来，往下四处打量；听到对豹的警报，它们全都往树上窜；听到对捕食性飞禽的警报，它们会爬向树干，远离露在外面的树枝。人们一直以为动物发出的声音是情绪性的。可黑长尾猴并不是在任何时间都会发出警报呼叫，独处的时候它不会这么做，而且它们向亲属发出警报的概率比非亲属要高。呼叫不是自动化的情绪性反应。

大卫·普雷马克曾经指出：有效的沟通系统，哪怕完全以情绪为基础，也有可能产生语义（即不光传达情绪，还可以传达信息）。就算尖叫纯粹是情绪性反应，也可以传达其他信息。几十多年来，这一直是一个非常有争议的看法。但在对黑长尾猴做了深入观察之后，赛法特和切尼对此说法表示了赞同：“信号的发出者和接收者尽管在沟通事件中产生了联系，但仍然是不同且独立的个体，因为令信号发出者发声的机制，并未限制接收者从叫声中提炼信息的能力。”他们解释说，倘若叫声能提供信息，它必然是专门的：

相同的叫声不能用于多种不同的原因。此外，叫声还必须具有指示性，也就是说，只要相关情况发生，它就一定会响起。很明显，其中包含了信息的发出和理解。这或许代表了语言演化的一种机制。

不过，赛法特和切尼继续指出，人类语言最普遍的功能，是改变其他人的知识、思想、信念或欲望，从而影响他们的行为。但大多数证据显示，尽管动物发出的声音会导致其他动物的行为改变，但这并非它们的本意，而是在无意中做到的。黑长尾猴似乎并不能判断其他猴子的心理状态。比方说，当幼猴看到鸽子时，往往会给出老鹰警报。周围的成年猴子会抬头看，但要是没看见老鹰，它们自己不会发出警报呼叫。然而，要是幼猴第一个看到真正的天敌并发出警报呼叫，成年猴子有时会抬头看看，给出第二通警报，但它们并不是总会这么做。由于成年猴子重复幼猴警报的模式是随机的，并不是对所有正确的警报进行再确认，因此，它们似乎并不知道幼猴只是在学习侦测天敌，发出的警报不算数。

野生黑猩猩也提供了类似的数据。它们好像不会调整自己的呼叫，把自己或食物的位置告诉其他不知情的黑猩猩。黑猩猩妈妈能听见自己迷路幼仔的呼叫，但她并不会回应。与此同时，在实验室里，波维内利发现，受过训练的黑猩猩不能教另一只黑猩猩拉绳子获取食物奖励。总之，非人类灵长类动物似乎不能进行呼叫或沟通尝试，因为它们无法像人一样，察觉到别的个体欠缺信息。如果黑猩猩具备心理理论，黑猩猩妈妈或许会想：“我听见孩子在远方呼叫，它肯定不知道我在哪儿，我应该叫一声，这样它就能知道我在哪儿了。”不过，黑猩猩和其他灵长类动物或许意识到了呼叫会对行为产生影响：我以某种方式呼叫，所有的同伴们都会往树上跑。这绝不是否定信息传递的事实，而是说呼叫者并没有传递信息的意图。那么，这一切对我们的约会对象意味着什么呢？从黑猩猩的角度来看，声音沟通可能只是代表“这就是我”。当然了，如果你仔细想想的话，很多人类对象与此也没什么太大的不同。

研究人员观察到野生黑猩猩会结合使用眼神、面部表情、姿态、手势、理毛和声音进行沟通，就跟坎齐结合运用图形字和手势一样。所有这些模式会引出一个尚未找到答案的有趣问题：语言是怎么起源的？语言是从手势演变而来的吗？还是从手势与面部动作的结合演变而来的？前一理论得到了迈克尔·科巴里斯（Michael Corballis）的支持，后一理论有贾科莫·里佐拉蒂和美国南加州大学脑计划主任迈克尔·阿尔比布（Michael Arbib）撑腰。或者，它是单独从发声进化来的？又或者，诺姆·乔姆斯基提出的“人类语言大爆炸”理论才是正确的？

人类的语言中枢位于大脑左半球。大脑左半球控制身体右侧的运动机能。黑猩猩会优先使用右手进行手势沟通，尤其是伴随发声的手势沟通，据观察，人工饲养的狒狒也主要用右手打手势。此外，还有很多针对人类进行的有趣研究，揭示了手势和语言的联系。有人研究了 12 位先天失明者，发现他们边说话边做手势的速度跟一群视力正常的人（使用同一系列的手势）一样。就算是对着另一位失明者说话，盲人也会打手势，这暗示手势和说话的动作是紧密配合的。孤立于社群的先天失聪者则会发展出具有句法结构的沟通性手语。

HUMAN ▸
认识人类

美国俄勒冈大学的海伦·内维尔（Helen J. Neville）及同事通过功能性磁共振成像（fMRI）研究证实，大脑左侧的两个主要语言协调区域——布罗卡区和韦尼克区在听人说话时都会被激活，在失聪者观看美国手势语打出的句子时也会被激活。然而，在失聪受试者阅读的时候，这两个区域并不会被激活。研究人员还观察到，布罗卡区前部病变会影响到打手势本身，后部病变则会影响到对手势的理解。内维尔还发现，失聪受试者大脑右侧的活动比正常人的更多。这或许是因为手势的空间性主要是大脑右半球的功能。黑猩猩在打手势时，大脑里也发生着类似情况。

来自帕尔马这座因为手势而出名的美丽城市的贾科莫・里佐拉蒂、莱奥纳尔多・福加希（Leonardo Fogassi）和维托里奥・加莱塞（Vittorio Gallese）于 1996 年首次发现了猴子大脑运动前区（F5 区）的镜像神经元。当猴子做一个手或嘴跟物体相互作用的动作时，这些神经元会被激活。而仅仅看另一只猴子（或人类实验者）做同样的动作，这些神经元也会被激活。因此，这些神经元得名为"镜像神经元"。后来，在猴子大脑的另一部分——顶下小叶也发现了镜像神经元的身影。普遍被接受的看法是，猴子的 F5 区和人类大脑的布罗卡区有着相同的起源。据信，人类的布罗卡区是语言区域，而且如前所述，它也是手势区域。猴子 F5 区的背侧负责手部运动，腹侧负责嘴和喉的运动。里佐拉蒂和阿尔比布指出，镜像神经元是语言发展的基础，也是语言出现之前其他有意识沟通形式（如面部表情和手势）的根本。人类拥有这种镜像神经元吗？大量证据显示有。在人类进行行为观察时，大脑皮层区会被激活，跟猴子一样。故此，猿类和人类似乎有一种共同的行为识别基本机制。

以下是里佐拉蒂和阿尔比布提出的语言发展假说：个体识别出其他人所做的行为，是因为观察他人行为时神经的激活模式跟自己做出行为时的模式相同。因此，人类语言回路的发展，可能是因为后来演变成布罗卡区的原始结构具有一种识别他人行为的机制，而且该区域肯定是在语言进化出来之前就具有了这种能力。

里佐拉蒂和他的朋友们知道，因为提出这一假说，他们走得太远了。让我们看看他们能把我们带到哪儿去，因为神经科学无非就是这么一回事儿：你在细胞层次上发现了一些有意思的东西，并试图把它跟行为联系起来。你提出一个假说，它要么会被批评的子弹打出一堆窟窿眼儿，要么不会。在许多科学领域，情绪脆弱和脸皮薄是不可取的。

我们已经通过黑长尾猴的例子意识到行为和怀着沟通意图发送信息之间存在差距。人类是如何形成沟通意图的呢？一般而言，当人看到一种行为或准备做出一种行为时，大脑运动前区会处于警戒状态。为防止行为的观察者真正模仿该行为，我们有一套抑制机制。要不然的话，我们随时随地都会跟着领头的人做这做那。然而，有些时候，要是所观察的行为特别有意思，观察者可能会放松抑制，不自觉地做出反应。这就建立起一条双向通路，行动者（做出行为的人）意识到观察者的反应，观察者又会看到自己的反应给行动者带来的反应。如果观察者可以控制自己的镜像神经元系统，那么，他就可以主动发送信号，展开某种形式的初步对话。主动控制的镜像神经元是语言形成的必要基础。注意到某人发出了信号的能力，以及意识到它造成了反应的能力，并不一定是同时产生的。这两种能力都有着极大的适应优势，故此得到了进化的选择。

里佐拉蒂他们说的是什么样的行为呢？是面部还是手势动作？请记住，F5 区和布罗卡区有着能控制两者的神经结构。里佐拉蒂和阿尔比布推测，在一系列最终导致语言产生的事件中，最早出现的应该是面部表情。珍妮·古道尔（Jane Goodall）指出，目光长时间来回接触可能会伴随着友好交互。接着她描述了众多面部表情中的一种："有一种面部表情比其他表情更具信号价值，那就是龇牙咧嘴。当这一表情突然出现，雪白的牙齿衬着粉红色的牙龈，就好像把脸部分成了两半。人们往往在无声中做出这个表情，它是对意外的可怕刺激的反应。当人转向同伴，脸上带着这个可怕的表情，往往会令旁观者立刻产生惊恐反应。"

猴子、猿类和人类迄今仍把面部动作当作一种自然而然的主要沟通方式。人类延续了猿类的唇舌翻动运作，而唇舌翻动构成了说话中的音节。之后就轮到发音出现了吗？里佐拉蒂和阿尔比布不这么认为。还记得我们曾经说过猴子和猿类的发声系统是一套封闭系统吗？手势系统可以给出更多的信息。而在解剖结构受限制的发声系统中，想让尖叫这种情绪性声音表明你处于惊恐之中，唯一的办法就是叫得更大声一些。手势系统则可以为它添加信息：尖叫说明你被吓着了，然后再配上一个手势，表明蛇很大以及它在哪儿。人们在象牙海岸地区的黑猩猩中观察到了这种行为：在迁徙或碰到邻近群落时，黑猩猩会吠叫并连续敲打。

一旦发生这种情况，以手势描述的物体或事件，就有可能跟一种声音（不是尖叫，而是简短的“噢”或“啊”）联系起来。如果同样的声音每一次都表示相同的含义，那么，一套初步的词汇库说不定就这样开始发展起来。为了使这一套新的声音发展成言语，它还需要得到更富技巧性的控制，原先的情绪声音中心不够用了。类似 F5 区的区域已经具备镜像神经元，能控制喉部运动，跟初级运动皮层有联系，这就有可能进化成布罗卡区。由于有效的沟通系统能带来生存优势，最终，进化的压力带来了更多复杂的声音，而得以产生这些复杂声音的解剖结构就被选中了。手势变得不再重要（除了对意大利人来说），成为语言的附属品，但在必要的时候，它们仍能发挥作用，比如打手语。

以下段落节选自路易吉·巴尔齐尼（Luigi Barzini）的《意大利人》（*The Italians*）一书：

> 一般来说，一个简单的手势再配上适当的面部表情，不仅能代替短短几句话，甚至能胜过一段雄辩的演说。举个例子，试想有两位绅士坐在一张咖啡桌边。其中一位绅士正在详细地解释：“我们这个古老的欧洲大陆分成了不同的国家，每个国家又分成省，每个国家和每个省都有自己的小生命，说着外人难以理解的方言，不同的想法、偏见、缺点和仇恨就这样慢慢地在其中滋生……我们总记得自己击败邻国的荣光，却完全忘记了邻国也曾击败我们。要是欧洲能融为一体，实现许多伟大人物梦想中的帝国，生活会变得多么轻松呀。为什么不呢？”
>
> 另一位绅士耐心地听着，专心地盯着前一位绅士的脸。有那么一刻，他仿佛被朋友的一大堆论点和乐观精神给打动了，他慢慢抬起一只手，从桌子垂直往上举，直到高过头顶。与此同时，他只发出一声长长的“呃……”，就好像是在叹气。他的眼睛一直锁定在对面绅士的脸上。他的表情很平静，稍带疲倦，又伴着点怀疑。这一连串动作的意思是：“你的结论太仓促了，我的朋友，你的推理

太复杂了，你的愿望太不切实际了。我们知道，世界一直就是这样，所有表面光明的解决办法，总会给我们带来更多不同的问题，新冒出的问题比我们习惯的老问题更加严重，更叫人无法忍受。”

人类不是唯一懂得恐惧和暴力的动物

说回约会对象这个正题。到目前为止，我们发现黑猩猩可以做一点点计划，进行一点点沟通，但没有我们所使用的言语或语言技能，说不定也不能进行抽象思考，主要沟通内容都跟自己的需求有关。那么感觉呢？情绪呢？

动物有哪些情绪

直到21世纪初，人们还对情绪的研究持忽视态度。美国纽约大学的约瑟夫·勒杜（Joseph LeDoux）以前是我的学生，才华出众。他指出，造成这种局面的原因颇多。20世纪50年代以来，人们认为边缘系统（其中包括多种大脑结构）负责创造情绪，但新出现的认知科学吸引了研究界的视线。尽管勒杜认为，边缘系统的概念并不足以充分说明特定的大脑情绪回路，但他承认，情绪牵涉到相对原始的回路，这些回路是在哺乳动物的进化中一路保留下来的。

情绪研究还存在主观性的问题。认知科学家们能够指出大脑如何处理外部刺激（如疼痛），但并不需要说明有意识的知觉体验是如何出现的。人们发现，大多数认知过程都是下意识出现的，只有最终产物需要进入有意识思维。勒杜继续说：“和流行的看法相反，产生情绪反应不一定需要有意识的感觉，情绪反应和认知过程一样，涉及无意识处理机制。”人类大脑中许多无意识运作的系统，在其他动物的大脑里也发挥着类似作用。从这个范围来说，各物种的自我在无意识方面有着很大一部分的重叠。

恐惧是人们研究得最多的一种情绪。当你听到响尾蛇的咔咔声，或者听见草丛里有东西在滑动，身体会怎么反应？感觉输入传到丘脑，它相当于一座中继站。接着，刺激被送到皮层的处理区域，再传递到额叶。在额叶，它们跟其他更高级的心理过程整合在一起，输入意识流。这时，人便意识到了信息（那儿有响尾蛇），决定怎么做（响尾蛇有毒，我不想它咬中我，我应该退后），并将行为付诸实现（腿，赶快动起来跑呀，你可不能对不起我）。所有这一切都要花点时间，大概一两秒的样子。但这里有一条明显具备优势的捷径可走，即通过杏仁核。它位于丘脑下面，跟踪一切通过丘脑的刺激流。一旦它察觉到某种模式跟危险相关，便直接跟脑干联系，激活战斗或逃跑反应，并拉响警钟。你还没意识到是怎么回事，身体已经往后跳了。要是你往后跳了以后发现那不是蛇，上述过程会显得更明显。

这条更快的通路以及古老的“战斗”或“逃跑”反应，在其他哺乳动物身上也存在。其他情绪是否也会使用人与动物的共有通路目前尚不清楚，这也是一大研究热点。

我们不仅跟黑猩猩对象有着一部分相同的无意识情绪，野生环境下的观察研究还表明，我们在无意识层面上跟猿类相似的地方比想象中要多得多。让我们去野外看看吧。

热带丛林中的血腥战争

HUMAN ▸
认识人类

直到 1974 年 1 月 7 日之前，科学家们还以为激烈的暴力行为是人类独有的。结果，在坦桑尼亚的贡贝国家公园，珍妮·古道尔贡贝研究中心的资深实地考察助理希莱丽·玛塔玛（Hillali Matama）第一次观察到，一群黑猩猩偷偷进入另一个黑猩猩部落的领地，杀死了一只正在安静进食的雄性黑猩猩，在随后的 3 年里，它们又有组织地杀死了该竞争部落里剩下的其他雄性黑猩猩。雌性黑猩猩呢？有两只年轻雌性黑猩猩被送到了偷袭一方的部落，其中一只看着自己的母亲被新部落殴打致死，还有另外四只不知所踪。更让人震惊的是，这些部落曾经来自同群体。

其他地区的观察者记录了更多的观察结果。除了古道尔之外，西田利贞（Toshisada Nishida）的研究小组是唯一一个对黑猩猩进行了长达 21 年研究的小组。在坦桑尼亚马哈雷山国家公园他们看到，相邻群体的雄性黑猩猩之间会发生激烈的打斗，而且在边界巡逻的黑猩猩还会对陌生黑猩猩施以暴力。

自从首次观察到这类情况以来，已经有两个黑猩猩群落被自己的同类彻底灭绝了。观察其他非人类灵长类动物的研究人员则目睹了雄性大猩猩和某些猴子杀害幼仔，雄性黑猩猩和猩猩强奸雌性。随着人们的实地观察记录越来越多，我们了解到，就群居动物而言，无论是鸟、鱼、昆虫、啮齿类动物还是灵长类动物，许多物种中都存在雄性或雌性甚至幼仔杀害幼仔的行为，但杀害成年同类的行为却并不普遍。

哈佛大学生物人类学教授理查德·兰厄姆（Richard Wrangham）认为，我们可以把人类暴力，尤其是雄性暴力的起源追溯到猿类，具体而言，则是我们与黑猩猩的那位共同祖先身上。在《雄性暴力》(*Demonic Males*）一书中，他举出了一个令人信服的论点。他认为，最能证明这一结论的事实同人类与猿类社会的相似之处有关。“只有很少的动物生活在以雄性为纽带的父系群落，在这些群落中，雌性为减少近亲繁殖的风险，而迁徙到邻近群落去交配。仅有的两个这么做的动物物种，都有一套由雄性发起的激烈的领土侵略制度，其中包括偷袭邻近群落，寻找弱势敌人，展开攻击并杀死对方。在 4 000 种哺乳动物和超过 1 000 万的其他动物物种中，只有黑猩猩和人类有这么一套行为。”

兰厄姆报告说，观察研究发现，黑猩猩的族群奉行父系制度。雄性占主导地位，继承领土，袭击和杀害邻居，获得战利品（不仅包括扩大的觅食范围，还包括邻近的雌性），但要是它们失去领地，就会被杀害。然而，雌性具备一种不同的优势，只要向征服部落效忠，它们就可以继续留在自己的领地，获取食物。它们活下来再次繁殖，而雄性则被杀死。

黑猩猩奉行父系制度，那么人类呢？

兰厄姆翻阅了人种学的记录，对当代原始部落的研究和考古发现均表明，人类一直是父系制度。这里有件好玩的事情，我在相关软件里输入文稿，拼写检查功能总是在 patrilineal（父系的）这个词下划波浪线，说它拼写错误，并建议更改为 matrilineal（母系的），而输入 matrilineal，软件却从不报错。有人认为父权制是一种文化创造，而新出现的研究领域，也就是进化女权主义则认为，父权制是人类生物学的一部分。

HUMAN ▸
认识人类

那么置人于死地的偷袭呢？兰厄姆认为有这样一种可能性：人类和黑猩猩各自群体之间的侵略有着共同的起源，因为在其他动物中这并不常见。尽管人类的侵略在当代世界不是什么稀有之事，但他也看出现存原始文化中人类的暴力模式跟黑猩猩有着类似之处。亚诺玛米人是一个很好的例子。这是亚马孙盆地低地森林中的一个与世隔绝的原始部落，他们大约有 20 000 人，以好斗出名。他们是有着大量食物的自耕农，每个部落大概有 90 人。男子留在出生的村庄，妇女则出嫁到别的部落。亚诺玛米人的打斗不是为了争夺资源，而主要是为了争夺女性。30% 的亚诺玛米男子死于暴力。然而，暴力袭击者却会得到奖励。他们会得到自己部落的尊敬，拥有的妻子数量是其他男性的 2.5 倍，孩子的数量则是 3 倍。“亚诺玛米人中流行的致命袭击让袭击一方获得了遗传上的成功。”

“亚诺玛米社会跟黑猩猩类似的条件在于，他们在政治上独立，物质产品稀少，没有黄金、贵重物品或食物储备可抢夺。在那个严酷的世界，人类战争的一些熟悉模式消失了。没有长期较量，没有军事同盟，没有注重报酬的战略，也不抢夺存储的货物。剩下的就是谨慎地寻找攻击机会，杀死邻居，迅速逃跑。”在贡贝国家公园，30% 的雄性黑猩猩死于暴力，跟亚诺玛米村落的比例一样。在其他原始部落，如新几内亚的高地，澳大利亚的内陆地区，还有卡拉哈里沙漠的布须曼人当中，侵略行为造成的死亡率也差不多。正如兰厄姆的观察，在显微镜之下，以打猎采集为生的原始社会并不比黑猩猩进步多少。

也有少数社会设法在较长的时间段内避免了直接战争。瑞士是当代最好的例子。然而，正如约翰·麦克菲（John McPhee）在《瑞士协和广场》（*La Place de la Concorde Suisse*）一书中所说，为了捍卫和平，“瑞士从来不乏民众奋起准备抵御侵略战争的场面”。瑞士实行义务兵役制，在重要桥梁和道路上埋地雷，在山上挖掘深深的洞穴，存储足够全部军队和部分平民使用一年多的医疗物资、食品、饮水和设备。此外，他们还有阿尔卑斯山脉的天险阻隔。

因此，人类与黑猩猩都是父系社会，都有致命偷袭的历史。而且，众所周知，男人比女人更暴力。世界各地的暴力罪案数据都反映出这一点。所以，如果你认同我们和黑猩猩的这个相似之处，不妨来听听兰厄姆对这种现象的解释，可以归结为经济学的社会生态版本。有一种叫“群体成本”的理论指出，群体的规模取决于它能够获取的资源。在一个食品供应不稳定或呈季节性变化的环境中，部落的大小也会相应变化：食物多，部落大；食物少，部落小。一个群体要不要迁徙，要迁徙多远，取决于部落成员所吃的食物。有些物种的食物来源丰富而稳定，因此它们的群体能实现最终的稳定状态，比如大猩猩可以坐在一个地方整天吃树叶。而有些物种在进化中变得只吃难以找到的高质量食物，比如坚果、水果、根茎和肉类。在这一点上，我们跟黑猩猩相似。

倭黑猩猩则有所不同，它们既吃黑猩猩吃的东西，也吃大猩猩吃的树叶，同时又没有大猩猩跟它们竞争。它们不必为了寻找食物而长途跋涉，有着宽松的生活环境。我们和黑猩猩所吃的食物类型注定了雄性占主导地位。雌性外出寻找食物有困难，因为它们要照料、养育婴儿。雄性和没有孩子的雌性可以跑得更快更远，抢先获得食物，而后进行合作，它们能够维持较大的部落。部落规模可变的优势在于，它能让一个物种灵活地适应不断变化的环境。劣势则在于，一旦群体变小，就容易受到较大群体的攻击。这就是兰厄姆所谓的“拉帮结派”物种：有着联系纽带（一起外出的雄性）和部落规模可变的物种。

是什么促成了这些物种互相杀害呢？原因跟另一些物种的习惯性杀婴一样：“经济”。杀婴“便宜”，“性价比”很高。杀死一个婴儿，雄性自己没什么受伤的风险，所以成本很低。他们可以获得食物来源，或是提高与雌性交配的概率，因为当雌性的婴儿死亡，她会停止分泌乳汁，再次排卵。当他们参加帮派对抗弱势邻居时，受伤风险同样很低。他们能从中获得什么好处呢？削弱了邻居的力量（这对未来总是很有利的），扩大了食品供给，并且也能让他们找到交配对象。

但为什么雄性的侵略性这么强呢？难道性别选择选中了雄性的侵略性？尽管猿类没有硕大的犬齿，但它们全都可以用拳头打架。为了适应在树上摆荡，猿类的肩关节可以旋转，它们长长的胳膊和握紧的拳头可以击出有力的一拳，不让对手近身。拳头还可以抓起武器。黑猩猩在扔石头和树枝方面是出了名的。在青春期，雄性猿类和人类上半身的肌肉组织都会得到发育，长出宽大的肩膀，而肩膀软骨和肌肉对应着不断增加的睾酮水平。

可话又说回来，很多动物都具备发动攻击的身体能力，但并不是所有强壮的动物都喜欢攻击。

HUMAN ▸
认识
人类

大脑里到底出了什么状况？我们可以理解动物无法控制自身情绪或冲动的观点，但难道人类不能通过冷静的理性控制自己的攻击性吗？事实证明，情况没那么简单。美国南加州大学神经学系的负责人安东尼奥·达马西奥[①]（Antonio Damasio）研究了一组前额叶皮层腹内侧[②]特定位置受损的患者。他们全都缺乏主动性，不能做出决定，没有情绪。达马西奥仔细研究了一位患者，测得他的智力、社会敏感性和道德感均正常，面对假设性问题，他能够设计出恰当的解决办法，并预见其后果，但就是完全没办法做出决定。达马西奥得出结论，这名患者和其他类似患者不能做决定，是因为他们无法把情绪价值跟选项联系起来：单纯的理性不足以做出决定。理性能列出选项清单，情绪则负责从中挑选。我们将在后面的章节继续讨论这个问题。现在需要知道的重要一点是，哪怕我们人类喜欢认为自己能够做出非情绪化的决定，但情绪其实在所有决定中都发挥着作用。

兰厄姆断定，倘若情绪是行动的最终主宰，那么骄傲就是潜藏在黑猩猩和人类攻击行为背后的情绪。他指出，处在青春期的雄性黑猩猩会围绕级别地位组织自己的整个生活。所有决定都受其指引，包括早晨什么时候起床，跟谁一起出行，给谁理毛，跟谁分享食物。所有的行动都以当上首领为目

① 安东尼奥·达马西奥，美国知名神经学家，他关于情绪的研究从根本上颠覆了支配西方几百年的身心二元论。他的研究成果可见《笛卡尔的错误》，该书中文简体字版由湛庐引进，北京联合出版公司于 2018 年出版。

② 面朝上躺着，双臂放在身体两侧，掌心向上。你身体的肚子一侧就叫作腹侧，背面则叫作背侧。如果你放松头部往后仰，你会明白为什么说大脑的顶部是背侧面的延伸，腹侧面则是靠下的那一面，在头部的深处。故此，腹内侧前额叶皮层的位置正如它的名字所示：在大脑额叶前面靠下部分的中央。

标。成为首领很困难，这就成了争斗的导火线。人类的情况也大致一样。兰厄姆援引了塞缪尔·约翰逊（Samuel Johnson）在 18 世纪的说法："只要两个人在一起半小时以上，就必然有一人占据明显的优势。"如今也是一样，男人们仍然会用名贵的手表、汽车、房子和社会阶层来炫耀自己的地位。

兰厄姆猜测："获得高地位的雄性得以把自己在社会上的成功变成额外的繁殖量，这样，经过一代又一代的延续，骄傲就进化出来了。"这是性别选择的遗产。马特·里德利（Matt Ridley）在《红色皇后》（*The Red Queen*）论及女人天性的章节中这么说："我们的遗传特点延续自人类以狩猎采集为生的原始时代，和那时相比，现在并没有太多变化。现代男性的内心深处仍遵循着原始的猎人和采集者的雄性法则：努力获取权力，用它来吸引女性，让她给自己留下后嗣；努力获取财富，用来收买其他男人的妻子，让她们怀上自己的孩子。在原始社会，男人跟邻居迷人的妻子分享一条珍贵的鱼或者一罐蜂蜜，换得短暂的风流韵事。在当代社会，明星开着豪车载着模特招摇过市。"

因此，男人和雄性黑猩猩在生理上为攻击做好了准备，在情绪上以达到高地位为重。不但群居的人类和黑猩猩是这样，独居的猩猩也是如此，骄傲也是社会侵略的重要原因。任何群体，不论是一支团队、一种性别、一行买卖或者一个国家，都能吸引专注的追随者。可这是为什么呢？是理性思考的结果，还是古老猿类大脑的本能反应？

社会心理学家指出，群体忠诚和敌意的出现很容易预测。该过程首先以群体区分"我们"和"他们"开始。这就是所谓的"组内组外偏见"，它普遍存在，根深蒂固：讲法语的加拿大人对讲英语的加拿大人，警察对联邦调查局探员，野马队球迷对其他各队的球迷，滚石乐队歌迷对披头士乐队歌迷……对一个有着漫长的群体间侵略历史的物种来说，这是理所当然的。达尔文写道："一个部落的成员，倘若有着高度的忠诚、顺从、勇气和同情，总是乐于助人，总是愿意为了共同利益牺牲自己，必定能战胜其他大多数部落，这会成为自然选择。”他写这段话是为了说明，当团结成为自然选择的方向，道德是如何从中出现的。兰厄姆还暗示，在进化史上，以群体内部忠诚为基础的道德感能发挥作用，是因为它能让该群体更有效地组织对外侵略。

HUMAN ▸

结论

有时候，翻阅家谱并不是件令人愉快的事，但可以解释许多看似神秘的行为。许多夫妇在婚后遭遇困境，是因为他们忽视了未来伴侣的家人。以我们的黑猩猩对象为例，我们有共同的祖先。诚如兰厄姆所说，家人们有了多方面的分歧，但仍然有不少共同的特点。我们在身体解剖结构上有了显著变化，这成为许多独特功能的进化基础。双足行走解放了双手，改变了呼吸模式。相对弯曲的拇指使得我们发展出其他任何物种都达不到的精细运动协调性。我们独特的喉让我们能够发出无限多种声音用来说话。我们镜像神经元系统的规模比其他物种要大得多，它衍生出的远远不只是语言。我们大脑中的其他变化，使我们得以理解比“亲戚”黑猩猩所能理解的更为复杂的内容：其他人有着不同的欲望、意图、信念和心理状态。在这些差异的基础上，我们将迈入下一章，看看它们能把我们带到什么地方。在我看来，跟坎齐玩上一天很有意思，但从长远来看，我会选择跟更有文化的物种约会。还是让我跟一个智人约会吧。

THE SCIENCE BEHIND
WHAT MAKES US UNIQUE

HUMAN

第二部分

社会性的大脑

人类是社会性的。这是一个毫无疑问的事实。我们的大型大脑的存在，主要是为了处理社会问题，而不是为了去看，去感受，去思考热力学第二定律。

03

人类的社会化

> 用别人的头脑武装自己的头脑是很有益的。
>
> 蒙田
> Michel de Montaigne
> 16 世纪法国人文主义思想家

想象以下场景：你的女儿本来很能忍痛，这天却在你们度假的时候不停抱怨自己腹部剧痛。你知道，要是她开口说痛，问题肯定很严重。你赶忙携妻带女来到急诊室。值班的外科医生是一位你完全不认识的陌生人，他做了两分钟检查后说，必须马上动阑尾手术。你想起自己有个高中同学是本地的医生，并且奇迹般地通过电话联系上了他。他宽慰你说，这位值班医生是个可靠的人。一切都很顺利，值班医生成了你的新朋友。老朋友恢复了联系，新朋友搭上了关系。手术非常成功。而后，这些短暂的友情告一段落。这就是社交意识在运作中。

想象以下场景：你报名参加了旅行团，打算去一个需要冒险的地方。没人陪的话，那地方你可不敢去。第一天早晨，你跟团友们碰了面，并做了自我介绍。你环顾四周，看见的全是些陌生面孔。你忍不住想：天哪，我是不是脑袋进水了？然而两天之后，你走在弯弯曲曲的狭窄山路上，与一个只认识了 48 个小时的人亲密无间、彼此信任。吃午饭的时候，你跟一个完全不认识的人展开了一场妙趣横生的谈话，过后又受邀跟一小群人共进晚餐。这个星期快过完的时候，旅行团早已自动分成了若干小组，小组下面还有小群体。人际互动每分每秒都在变化，关系往来乍冷乍热。社交意识忙活个不停，人际政治现象一览无余。

从大的方面来说，构建和重整社交群体和联盟是一件我们随时都在做的事情。而许多像我这样的实验科学家关注的则是这幅全景图中的小片段。我们煞费苦心地大致弄清了人类到底依靠哪些基本的认知技能进行分类和计量，把零散的感觉输入整合成完整的知觉。但我们还来不及把重点放到大脑最擅长的事情——社会性思考上。这似乎也是它形成的目的所在。

一切都和社会过程有关。尽管我们极为擅长把人、动物和东西分类，但是我们分类的依据从来不是什么三角与方块或者红与蓝。看到有人牵着狗走过来，我可不会想："呃，这个人脑袋是圆形，躯干是三角形，哇噢，瞧那儿，长方形的四肢，哦，不对，四肢应该是圆柱形，还有圆柱形的十根手指……现在轮到分析狗了。"事实上，在进化过程中，我们身边总有许多其他人。大脑产生了监控群体性社会行为的机能，令我们可以评估合作的价值、不合作的风险等。一旦我们意识到人是社会性动物，而不是孤独的隐士，也不仅仅是活体数据处理器，一个新的问题就自然而然地冒了出来。人类这么强的群居性是怎么形成的呢？它从哪儿来？我们的祖先就是群居动物吗？自然选择怎样筛选出了群体合作？自然选择只适用于选择个别的认知特征吗？难道它也能选择集体行为？

这一核心议题攫住了查尔斯·达尔文的视线。在大力宣传适者生存观的同时，他也清楚地意识到，不少动物会故意让自己不那么适应，以便整个种群能够存活。表面上看来，这甚为荒谬，可蜜蜂和禽鸟一直是这么做的。从这些现象可以看出，自然选择必然能在整个种群的层面上发挥作用。实际上，此类机制可充当人类社会和伦理行为出现的基石。

一切看起来都很圆满，直到伟大的进化生物学家乔治·威廉姆斯（George Williams）（暂时）推翻了群体选择的概念。他在一次访问中说："自然选择在个体层面上运作最有效，某些个体在自然选择的过程中产生了适应性，并跟同一种群的其他个体展开竞争，这种竞争显然不是为了什么群体的福祉。"个体选择意味着生物体的适应不是为了让整个物种免于灭绝，单个生物体只不过是煞费苦心地让自己的生命延长罢了。过去55年里，威廉姆斯的"个体适应论"一直是进化生物学的主流观点。

在威廉姆斯的分析基础上，进化生物学家、牛津大学公众科普教授理查德·道金斯（Richard Dawkins）进一步提出了"自私的基因"的观点。[①]读了这种认为自然选择只作用于基因层面的观点后，人们或许会认为利他主义和其他所有集体主义观点全都只是次要的，偶然附带产生的。不难想象，许多学者都讨厌这种想法，其中包括知名的古生物学者、进化生物学家斯蒂芬·古尔德（Stephen J. Gould）。

道金斯的观点建立在威廉·汉密尔顿（William Hamilton）的研究工作之上。20世纪60年代初，汉密尔顿在英国伦敦政治经济学院和伦敦大学学院确立了达尔文式的利他主义学说。他从亲缘选择入手，并用一个简单的数学公式（$C < R \times B$，其中C是施益者的成本，R是施益者与受益者之间的基因关系，B是受益者所得的利益）指出，人类的利他行为可能会体现在面对与自己有血缘关系的人时。这暗示自私的竞争行为或许存在一定的限度，有限的自我牺牲也并非不可能。在血缘上足够亲近的人之间互相帮助，从基因上来说是站得住脚的。汉密尔顿进而指出，这种行为支持了社会进化的一

① 对道金斯及其研究感兴趣的读者，可参阅其自传《道金斯传》，该书简体中文版由湛庐引进，北京联合出版公司于2016年出版。——编者注

般性生物学原则。简而言之，汉密尔顿给了达尔文和“自私的基因”的支持者们一个理解利他主义的统一途径。他解释了适应性如何对行动者之外的人发挥作用。这就是所谓的汉密尔顿原理，非常精彩。

不过，并不是所有人都乐于否定群体选择在进化中所扮演的角色。尽管道金斯、威廉姆斯和其他批评群体选择说的人承认，从原则上来说，自然选择可以在群体的基础上发挥作用，但他们的立场是这样的：个人层面上的选择压力总是大于群体层面上的。并非所有进化生物学家都同意这一看法。戴维·斯隆·威尔逊（David Sloan Wilson）和爱德华·威尔逊回顾了群体选择理论兴起和衰落的历史，得出结论：过去55年来的研究为群体选择理论提供了新的实证证据，群体选择在理论上是一种站得住脚的进化力量。“问题在于，要想把社会群体看作一个适应单元，成员之间必须彼此帮助。然而，这些群体优势行为几乎不可能使群体内的相对适应性最大化。达尔文提出的解决办法是，自然选择发生在生物层级的多个层面上。在群体之内，利己者可能优于利他者；但在群体之间，利他的群体胜过利己的群体。这就是如今所谓的多级选择理论的基本逻辑。”戴维·斯隆·威尔逊认为，群体选择不仅是一种重要的进化力量，而且有时甚至是决定性的进化动力。在写给某电子邮件通信网站的一封信里，他说：“进化不仅是小型的突变，也发生于社会群体和多物种群落，它们紧密地结合在一起，自身就变成了一种更高层次的有机体。”

虽说这是一个极富争议的问题，但总有一天，进化生物学家们会辩出个头绪。让我们先说到这里吧，我们只需确认一个事实：我们的社会行为有着生物学根源。

从我们如何发展成现在的模样着眼，催生我们社会意识的深层生物学力量就变得很明显了。更吸引人的还有这样一种可能性：在自然选择中，我们发展出一些用来避免被天敌吃掉的行为，而我们现在最关切的那些社会关系只是这些行为的副产品。为了生存，自然选择要求我们群居。一旦有了群体，我们就开始构建“有意义的”以及“可操纵的”社会关系，同时我们的思维开始忙着处理我们身边的事情，其中大部分涉及我们的同伴。一方面，这些人类社会关系成了我们精神生活的中心，很多时候甚至成了我们人生的存在意义；但另一方面，相较于人类形成社会群体的真正原因，它们始终是由一个次级过程产生的。我们现在随时想着其他人，因为人类就是被这么构建起来的。倘若没有其他人，没有联盟和团结，人类根本存活不下来。我们很快就会看到，这对早期人类来说是这样，对现在的我们来说仍然如此。

如果你是地球上唯一的人，你会想些什么？也许是你的下一餐饭？不管怎么说，你不会去想谁能帮你搞定这餐饭，或者你会跟谁分享这餐饭。说不定你会考虑如何避免自己被别的东西吃掉，但没人能帮你盯着捕食者。

究其核心，人类是社会性的，这是一个毫无疑问的事实。我们的大型大脑的存在，主要是为了处理社会问题，而不是为了去看，去感受，去思考热力学第二定律。我们每个人都能做出这些个人的和更偏重心理性的行为，我们还可以建立起丰富的理论来解释自己的个性，但我们这么做，是大脑在群居世界里行使职能的结果。所有这一切都基于以下事实：为了生存和繁荣，我们必须群居。因此，要想理解我们如何变成现在这样，必须回顾进化生物学，而为了搞清楚我们当前的社会能力（包括利他等现象）背后隐含的生物学，我们需要想一想进化是如何运作的。

决定种族存亡的社会行为

查尔斯·达尔文和阿尔弗雷德·华莱士（Alfred Wallace）[①] 双双观察到，

① 阿尔弗雷德·华莱士是 19 世纪研究动物种群地理分布的顶尖专家，他独立提出了自然选择理论。

尽管物种有着极强的繁殖潜力，种群数量应呈指数级增长，但现实中却并未出现此种情况。除了偶尔波动，种群总体数量保持稳定。毕竟，自然资源是有限的，在一个稳定的环境中，它保持不变。[①] 所以，倘若新生数量超出资源能支持的限度，物种必然会对资源展开竞争。

达尔文和华莱士还指出，对每个物种来说，种群中的个体是不同的。没有哪两个个体完全相同，不少可变特征都是遗传而来的。他们得出结论，生存概率不是随机的，而是随遗传特征有所变化。根据自然选择规律，一个特征要想在竞争环境中被选中，必须为个体带来生存优势，这种优势必然体现在大量的幸存后代身上。该特征或许能让个体更成功地找到食物（所以他会更强壮，更健康，从而繁殖数量更多，繁殖时间更长），更成功地交配（从而更多地繁殖），或更擅长跟天敌搏斗（从而活得更长，得以更多地繁殖）。这些特征编码在个体的基因里，并遗传给下一代。因此，凡是对提高繁殖成功率的行为进行编码的基因，都会在种群中变得越来越普遍。

竞争压力受气候、地理、其他动物个体（来自同一物种和不同物种）的影响。气候和地理的变化，如火山喷发，会导致食物资源的变化（既有可能变得更丰富，也有可能变得更匮乏）。同一物种内会出现对食物资源和性伴侣的社会竞争。不同的物种会进化出应对食物竞争的不同方式。有一些物种彼此分享食物，有一些则不然。

达尔文对自己的理论感到困惑的一个问题涉及利他行为。单个个体分享食物是没有意义的——把自己的东西分给别人，虽然有利于他人的成功繁殖，但不利于自身。然而，在群居物种中，这种情况频频出现。前面我已经说过，1964 年威廉·汉密尔顿提出了解释利他行为的亲缘选择理论。倘若受益者跟施益者有着血亲关系，利他行为就有可能进化出来。父母会为

① 人类并非生活在稳定的环境当中。卫生条件和营养的改善、疫苗接种和现代医疗服务的普及降低了人类的死亡率，农业发展和食物分配则提高了粮食供应能力。

孩子牺牲，因为孩子携带着父母50%的DNA。同胞兄弟姐妹之间也有50%的DNA是相同的，孙辈之间也会共享25%的DNA。你的近亲生存和繁殖，同样能把你的基因传给下一代。基因怎样遗传无关紧要，只要遗传下去就行。

然而，亲缘选择不能解释所有的利他行为。为什么有人会帮朋友的忙呢？最终解开这个谜题的是美国罗格斯大学的人类学教授罗伯特·特里弗斯（Robert Trivers）。要是一个人帮助了没有亲缘关系的人，日后得到了回报，那时他就获得了竞争优势。当然，这里假设了若干前提条件。若乙帮助了甲，其一，甲能明确地认出乙，并记得自己受过乙的恩惠。其二，两人有着紧密的联系，还人情的机会很快就会出现。同时他们还得有能力评估恩惠的成本，确保另一人得到同等价值的回报。这就是所谓的互惠利他，在动物世界中，互惠利他是非常罕见的。

由于施恩与报答之间存在时间差，难题出现了。时间差有可能带来欺骗。假设第二个人不可靠，那么跟他合作就对第一个人不利，合作系统存在的可能性就崩塌了。实践互惠利他的物种还必须具备识别骗子的机制，要不然这种行为就没办法持续。所以，严格的达尔文原则或许有助于解释诸如利他一类的行为。“安然丑闻”[①]之后，人们紧盯着钱。在生物学上，你得紧盯着基因。

这带出了另一个更深入的问题，也是一个老问题：为什么你会给一家绝不会再次光顾的餐厅留下小费？我们等会儿再来回答这个问题，它可能要用群体选择来解释！

① 美国安然公司曾是世界上最大的能源、商品和服务公司之一，2001年由于财务造假丑闻破产，严重挫伤了美国经济恢复的元气，重创了投资者和公众的信心。“安然”从此成为公司欺诈以及堕落的象征。——译者注

孔雀为什么会有大尾巴

自然选择中的一些适应提升了生殖竞争中成功的可能性，孔雀尾巴是个典型的例子。常识告诉你，拖着巨大的尾巴只会是个累赘，这样的东西怎么可能具有适应性呢？然而，任何能够靠着巨大尾巴生存的鸟类必然是个富有吸引力的伴侣：强壮、健康、机智。这条大尾巴印证了麦迪逊大道[①]的逻辑：一场伟大的广告活动能赚回更多的顾客。拥有大尾巴的鸟类能够繁衍更多的后代。

孔雀的尾巴为性选择赋予了优势。性选择这个词指的是涉及配偶选择和繁殖的社会动态，尾巴是所谓的“适应度指标”。“适应度指标”对个人来说成本越高就越可靠。携带并维护一条大尾巴，孔雀要付出很多的精力。它没法伪造，因此是一项可靠的“适应度指标”。一个开着崭新的平价汽车的车主有可能伪造他的“适应度指标”，他的车可能是用零首付、每月低额偿还的贷款方式买来的。可是，倘若一个人开着维修费用极高的天价跑车，没有一大笔现金是买不了这车的，因此也就可靠地暗示了他拥有的资源。天价跑车是一个很好的“适应度指标”，平价汽车则不是。

特里弗斯还帮我们认识到，性选择背后的行为跟亲本投资（parental investment）有关系。亲本投资指的是双亲对单个后代所做的投资可以提高该后代的生存概率，但牺牲了双亲对其他后代投资的能力。因此，在任何物种当中，具有潜在高繁殖率的性别总是希望尽量多交配，以便自己的基因尽可能多地传给下一代；而繁殖潜力低的性别总是更关心对子女的抚育，确保自己的少量后代能够生存下去。对 95% 的哺乳动物来说，雄性和雌性对交配和养育投入的精力都存在巨大的差异。由于怀孕（内部妊娠）和照顾幼仔（哺乳期），雌性的繁殖时间有限。至于雄性嘛，我们都知道，他们随时准备着繁殖。

① 麦迪逊大道位于美国纽约曼哈顿区，美国许多广告公司的总部都集中在此，因此这条街也是美国广告业的代名词。——译者注

养育投资成本高、繁殖潜力低的性别（一般为雌性）往往更重视配偶的选择。要是做了糟糕的决定，它们的损失更大（生出不健康、有可能无法繁殖的后代）。雌性对交配伴侣的选择也影响到了雄性的生理（孔雀的尾巴）、行为和社会性的进化。它加剧了雄性之间对交配伴侣的竞争，也加剧了雌性之间的竞争。性选择可能会导致“失控性选择”。也就是说，被选中的基因本身也在做着选择，从而建立了正反馈循环。让我举一个简单的例子来说明它的工作原理。

假设你有一群短耳兔，和其他特征一样，兔子耳朵的长度是可遗传的。雄兔几乎不做养育投资，往往是随便找个雌兔交配。尽管现在它们都有着短耳朵，但一只名为雷克斯的雄兔的耳朵比其他兔子稍微长一点。出于某种原因，一些雌性进化出了偏爱长耳朵的倾向，所以它们选择跟雷克斯交配。它们的后代不仅将拥有较长的耳朵，还将拥有对长耳朵的偏好。当不同特征（长耳朵和对长耳朵的偏好）的基因最终融合在同一个身体里，这些特征就产生了遗传上的相关性。正反馈循环就此建立。选择长耳朵的雌兔越多，就会有越来越多的雄兔和雌兔拥有长耳朵以及对长耳朵的偏好。“失控性选择”就是这样出现的。

大脑袋需要大胃口

人类趋于群居的另一点因素似乎来自我们培养日益发达的大脑的需求。狩猎、放牧、藏身和欺骗都形成了我们的社会本能，并最终成了主流。美国密苏里大学心理学教授戴维·吉尔里（David Geary）使用了一种比较大脑体积的方法，对不同原始人类的脑化商数[①]做了估计，看它们占现代人脑化

① 正如我在第 1 章中提到的，观察大脑绝对体积的一个问题在于，它会随着身体总体积的增加而增加，因此在比较不同物种的大脑体积时会造成混淆。脑化商数的概念由加州大学洛杉矶分校古人类学家、精神病学名誉教授哈里·杰里森（Harry Jerrison）提出，它是以平均体重相同的哺乳动物为基础，比较其相对大脑体积，从而控制了这一问题。

商数的百分比是多少[①]。他指出，在原始人类的进化过程中，大脑的相对体积不断增加。是什么导致了这样的发展呢？

传统理论认为，生态学问题的提出及解决推动了大脑的变化。杰里森注意到，在过去的 6 500 万年间，捕食者和猎物的大脑体积在针锋相对中各自呈增大趋势。由于人类使用工具打猎，于是我们假设工具的生产和使用是大脑体积增加的推动力。然而，这种理论并不符合事实。

美国科罗拉多大学人类学家托马斯·韦恩（Thomas Wynn）指出："从现有证据来看，人类大脑（即我们假定中智力所依托的解剖结构）的大部分进化，均早于人类创造出精巧工具的时间。因此，技术本身似乎不可能在人类能力大进化中发挥了什么重要作用。"这并不是说生态环境不是大脑体积增大的初期推动力，只是说工具不是。

大型大脑比小型大脑消耗大，需要更多的能量（食物）。有证据显示，早期原始人类的确在打猎和觅食上变得越来越有效率，由此得以占据更广泛的生态环境。人类学家约翰·图比（John Tooby）和欧文·德沃尔（Irven Devore）认为，狩猎对人类进化来说十分重要。诚如史蒂芬·平克（Steven Pinker）[②] 所说："关键问题不是大脑能为狩猎做什么，而是狩猎能为大脑做什么。"狩猎得到的肉类是一种完全蛋白质，对大脑来说是绝妙的能量来源。平克指出，在哺乳动物中，食肉动物的大脑相对体积更大。

上文提到过的研究黑猩猩的理查德·兰厄姆认为，光有肉是不够的，还要吃得有效率。尽管黑猩猩的饮食中包含了 30% 的猴子肉，但猴子肉很硬，

---

① 吉尔里是这样做的：先根据原始人类头骨化石推断大脑容积，再与南非约翰内斯堡威特沃特斯兰德大学解剖学及人类生物学名誉教授托拜厄斯（P. V. Tobias）提出的现代人脑化商数估计值进行比较。

② 史蒂芬·平克，知名心理学家和认知神经学家，关于他的研究成果，可参见他的著作《语言本能》，该书中文简体字版由湛庐引进，浙江人民出版社于 2015 年出版。——编者注

要花很长的时间咀嚼，就算它在卡路里总量上占有优势，消化它所用的漫长时间也足以将其优势一笔勾销。也就是说，用等量时间吃植物也能获得等量的卡路里。兰厄姆不仅花了很多时间观察黑猩猩的行为，还采集了它们的食物样本。他对这些食物给出的评价不高。这些食物有生水果、树叶、块茎植物和猴子肉，韧性大，纤维含量高，很难咀嚼。他想不出猿类怎么能靠黑猩猩的食谱获得足够的卡路里，维持大型大脑奢侈的新陈代谢。在黑猩猩清醒的时候，有一半的时间都用来咀嚼，偶有短暂休息。这点时间足够令它们不会腹中空空，但不够用来远途狩猎。每天的时间光是用于补充足量的卡路里都不够用。

此外还有一件麻烦事儿。黑猩猩有巨大的牙齿和有力的下颚，和早期的南方古猿及能人一样。直立人（Homo erectus）却有着另外一番面貌。他们的下颚和牙齿较小，大脑却是其祖先能人的两倍。靠着如此软弱的下颚和牙齿，他们要吃什么来获得足以维持和推动大脑成长的卡路里呢？不仅如此，直立人的胸腔和腹部较小，这意味着他们没有能人那么大的消化道。事实上，现代人的消化道长度比对同体格大猿的短 60%。

这真是个火烧眉毛的问题。于是兰厄姆提出了一个激进的想法：这些早期人类吃的是烤肉！熟食与生食相比有许多优点，熟食包含更多的卡路里，而且更软，人类不用在咀嚼上大费功夫。换言之，卡路里增多，进食时间减少，进食需要的精力减少，跟如今的快餐概念没什么两样。事实上，食物越软，进食后可用于成长发育的卡路里越多，原因就在于你吞咽、消化它们所用的能量较少。部分人类学家反对这一理论，因为迄今为止，有关火的最古老的证据来自 50 万年前。但也有一些痕迹暗示，火出现的时间要早得多，甚至也许是在 160 万年前，差不多就是直立人出现的时期。兰厄姆指出，直立人在生理上适应吃熟食。他认为，熟食能带来更多卡路里，减少了直立人的摄食时间，推动了他们大脑体积的增大。这为直立人带来了更多的狩猎和社交时间。

然而也有人认为，奥妙在于大脑中的脂肪酸。在过去 100 万到 200 万年间，原始人类大脑皮层的扩展需要长链多不饱和脂肪酸二十二碳六烯酸（DHA）。迈克尔·克劳福德（Michael Crawford）和他在英国北伦敦大学脑化学和人类营养学研究所的同事们认为，靠饮食中的亚麻酸（LNA）合成 DHA 是相对低效的，人类大脑的扩展需要更丰富的预成型 DHA 来源。DHA 最丰富的来源是海洋食物链，而热带稀树草原环境却只能提供很少的一点 DHA。较之其他任何已知的食物来源，热带淡水鱼和贝类的长链多不饱和脂肪酸的比率更接近于人类大脑。克劳福德的结论是，智人不可能从热带稀树草原上进化而来，他们躲藏在海滩上，沿着海岸线形成群落。通过海洋食物链获取的营养有助于扩大大脑的体积，提高智力，从而使得我们的祖先更有效地觅食和捕鱼。

但埃默里大学的人类学家布赖斯·卡尔森（Bryce Carlson）和约翰·金斯顿（John Kingston）不为所动。他们认为生物化学并不能暗示这样的结论。他们指出，这种观点的主要前提——LNA 合成的 DHA 不够维持大脑的发育和成熟缺少证据支持。与此相反，有证据表明，大量陆地生态系统中都有着多样化的 LNA 来源，靠消耗 LNA 足以维持现代人正常的大脑发育。推测起来，这些对我们的祖先也应该足够。

迁徙到更宽广的开放林地、热带稀树平原和草原上之后，原始人类不仅可以狩猎更多的动物，本身也成了天敌们更明显的目标。研究者们正在逐渐达成一致意见：大脑变大的一个主要因素是社会群落的结成。结成社会群落之后，人们可以更有效率地狩猎和采集，还能更有效地抵御天敌。

智胜天敌的方法有两种。一是比它们体型大，二是成为较大群体中的一员［加里·拉森（Gary Larsen）[①] 提出了第三种方法：你只需要有个比你跑得慢的朋友就行了］。群体成员越多，就有越多双眼睛把哨望风。天敌的攻击

① 加里·拉森，漫画家，以讽刺漫画知名。——编者注

范围取决于它们的速度和捕猎风格。只要及时发现它们，待在它们的攻击范围之外，你就能平安无事。此外，如果你有麻烦时同伴会来帮你，天敌就不大可能攻击。群居动物没有结伙制，但社会性灵长类动物显然有。结伴的个体有着更高的存活率。这促使我们形成了社会群体。

故此，三个互相交缠的因素触发并推动了我们社会意识的发展：自然选择、性选择、为大脑发育提供更多食物的需求。一旦社会能力成为人类大脑结构的一部分，其他能量就被释放出来，反过来又有助于我们大脑体积的不断增大。

社会群体的起源

1966 年，一位在美国接受训练，后来在英国温切斯特大学任职的行为生物学家艾利森·乔利（Alison Jolly）在一份有关狐猴社会行为的论文中得出结论："灵长类动物的社会生活为其智力提供了进化背景。"1976 年，并未读过乔利这篇论文的尼古拉斯·汉弗莱（Nicholas Humphrey）也得出结论："我认为，灵长类动物的较高智能，是为了适应社会生活的复杂性而进化出来的。"他指出，预测和操纵他人行为的能力带来了生存优势，从而提高了心理的复杂性。这些论文孵化出了"马基雅维利智力理论"。

最初提出这一理论的是苏格兰圣安德鲁斯大学的理查德·伯恩和安德鲁·怀滕，他们认为，灵长类动物和非灵长类动物之间的区别在于前者社会技能的复杂度：生活在彼此联系、盘根错节的社会群体中，比应对自然世界更具挑战性，对这种社会生活的认知需求让灵长类动物在进化中选择了大脑体积和功能的增加。"大多数猴子和猿类都生活在长期性群体里，所以熟悉的同类是资源的主要竞争对手。这种情况有利于那些能使用战术抵消竞争成本的个体。高明的战术取决于广泛的社会知识。由于竞争优势是相较于本群落内其他成员的能力而言的，于是导致了社会技能竞相提高的'军备竞赛'，并最终在大脑组织代谢的高昂成本的制约下达到了均衡状态。”可怜的马基雅维利！他也许是个不折不扣的社会学家，可他的名字成了含蓄的贬义词，不能以之命名了。这个理论现在叫作“社会脑假说”。

美国密歇根大学动物学教授理查德·亚历山大（Richard Alexander）提出了另一个关于大脑体积增大的假说。他的焦点放在群体间竞争而不是群体内竞争上。他指出，原始人类主要的天敌是其他的原始人群体，这就引发了战略制订和武器发明的军备竞赛：“掌握了某些独特方法的人类群体具备极强的生态优势，以至于成了其他人类群体在自然界的主要敌对力量。这一点明确地表现在人类心理和社会行为的进化上。”

什么限制了社会群体的规模

英国利物浦大学一位非常出色的人类学家罗宾·邓巴（Robin Dunbar）为大型大脑的社会成分给出了有力证据。每一类灵长类动物几乎都有着固定的社会群体规模。邓巴把灵长类动物和猿类的大脑体积与社会群体规模关联起来，发现了两个不同但并行的数值范围，一个是猿类的，一个是其他灵长类动物的。这两个数值范围都表明，大脑新皮层越大，社会群体越大。不过，针对每一特定的群体规模，猿类所需的新皮层比其他灵长类动物更大。它们似乎得费更大的工夫才能维持其社会关系。

可为什么社会群体规模有限制呢？这跟我们的认知能力有没有关系呢？邓巴提出了有可能限制社会群体规模的五种认知能力：通过阐释视觉信息辨识他人的能力，对面部的记忆力，记住人际关系的能力，处理情绪信息的能力，处理关系信息的能力。他认为，由最后一种认知能力负责处理社交问题，是社会群体规模有限的基础。他指出，视觉似乎不是问题的关键，因为视觉皮层并未伴随大脑新皮层持续增大。记忆也不是问题所在，人们能够记住的面孔数量多于预期中的认知群体规模。情绪似乎也不是关键，事实上，大脑中的情绪中枢在缩小。按照邓巴的说法，限制社会群体规模的是对信息及社会关系的处理和协调。人只能应付数量有限的关系和勾心斗角！

衡量社会技巧和社会复杂性的方法是很难找的。目前，社会行为的五个不同方面均和灵长类动物的新皮层大小挂上了钩。首先就是社会群体规模。其他四项如下：

- 理毛小圈子规模。指动物可以同时跟多少同伴维持相互理毛的亲密关系。
- 雄性交配策略所需的社会技能水平。它暗示社会技能似乎能够抵消单个雄性在等级和权力上的优势。要想赢得姑娘的芳心，你不一定非得是个重要人物，你也可以靠自己的魅力征服她。
- 战术欺骗的频率。战术欺骗指的是不使用武力而操控社会群体中其他人的能力。
- 社会性游戏的频率。

邓巴想要寻找的是有可能跟大脑体积相关联的生态指数：水果在饮食中所占的比例，家庭的大小，每日行程的长度以及觅食风格。这些都跟大脑皮层大小没有联系。他得出结论，社会群体逐渐增大很有可能是受天敌风险这一生态问题推动的，而生活在越来越大的社会群体中所带来的压力和复杂性，则推动了大脑体积的扩展。那么，我们的脑子最终长到这么大，只是因为我们不想成为别人口中的美食吗？让我们分别看看这五项社会技巧，分析一下它们有没有哪个方面是人类所独有的。

人类的社会群体规模有多大

根据观测，黑猩猩的社会群体规模是55，而按照邓巴根据人类新皮层大小所做的计算，人类的社会群体规模是150。这怎么可能呢？我们现在住在巨大的城市里，城市人口动辄上百万。可仔细想一想，你跟这数百万人里的绝大部分都没有接触的理由。请记住：我们的祖先是猎人和采集者，直到一万多年前，农业出现，人们才开始在一个地方定居下来。今天，猎人和采集者部落的典型规模，也就是一年一度聚在一起举办传统庆典的亲戚群体的人数，正是 150 人。这也是传统园艺学会的规模，以及现代个人通讯簿上圣诞节贺卡邮寄名单的规模。

事实证明，不依靠组织层级的可控人数恰好是 150 ～ 200 人。这是军事单位的基本人数，在这样的单位中，维持秩序靠的是个人忠诚和一对一的接触。邓巴指出，这个数字是可以非正式运作的现代商业组织的规模上限。它也是个人能够追踪和建立社会关系，并施以善意帮助的最大人数。

为什么人类天生爱八卦

流言蜚语名声不佳，但研究它的科学工作者却发现，它不仅是一个普遍现象，而且是有益的：它是我们学习在社会中生活的途径。邓巴认为，人类的流言蜚语相当于其他灵长类动物的社会性理毛（记住，理毛群体的规模跟大脑的相对体积有关系）。身体整饰要占去灵长类动物的大量时间。理毛时间最长的灵长类动物是黑猩猩，它们有 20% 的时间都用在这件事上。在原始人类进化的某个阶段，随着群体变大，个体需要为越来越多的其他个体理毛，以便维持自己在这个较大群体中的关系。理毛时间占用了觅食所需的时间。邓巴认为，语言就是在这个时候开始形成的。一旦语言开始替代理毛，人就能够在做其他事情（觅食、行进和吃东西）的同时“理毛”，也就是传播流言。

然而，语言也是一把双刃剑。语言的优势在于，你可以同时（更有效率地）给几个人“理毛”，也可以在一个更广泛的网络里获取和提供信息。它的缺点则是你可能会受骗。你要花费宝贵的个人时间给别人“理毛”，这是无法伪造的，语言却添加了一个新的维度：说谎。一个人可以依据不同的时机讲述不同的故事，所以难以评估其真实性。理毛是在群体中完成的，所有人都能看到，都能证实；流言蜚语则是私下进行的，真实性得不到检验。但语言也可以帮助你解决这个问题。朋友可能会警告你说，先前他跟某人有过不愉快的经历。随着社会群体越来越大、越来越分散，追踪骗子和搭便车占小便宜的人变得越来越难了。流言蜚语或许一定程度上是作为一种控制懒鬼的方式进化出来的。

HUMAN ▶
认识人类

多项研究发现，平均而言，人类 80% 的清醒时间都是在他人的陪伴下度过的。我们平均每天花 6 ～ 12 个小时交谈，其中大部分是跟认识的人一对一地交谈。研究的结果应该不会叫你感到吃惊。伦敦政治经济学院的社会心理学家尼古拉斯·埃姆勒（Nicholas Emler）考察了谈话的内容，80% ～ 90% 的谈话都是关于具体的、认识的人的，也就是说，都是闲言碎语。与个人无关的主题（尽管也可能会涉及对艺术、文学、宗教、政治等的个人看法）只占总数的很小一部分。不光杂货店里的偶然闲聊是这样，大学里和公司午餐时同样如此。你或许认为全球政治巨头们在午餐时讨论的是解决世界问题，但其实他们 90% 的时间都在聊鲍勃的高尔夫球、比尔的新车和新秘书。要是你觉得这个统计数字太过夸张，不妨想想自己无意中听到的那些讨厌的电话粥。你听到过邻座或邻排有人在聊亚里士多德、量子理论或者巴尔扎克吗？

其他的研究显示，60% 以上的对话内容是自我表露。当然，11% 跟心理状态（我岳母都快把我给逼疯了）或身体状态（我真的很想去抽脂）有关。剩下的则跟偏好（我知道这有点疯狂，可我真的喜欢洛杉矶）、计划（我星期五要去锻炼），还有说得最多的行动（我昨天把他给炒掉了）有关。事实上，做了什么事是有关他人的谈话中最主要的一类。流言蜚语在社会上发挥着许多作用：它促进了闲聊伙伴之间的关系，满足了归属于独特的团体和被其接纳的需求，提炼了信息，建立了名声（好坏皆有），维护和强化了社会规范，使得个人能够通过与他人的对比进行自我评估。它可能提高了当事人在团体中的地位，也可能只是为了单纯的娱乐。流言蜚语允许人们表达自己的观点，寻求建议，表示赞成或反对。

美国弗吉尼亚大学研究幸福的心理学家乔纳森·海特（Jonathan Haidt）写道："流言蜚语是警察，也是教师。没有它，就会出现混乱和无知。"[①] 说闲话的不光是女性，只不过男性爱把它说成是"交流信息"或"扩大人际网络"。只有当女性在场的时候，男性说闲话的时间才比女性少。这时更高级的话题会占总讨论时间的 15% ～ 20%。男女说闲话的唯一区别在于，男性会用超过 60% 的时间谈自己（我敢打赌，我钓到的那条鱼足足有 20 斤重），而女性只有 30% 左右的时间在谈自己，她们对别人更感兴趣（我敢打赌，上次我见到她的时候，她足足重了 20 斤）。

除了谈话内容，邓巴还发现，谈话群体不是无限大的，一般仅限于四个人。想想你上次参加的舞会。人们在不同的谈话群体里进进出出，可一旦超过四个人，他们往往会分成两个谈话小组。这可能是巧合，但也可能跟黑猩猩的理毛有一定的联系。如果你参加了一个四人谈话组，一个人说话，另外三个倾听，用黑猩猩来类比的话，就是另外三个人正在"被理毛"。黑猩猩必须一对一地理毛，它们的最大社会群体规模是 55。如果我们一次能对付三个，正如谈话群体规模所暗示的，那就是把 55 乘以 3，得到 165，正好接近邓巴用人类新皮层大小算出的社会群体规模。

---

① 见海特的《象与骑象人》，该书简体中文版由湛庐引进，浙江人民出版社于 2012 年出版。——编者注

欺骗与反欺骗斗争的五重境界

要想把流言蜚语的水车转起来，人不光要参与信息交流，还可能要参与操纵和欺骗。他实质上可能是在欺骗聊天伙伴，因为他参与聊天并不是为了了解对方近况如何，只是为了自己采集信息。他甚至有可能捏造一些事情，以便有更多的话题可聊。这是两个不同的问题。让我们先从交流说起。我在前面提到过，为了让互惠交换得以正常运作，人必须能识别出骗子。要不然，不付出代价就享受了好处的骗子最终会占据上风，使得互惠交换行为无法维持下去。

尽管不同群体的人之间存在文化差异，但仍有许多普遍行为。诚如我们所见，部分此类行为可以追溯到我们和黑猩猩的共同祖先身上，另一些行为则存在本质的不同。进化心理学领域试图把诸如记忆、感知或语言等心理特征解释成适应，即自然或性选择的产物。这种看待心理机制的方式跟生物学家观察生物学机制的方式是一样的。

进化心理学表明，认知的功能结构有着遗传基础，与心脏、肝脏和免疫系统差不多，也是通过自然或性选择进化出来的。和其他器官和组织一样，这类心理适应在同一物种中是普遍存在的，它们促进了生存和繁殖。有些特征不存在争议，比如视觉、恐惧、记忆和运动控制。另一些存在争议，但争议也越来越少，比如语言习得、乱伦回避、察知骗子，以及因性别而异的交配策略。进化心理学家解释说，大脑至少有一部分是由模块构成的，每个模块进化出了具体的功能性目的。这些功能性目的是先天的，早就选择好的。进化心理学先驱莱达·科斯米德斯（Leda Cosmides）描述了对这些功能的探寻：

> 进化心理学家提到“心智”的时候，指的是一套包含在人类大脑里的信息处理设备，它负责所有有意识和无意识的心理活动，产生所有行为。在研究心智的过程中，进化心理学家得以超越传统的

方法，是因为他们积极利用了一个经常遭到忽视的事实：包含在人类心智中的程序是由自然选择所设计的，意在解决我们作为猎人和采集者的祖先所面临的适应性问题。这就使得研究人员开始寻找被专门设计用来解决狩猎、寻找植物性食物、追求配偶、亲属合作、结成共同防御联盟、躲避天敌等问题的程序。我们的大脑里应该有一些让我们擅长解决此类问题的程序，不管这些问题在现代社会里是否重要。

站在进化的角度观察我们的行为和能力，有一些极为实际的理由。科斯米德斯指出：

通过理解这些程序，我们可以知道如何更有效地应对进化新环境。举例来说，面对概率和风险，猎人和采集者们唯一可用的信息就是他们实际遭遇该事件的频率。看起来我们的“石器时代心智”具备这样的程序，能够妥善地获取频率数据并进行推理。知道这一点，进化心理学家们就能设计出更好的方法，用于对当代复杂统计数据的交流。

举个例子吧。你做了一次乳房 X 光检查，检查结果为阳性。你真正患乳腺癌的概率是多大？按照目前呈现相关数据的典型方法——百分比，我们很难做出判断。如果你说，在随机测试中，实际有 1% 的妇女患有乳腺癌，这些人的测试结果都呈阳性，但检测还有 3% 的误报率。这时，大多数人会误以为阳性的检查结果意味着患有乳腺癌的概率是 97%。但让我以绝对频率的方式，即适合猎人与采集者心智的理解方式的信息格式重新阐述以上信息：每 1 000 名妇女中，有 10 人患有乳腺癌，且测试结果呈阳性；30 人测试结果呈阳性，但并未患乳腺癌。因此，每 1 000 名妇女中，有 40 人检测结果为阳性，但其中只有 10 人患乳腺癌。这种格式清楚地表明，如果你的 X 光检查结果呈阳性，你患有乳腺癌的概率仅为四分之一，也就是 25%，而非 97%。

发现骗子

科斯米德斯还设计了一个实验，她认为该实验能表明人类心智有一个特别设计的模块，可以察知在社会交换中弄虚作假的人。这就是沃森测试。测试给出了一个条件规则——如果P，则Q，要求你找出可能违背规则的对象。这一测试有不少变体，都是为了确认人类是否具备社会交换的特殊认知机制而设计的。让我们来看看你会怎么做：

> 桌子上有四张卡片。卡片的一面写着字母，另一面写着数字。现在你能看到的是R、Q、4和9。这里有一条规则：如果卡片的一面是R，则另一面必然是4。你需要翻动哪几张卡片，才能证明这条规则是真还是假？

看明白了吗？你的回答是什么呢？你回答说是R和4[①]。好了，现在试试这个：

> 牌桌上坐着四个人。第一个人16岁，第二个人21岁，第三个人在喝可乐，第四个人在喝啤酒。只有年满21岁的人喝啤酒才合法。要保证法律执行到位，你应当对哪几个人严格把关？

这一道题更简单对不对？答案是16岁的那个和喝啤酒的那个。

科斯米德斯发现，人们在对付第一类问题时要头疼得多，只有5%～30%的人能做对；而65%～80%的人都能做对第二类问题。她先在美国斯坦福大学做了这个实验，后来又把实验放到世界范围内，从法国人到厄瓜多尔亚马逊雨林中的斯维亚族人，从成年人到3岁的小孩子。每当问题的内容是要你找出社会交换情境中的骗子时，人们就会觉得容易解决；而要

① 正确答案应为R和9。——译者注

是它以逻辑题的面貌出现，人们就较难解决。

做过更多跨文化和年龄组的实验之后，科斯米德斯发现，察知骗子的能力在人们很小的时候就形成了，它无关经验和熟悉度，而且只针对欺骗，不针对无意冒犯。她认为，这种察知骗子的能力是普遍人性的组成部分，是自然选择设计的，目的是形成一种在进化上稳定存在的条件帮助策略。

这里甚至有着神经解剖学上的证据。曾经有一位患者患有病灶性脑损伤，他察知骗子的功能也因之受损。但与此同时，他有着完全正常的推理能力，只要不涉及社会交换，他可以解决类似的问题。

科斯米德斯说："身为人类，我们能靠交换商品和服务来帮助彼此。我们觉得这理所当然。但大多数动物不能开展这种行为，它们缺乏能够实现这种行为的程序。在我看来，人类的这一认知能力是动物王国中最了不起的合作发动机。"

能够在社会交流中察知骗子的不光只有我们人类。莎拉·布罗斯南（Sarah Brosnan）和弗朗斯·德瓦尔（Frans de Waal）的实验表明，棕色卷尾猴也在一定程度上具备这种能力。然而，参与互惠交换的动物只能给出近似的结果。人类则希望保证自己所予所得为等量交换，光是近似还不够。事实上，哈佛大学的马克·豪泽（Marc Hauser）就认为，我们的数学能力是伴随着社会交换制度的出现而进化出来的。

惩罚骗子

你能骗过骗子侦测系统吗？恐怕不能，这是加拿大多伦多大学的心理学家丹·夏普（Dan Chiappe）的结论。他指出，在社会契约的情境下，人们会判定，骗子比合作者更值得记住，人们会观察骗子更长时间，更好地记住骗子的脸，并更容易记住与骗子有关的社会契约信息。

一旦侦测出骗子，人们会对其做两件事：回避他们，或者惩罚他们。回避骗子是不是更容易些呢？惩罚骗子要花费时间和精力。这能得到什么收获呢？

美国康奈尔大学的帕特·巴克利（Pat Barclay）完成了一次实验室研究，他指出，在反复进行的博弈中，惩罚骗子的参与者能赢得信任和尊敬，并被其他人看作群体的焦点。由此而来的好处是信誉提高（你要记得，这是性选择的一项适应度指标），抵消了为惩罚而付出的成本，这有可能解释了利他行为心理机制的进化。凡是有可能让竞争对手获得良好声誉的事情，你最好都别做。比如：你在跑道边上看见唐的身边陪着个漂亮的金发女孩。人人都好奇唐的私生活，在办公室流言蜚语的世界里，这条八卦应该会变成大热门。但你如何知道自己得到的反馈是否真实呢？如果你能察觉骗子，这是否意味着一有人说谎你就能知道？并非如此，那跟阅读面部表情和身体语言有关。

蓄意欺骗

欺骗行为遍及整个动物世界——比方说笛鸻（piping plover）会假装受伤，把天敌从自己的巢边骗走，但蓄意欺骗却仅限于大猿。人类更是“行骗”的大师。欺骗无处不在，从早晨就开始了。女人一起床就化妆（让自己显得更漂亮、更年轻）、喷香水（遮盖体味）。女性戴首饰、染发，在脸上涂脂抹粉的历史相当悠久，你去卢浮宫的埃及展馆看看就知道。男人在欺骗上也是老手。他们喷除臭剂，把两侧的头发往秃顶的地方扒拉（以为这能骗过谁似的），要不就戴上假发，之后才坐进贷款买来的车。

你能想象一个没人说谎的世界吗？那会糟糕透顶。你向人打招呼：“嗨，今天过得怎么样？”你真的想知道答案吗？你真的想听见有人对你说“我注意到你最近长了 5 斤肉，而且全长在下巴上了”？谎言会用在工作面试的自我推荐上（“没问题，我知道怎么做那个。”），用在跟新人碰面的时候（你会说："这是你女儿？她长得可真漂亮！"而绝不会像喜剧演员罗德尼·丹泽菲尔德那样说出"我终于知道老虎为什么要把幼崽吃掉了"这样的刻薄话来）。谎言还会用在跟潜在配偶相遇的时候（"我的金发当然是天生的。"）。

HUMAN▸
认识人类

我们不仅对彼此说谎，也对自己说谎。100% 的高中学生认为自己跟他人相处的能力高于平均水平（从数学上看这实在不可能），93% 的大学教授认为自己的工作能力高于平均水平，这都是自我欺骗的表现。再不然，想想这些话："我经常锻炼。""我家孩子绝不会那么做。"要做一个出色的"骗子"，不知道自己在说谎，或是根本不在乎自己说谎很有帮助。实际上，孩子学会说谎是父母教的（"跟奶奶说你超喜欢她送的皮短裤""别对萨米说他胖"），也是老师教的（"你觉得乔是个笨蛋，这我管不着，可你不应该这么对他说"）。

我们如何判断某人在说谎呢？我们真的想知道吗？为什么我们要对自己说谎？

表情管理

在闲聊并判断所得信息是否真实的同时，我们还会读取面部表情。面部识别有可能是人类最发达的一项视觉技巧，而且明显在社会互动中扮演着重要角色。长期以来，人们一直认为，面部识别是由人类大脑的一个专门系统促成的，但现在我们知道，大脑的不同部分负责不同类型的面部识别。判别对方身份的大脑通路与察知动作及表情的大脑通路不同。

HUMAN ▸
认识人类

出生以后不久，较之其他物体，婴儿就开始更喜欢看脸。到了 7 个月大时，婴儿开始对特定的表情做出恰当的反应。自此以后，面部识别就为顺利的社会互动提供了丰富的信息。根据面部的视觉外观，人们可以获取有关对方身份、背景、年龄、性别、心情、兴趣度和意图的信息。我们可以注意到，对方也正在观察打量我们的面部表情，此外，读唇还能帮助我们更准确地理解对方说的话。

不只人类具备辨识面孔的能力，黑猩猩和猕猴也能做到。和先前的观察结果相反，新近的解剖发现黑猩猩和人类有着近乎完全相同的面部结构，并有着一套完整的面部表情。埃默里大学的莉萨·帕尔（Lisa Parr）做了一些研究，证明黑猩猩有能力将照片上的面部表情和录像中的情绪场景匹配起来。所以，我们和黑猩猩共享了理毛（流言蜚语）和社会交换的两个组成部分：辨识对方是谁，根据面部表情读取情绪。但这是否有助于我们识别骗子呢？好吧，这里有一整套的面部和身体动作与欺骗相关，而且我们又得回到马基雅维利这个人。

加州大学旧金山分校的保罗·埃克曼（Paul Ekman）做了比其他任何人都要多的面部表情研究。当他开始研究时，这还是一个冷门领域，因为其他所有人都对这一主题避之不及——当然，除了达尔文，以及 18 世纪一位名叫杜胥内·德·波洛涅（Duchenne de Boulogne）的法国神经学家。通过多年的研究，埃克曼确定，面部表情是全人类共有的，特定的情绪对应特定的表情。当一个人说谎时，风险越高，他感受到的情绪（如焦虑或恐惧）就越多。这些情绪会从脸上和声音语调里流露出来。而这正是自我欺骗的一大好处：如果你不知道自己在说谎，你的面部表情也就不会出卖你了。

埃克曼研究了人们觉察骗子的能力，结果不甚乐观。大多数人的这项能力都不怎么样，哪怕他们觉得自己还不错（又一次自欺）。他们的成功率跟随机猜测是一样的。不过，他也找到了一些擅长辨别谎言的专业人士：秘密特工最棒，其次是一些心理治疗师。他总计测试了 1.2 万人，其中仅有 20 人是天生的测谎仪！读取面部表情的一个固有问题是，人能读取情绪，但并不一定能理解产生情绪的原因，因此有可能会曲解它。我们会在稍后的章节详细说明这一点。你或许意识到了某个人很害怕，于是以为这是因为他说了谎，担心被你发现；但情况也可能是他并没有说谎却遭到了错误的指控，所以他害怕你不相信他。

当然，并非所有的欺骗都不怀好意。出于礼貌，人们往往会在自己并不喜欢的时候表现得很喜欢，比如恭维你鱼做得好吃，而事实上他快要吃吐了；又或者在听你讲了一个前人说过很多次的冷笑话时做出被逗笑的样子。这些都是无关痛痒的小谎言。

人们会学习如何管理自己的表情，但埃克曼却发现了因为试图掩饰情绪所带来的微表情。大多数人看不到，但你可以学会辨认它们。假装出来的表情也很难辨认，比如假笑。真笑主要涉及两块肌肉的活动，颧肌拉动嘴角向上，外侧眼轮匝肌拉动两颊向上，形成眼角的鱼尾纹，同时还把眉毛外侧往下拉。外侧眼轮匝肌不受随意控制，所以假笑时，哪怕颧肌拉动面颊形成鱼尾纹，眉毛外侧也不会向下垂。

既然我们擅长辨识社会交换中的骗子，为什么却难以察觉说谎者呢？说谎是个极为普遍的现象，难道人类没有进化出一个检测机制吗？埃克曼提出了几点解释。首先，他认为，在我们的进化环境中，说谎并不太常见，因为当时这样做的机会不多，人们不遮掩地生活在群体当中。由于没有隐私，察觉说谎很容易，而且直接观察行为就能发现，用不着去判断对方的态度。其次，被揭穿谎言会带来坏名声。今天，我们的环境有了很大的变化。说谎的机会比比皆是，而且我们住在自家的房子里，你可以逃脱谎言带来的坏名声，比如换工作，换城市，换国家，甚至换伴侣，尽管有可能代价不菲。另外，我们还没有进化到能通过态度识别谎言的地步。那么，既然我们没有这种天生的能力，为什么也没有习得如何识别谎言呢？或许是因为父母教我们别去识别他们的谎话，比如用来遮掩性行为或者诸如此类情况的故事。或许，我们自己也宁肯不去抓出谎话精，因为怀疑会令我们难以建立和维持关系。还有可能我们宁愿受误导，因为不知道真相对自己有好处。真相也许能带给你自由，但也会让你失去收入，没法再见四个孩子。还有很多时候是出于礼貌，说话者只希望你知道这么多，我们不应该去窃取别人不愿你知道的信息。

但或许问题出在人类稍后才进化出来的语言上。理解和阐释语言是一项耗费大量认知能量的有意识活动。倘若我们全神贯注地倾听，而不是让视觉感知和声音线索通过感觉登记进入我们的意识大脑，有可能反倒降低了自己的探测灵敏度。加文·德·贝克尔（Gavin de Becker）在《注意！有人在盯着你》（*The Gift of Fear*）一书中建议，人们应当相信他所谓的“不知道为什么就明白了”的现象。他是一个预测暴力行为的专家，他发现，大多数暴力受害者都在无意识中收到过警报信号。是社会训练教会了我们不要去察知欺骗吗？我们是否重新阐释了眼睛真正看到的东西？看来，我们要做的工作还多着呢。

对自己说谎

对自己说谎是否会适得其反呢？常言道，如果你连自己都不相信，还能信任谁？还记得我们的社会交换骗子探测器吧？提防骗子的同时保持合作是很有好处的。但你并不一定真的要合作，只需要表现出合作就行了。你需要的不过是一个好名声，不一定非得配得上这个名声。

——你的意思是做个伪君子吗？我最讨厌伪君子了！

——等等，别急着下结论。人人（当然，除我以外）都是伪君子。显然，从外部看比从内部看要容易些。正如我们刚才所知，要做个伪君子，你最好不知道自己是个伪君子，因为这样你会少些焦虑，也就少了些被逮到的机会。

HUMAN ▶

认识人类

美国堪萨斯大学的丹·巴特森（Dan Batson）做了一系列实验，结果令人震惊。学生们得到一个机会，分配自己和另一名学生（实际上是虚构出来的人物）去执行不同的任务。其中一项任务更诱人，有机会赢得抽奖券；另一项任务没机会获得抽奖券，而且听起来很乏味。实验者告诉学生，另一名参与者会认为任务是随机分配的。学生们还听说，大多数参与者认为投硬币分配任务最为公平，要是愿意的话，硬币可由他们来投。实验过后，几乎所有的参与者都说，指派另一位参与者做更好的那项任务，或是主动投硬币来选择任务，是讲道德的方式。然而，所有的参与者里只有一半选择了投硬币。没投硬币的那一半人，80% ～ 90% 都把更好的任务分配给了自己；而投了硬币的那一半人，居然也有 80% ～ 90% 的机会摊上更好的那项任务。从概率上来说哪有这么美的事儿！投了硬币的学生全都认为自己比没投硬币的学生更讲道德，哪怕他们在投硬币时做了手脚。

这样的情况在多次研究中反复出现，即使硬币被做了标记，以免投硬币的结果不清不楚。一些参与者为表现公平投了硬币，但会自私地无视结果，把更好的任务分配给自己，然后评价自己更讲道德，就因为自己投了硬币！这就叫作道德伪善。哪怕实验人员告诉学生，等他们做出分配决定后，得告诉另一名参与者这个决定是怎么做出来的，实验结果还是照旧，只有一个区别：选择投硬币的人更多了（75%），他们会报告自己是如何得出任务分配决定的，然而投了硬币又把更好的任务分配给自己的人的比例并未改变。巴特森指出："道德伪善对人的好处是显而易见的：既能得到自私行为带来的物质奖励，又会被其他人看作正直、讲道德的人，从而获得社会和自我奖励。"

在多个道德责任感测试中得分更高的参与者选择投硬币的可能性更大，然而，在投硬币的人里，道德得分高的人跟道德得分低的人一样，还是会把更好的任务分配给自己。所以，有着更高道德责任感的人并没有表现出更优秀的道德操守，而是表现出了更多的伪善！他们更容易表现得讲道德（投硬币），但并不一定真正讲道德（真的根据投硬币的结果决定任务怎么分配）。

只有当参与者们坐在镜子前面做出决定时，他们才会放弃对投硬币作弊。很明显，一方面是口头标榜公平的道德标准，另一方面是不公平地无视投硬币的结果，要眼睁睁地面对两者的差异，人还是有点受不了，希望表现得讲道德的人只能真正讲道德。看来我们需要更多的镜子。它或许还有助于改善日益严重的肥胖问题。

好了，我们对自己说谎，并且难以辨别其他的说谎者。对你的八卦交流追求而言，这不是什么好消息。你大概得上个保罗·埃克曼的培训班，学学如何识别谎话精。与此同时，你至少可以留心眉毛，还可以知道同事们并不善于洞穿你的谎言，除非办公室里风声太紧，叫你有点过分紧张。

语言可以提升我们的求偶能力吗

美国新墨西哥大学进化心理学家杰弗里·米勒（Geoffrey Miller）在语言方面有个问题。他关心的是语言为什么会进化出来。大部分言语似乎都是为了在说者与听者之间传递有用信息，费时又费力。看起来，这纯粹是利他行为。给予另一个人正确信息能得到什么样的适应性好处呢？米勒对早期理查德·道金斯和约翰·克雷布斯（John Krebs）之间的争论做了一番回顾，他指出："演化对利他性信息分享的倾向性，并不比对利他性食物分享的倾向性更大。因此，大多数动物信号的进化目的必然是为了操纵另一动物，使之符合信号发送方的利益。"而对方则进化出忽略此类信号的能力，因为听操纵者说话可没好处。真的听什么信什么的动物成不了我们的祖先。

只有寥寥几种信号获得了信任，它们是可靠的。这类信号发出的信息是："我有毒 。""我比你快。""想都别想，我比你更强壮。"此外还有亲戚的警告信号，比如："那儿有一只豹子！"之后是适应度指标，比如："宝贝儿，看见我的大尾巴了吗？"米勒得出结论，没有任何可靠模式表明进化倾向于其他种类的信息，因为它们都可能存在欺骗的动机。只要有竞争，就总会有欺骗的动机。人类语言是欺骗的温床，因为它可以随心所欲地描述倾听者不在场的其他时间和场合，比方说："昨天我钓到的那条鳟鱼足有 66 厘米长呢。""我在山顶的那棵树上给你留了条羚羊腿。哎呀，怎么没有了？肯定是被狮子叼走了。""我奶奶能一个人开车去商店再开回来。"还有那句最臭名昭著的谎话："我昨天在办公室加班到很晚。"

可靠的信息分享是怎么进化出来的呢？共享信息，说话者不一定会失去好处。事实上，通过亲缘选择和互惠利他，信息分享能够带来好处。尽管米勒承认，这一点基本上是正确的，甚至也有可能是语言最初出现的源头，可当他观察人类的实际行为时，却发现它并不完全符合亲缘关系和互惠模型的预测。如果你把语言看作是信息，它带给听者的好处多过说话者，因此我们理当进化得善听而寡言才对。我们不该讨厌长舌客，不该讨厌自以为是的健谈家，不该讨厌动不动就"我再多讲 15 分钟"的发言人，恰恰相反，我们应该不喜欢只坐在那儿全神贯注听我们说话却一点儿不肯介绍自己的人才对。人人都有话要说。在交谈的时候，人们往往想着自己接下来该说些什么，而不是专心倾听其他人在说什么。甚至还有人专门为发言程序写了书，规定谁在什么时候可以说话。我们理当进化出巨大的耳朵和勉强够用的说话器官，全力收集能收集到的信息，而不是像现在这样进化出异常发达的语言能力和远为逊色的听觉能力。

着眼于这一难题，米勒提出，语言的复杂性进化自口头求爱。这能解决利他问题：男女雄辩的口才能带来性回报。“语言的复杂性有可能源自若干种因素的结合：性选择、心理上对清晰阐述思想的偏爱，以及适应度指标效应。”米勒并不认为人类大脑体积庞大完全是性选择造成的，他认为性选择大概只占了成因的 10%。

人类学家罗宾斯·伯林（Robbins Burling）提出了另一套相关理论。他想知道，从事打猎、贸易、制造工具这些活动，只需要有语言的雏形就足够用了，但为什么后来却出现了更为复杂的语言形式呢？他认为，语言最初产生之后，雄性雄辩家凭此互相竞争社会地位，口才最好者能获得生殖优势，导致了语言越变越复杂。他列举了这一生殖优势在不同社会的证据，从亚诺玛米到古代印度，再到古希腊。虽说这一理论在很大程度上考虑的是领导权问题，但他也这样总结道：“我们需要发挥出自己最棒的口才，才能赢得爱人。”

想想人类求爱活动中会涉及哪些因素。假设你跟别人随意聊天，对方或许会带着适度的怀疑态度。而求爱时赌注可就大了。如果你成功了，它或许能带来繁衍后代的好处。你务必要拿出大口径武器来，因为你的听众会在各个方面挑三拣四。她会自动评价你所说的话是否合理，是否与她的所知所信相吻合，是否有趣新颖，她能否据此推断你的智力、教育程度、社交能力、地位、知识、创造力、幽默感、个性与品格。“波士顿红袜队怎么样”一类的话题可引不起她的兴趣。还记得在电影《土拨鼠之日》（*Groundhog Day*）里，比尔·默里（Bill Murray）用了多长时间才求爱成功吗？

口头求爱并不限于一对一的接触。当众演讲，以及任何能提高智力威望的活动，都能宣传你的魅力和地位。诚如米勒所说："语言把思维公开展示出来，如此一来，性选择在进化史上第一次清晰地看到了思维。"

这有点叫人糊涂。如果男性这么擅长说话，他们怎么会得来个不善沟通的名声？如果男性被选择是因为他们的口头求爱能力，女性们又怎么会戴上话痨的帽子？请记住，口头求爱是双向的，并被视为一种适应度指标。这意味着从竞争生存资源所花的时间和精力两方面来看，它艰难而又昂贵。一旦有了配偶，男性再从事这种高成本的行为就得不偿失了。他再不需要唠唠叨叨，只需要一两句话说不定就能度日了，除非配偶要挟，他们才会再花言巧语一番。然而，女性则有动机继续口头求爱活动，因为她们希望把男性留在身边，帮助自己养育后代。

游戏不只为了玩乐

社会性游戏是一件很难弄清楚的事情。它的意义是什么呢？它会耗费大量的精力和时间，可又能完成些什么呢？没有人真正知道问题的答案，但人们详细讨论过不少想法。研究普遍认为，大部分幼龄动物的游戏就是实践，实践跟踪、追逐和逃跑是锻炼身体、培养运动和认知技能、打磨战斗技巧的一种途径，让动物从身体上更容易从突然冲击（如失去平衡、跌倒）中恢复过来，从情绪上更擅长应对压力环境。想想一窝小猫咪追逐打闹的情形吧。然而，意大利比萨大学的伊丽莎白·帕拉吉（Elisabetta Palagi）对倭黑猩猩和黑猩猩的游戏行为进行了研究，认为上述游戏理论太过关注长期收益，忽视了眼前的好处，有可能妨碍人们进一步理解游戏的一些重要的适应性意义。对认识成人游戏行为来说，情况尤其如此。游戏行为固然最常见于幼年动物（如幼年的黑猩猩、倭黑猩猩及人类），可成年动物也会玩游戏。

HUMAN ▶
认识人类

成年动物为什么要玩游戏呢？为什么它们明明不再需要锻炼，却还是会玩游戏呢？在法国谢尔河畔圣艾尼昂的博瓦尔动物园，帕拉吉研究了一群黑猩猩——10只成年黑猩猩和9只幼年黑猩猩。她发现，黑猩猩们不光大多是在进食之前互相理毛，也主要是在进食之前一起玩耍。黑猩猩的竞争心理很强，对它们来说，进食时间是一个压力很大的情境。理毛刺激了β-内啡肽的分泌。帕拉吉认为，理毛和游戏或许限制了争斗，提高了容忍度，有助于高压力时期的冲突管理。这不是长期收益，而是即刻的好处，对成年黑猩猩和幼年黑猩猩都有益。

较之黑猩猩和倭黑猩猩，人类社会把社会性游戏带到了一个全新的高度。成人游戏的另一个理论来自我们的性选择专家杰弗里·米勒。他认为，游戏的成本随着年龄而增加，因此，游戏是年轻、活力、多产和健康的一个可靠指标。“嘿，他的眼睛锁定在了那年轻姑娘的身上，突然之间，他又玩起了帆板和网球，就好像是个十几岁的少年。”事实上，米勒认为发明和欣赏展示生理适应性的新方法是人类的一项独特能力，这里指的就是体育运动——心智和体力的交集。这又是一个普遍现象，所有文化里都有。和其他动物一样，在人类中参与竞技体育的雄性比雌性多。为了避免竞争者互相残杀，也为了判断谁赢谁输，体育运动产生了规则，虽说在观看某些比赛的时候，你可能感受不到这一点。货币奖励是新近才发明的，过去，唯一的报酬是地位，但这就足够了。在体育比赛中胜出是可靠的适应度指标，奖励则能吸引高质量的性伴侣。

HUMAN ▸

结论

人之为人的关键，就是变得高度社会化。许多动物都有一定程度的社会组织，但没有哪种动物会像我们这样沉浸其中。随着我们的大脑体积越来越大，我们的社会群体规模也越来越大。有些东西触发了我们对他人、对在群体里生活与合作的兴趣。理查德·兰厄姆提出了一套迷人的理论，认为烹调对灵长类动物的巨大转变起到了促进作用。对抗天敌、寻找食物的需求也有着同样的作用。另一些学者提出，不管转变的原因到底是什么，我们高级智力能力的出现，是为了适应新进化出来的社会需求。要理解人类，首先要理解人类的社会化。

如今，社会群体的重要性已经得到了充分理解，人们自然而然地会展开如下讨论：自然选择在社会群体层面上也能发挥像在个人层面上那样的作用吗？这是一个非常复杂的争论，不论对于正反双方，还是对于想要建立一个融合双方观点的理论的尝试，这都是一个复杂的议题。然而，这些问题最终得到了解决，并得到了整个学界的认同：如今，我们有着发达的大脑，生活在社会群体当中，同时越来越擅长社会生活。随着讨论的深入，我们意识到，人类的社会本性深植于我们的生理机体，而不光是藏在我们的认知理论当中。接下来，我们要看看其他的人类才能如何指引我们穿越社会迷宫。

04

大脑——指引道德的罗盘

> 你有着兔子的道德、懒汉的性格、鸭嘴兽的脑子。
>
> 曼迪
> Maddie
>
> 1985 年美剧《蓝色月光》（*Moonlighting*）中的角色，
> 斯碧尔·谢波德（Cybill Shepherd）饰

如果有个火星人现身，和你一起看晚间新闻，要想让他相信人类并不是暴力、不讲道德、别有用心的，恐怕要给他灌下不知道多少瓶烈酒。国际新闻中的坏消息没完没了，可能会以当地罪案开头，什么拦路抢劫，入室行窃，凶杀，非洲发生饥荒，艾滋病泛滥，欧洲非法移民的困境，如此等等。“天啊，”火星人也许会说，“你们这个物种可真是个悲剧。”那么，真是这样吗？

地球上有几十亿人，这几十亿人多多少少都得与彼此相处。这是否意味着所有人全都相处融洽呢？要是我们假设只有 1% 的人是害群之马，这就意味着有几万人在给其他人制造麻烦。这么多坏蛋已经够了。出于某种原因，我们常常关心人类糟糕的一面，而不是欢乐的一面。

这样一来，我们就忽略了一个令人吃惊的事实：至少有 95% 的人相处融洽，拥有某种指引人类穿越社会迷宫（或日常生活的纷繁复杂）的共同机制。记得有一天，我跟女儿走在北京的一条小路上。导游们一般会带我们走天安门广场旁宽阔的林荫大道，这些街道极为宏伟。虽然我俩的态度举止跟当地民众迥然不同，但令我们吃惊的是：我们迅速适应了周围的一切，几分钟之内，我们就融入了人流和环境。所有的一切，不管是过马路还是买东西，都变得轻松又自然。比我在纽约的运河街还要自然。

人类不是一个喜欢杀戮、欺骗、偷窃和辱骂的物种。碰上悲剧或紧急事件，我们会义无反顾地挺身而出。事实上，紧急救援人员（比如搜救巡逻队员）必须专门接受不做英雄的训练，以免为了援救他人而冒不必要的风险。士兵上战场前要被充分鼓舞，才有勇气上战场。军队里的豪饮不是为了缓解痛苦，而是为了解除抑制，只有这样他们才能执行可怕的任务。那么，为什么人类基本上是一种善良的动物呢？

人类喜欢把自己看作理性的生物。我们喜欢这样认为：碰到一个问题时，我们能想出一系列解决方法，提出正反方意见，逐一进行评估，然后判断哪一个是最佳选择。毕竟，理性是人类与“动物”的区别所在。但当我们选中某个解决办法，真的是因为它最合理吗？在你列出备选清单，向朋友征求意见时，为什么你的朋友会对你说：“何不听从内心的选择？”

面临道德抉择时，是理性自动站出来做了选择吗？还是我们的心灵、直觉首先做出了判断，随后理性才出来找原因呢？我们有没有一套道德信念为理性打基础呢？如果有，它从何而来？是来自内心的直觉，还是来自外部的意识？我们是带着一套标准的道德本能从流水线上下来的吗？又或者，道德是我们从零配件市场上单独挑选的部件？

围绕这些问题，世界上最伟大的哲学家们已经争论了几个世纪。柏拉图和康德认为，在我们的道德行为背后有着有意识的理性。大卫·休谟主张，人类对是非对错有着即刻的情绪感受。之前，所有人都只是围着这些观点缠斗，拿不出具体的证据，但现在情况有了变化。凭借目前的研究技术，我们能够解答许多此类问题。接下来，我们将更深入地探讨直觉自我，以及它对道德决策有什么样的影响。我们会看到，人类其实有着运行特定道德程序的硬件；我们还会看到，这些道德程序注重的是什么。我们将了解到，我们的社会化世界如何对它们进行塑造，又如何将其中的一部分变成了只在特定文化中被接纳的美德。

我们有运行道德程序的硬件吗

乱伦禁忌到底是从哪里来的呢？我们在上一章说到人类共性，乱伦禁忌就是其中之一。所有的文化都有乱伦禁忌。1891 年，爱德华·韦斯特马克（Edward Westermarck）指出了它的发展过程。他提出，由于人类无法光靠眼睛自动辨别出谁是自己的直系血亲，于是演变出一套阻碍乱伦的内在机制。这种机制让人没兴趣甚至反感跟从小玩到大的伙伴发生性关系。大多数时候，这足以阻止乱伦行为的发生。这一机制预测，一起长大的童年玩伴和堂表亲戚与直系血亲一样，都难得结婚。

以色列的集体农庄为这一想法提供了证据支持。在农庄里，没有亲戚关系的孩子们被集体抚养长大。这些孩子会结下终生的友谊，但结婚的很少。

HUMAN ▸

认识人类

美国夏威夷大学的进化心理学家黛布拉·利伯曼（Debra Lieberman）在这些发现的基础上做了扩展。她不光对与乱伦、互惠利他相关的亲缘识别感兴趣，还想探讨个体乱伦禁忌如何变成了普遍性的反对（“任何人乱伦都是错的”）。这源自父母或社会，还是源自个体内部的本能反应？

她让研究对象们填写一份家族问卷调查，接着给他们看一份包含了 19 种他人行为的清单（如兄弟姐妹乱伦、虐待儿童、吸毒、谋杀等），要求按违反道德的轻重程度排序。她发现，只有一个变量能显著预测受试者对他人乱伦行为在道德上错得有多厉害的评价，这就是受试者在童年和青少年时期有多长时间跟异性兄弟姐妹同住一个屋檐下。跟异性兄弟姐妹住在一起的时间越长，就越认为他人乱伦罪无可恕。这不受血缘关系的影响（兄弟姐妹可能是领养的，也可能是远房亲戚），不受父母、受试者自己或其同辈对性行为的态度的影响，不受性取向的影响，也跟父母维持婚姻关系的时间长短无关。

对于我们目前讨论的主题，上述研究的意义在于，对乱伦的整体道德态度，不因后天习得的社会或父母教诲而增强，也不因与兄弟姐妹的血缘关系亲密而增强。它只随受试者年幼时跟兄弟姐妹（不论有没有血缘关系）住在一起的时间长度而增强。这不是一种父母、朋友或老师教给我们的理性习得的行为和态度。倘若它是理性的，对收养的兄弟姐妹或父母再婚带来的兄弟姐妹就应该不适用。这是一个被选择出来的特性，在大部分情况下，它能预防乱伦，避免因近亲繁殖、隐性基因外露而造成的畸形后代的诞生。我们天生就被安上了这把锁。

但有意识的理性大脑却并不知道这一切是怎么回事。我们的意识大脑是在一种“需知”的基础上工作的，它只需要知道兄弟姐妹之间发生性关系是错的。一旦你问：“它为什么是错的？”事情就变得有趣起来。这时，你激活了有意识推理系统，也就是解释器，可它并不知道答案，除非你研究过新近关于乱伦禁忌的文献资料。不过没关系，你的大脑总归会找出一些理由的！

HUMAN ▸
认识人类

出于医学方面的原因，曾有些患者连接大脑左右半球的胼胝体被切断了，而我曾经研究过这些患者。上述研究与我的研究有些关联。裂脑手术把右半球和语言中枢（一般在左半球）隔离了，这样一来，右半球不仅无法跟左半球沟通，也无法与任何部位说话。靠着特殊的装置，你可以向患者的一只眼睛发送可视化命令，吩咐右半球做一些事情，比如“把香蕉捡起来”。右半球控制左侧身体的运动，于是左手将会捡起香蕉。接下来，要是你问受试者：“为什么你要把香蕉捡起来呢？”左脑的语言中枢会做出回答，但它不知道为什么左手要捡起香蕉，因为右半球没办法告诉它是自己这一边看到了指示。但左半球得到了视觉输入：左手上的确拿着一只香蕉。你以为它会说：“天哪，我怎么居然不知道啊？”并不会！它会说：“我喜欢香蕉。”或者：“我饿了。”又或者：“我不喜欢它掉在地板上。”我把这叫作“解释器模块”。直觉判断是自动冒出来的，而当你被要求做出解释时，解释器会跳出来进行理性解释，好让一切整洁有序。

我们似乎天生就明白的另一点因素是社会交换中的意图。这意味着，要是有人出于偶然没有在社会交换中给予回报，并不会被看成欺骗；可要是有人蓄意不回报，那就不行了。给三四岁的小孩讲社会交换的故事，要是故事中的人是有意做出该行为的，小孩会判断他“不听话，太淘气”；可要是出于意外，小孩则不会下此断语。黑猩猩也能够判断意图。要是有人想帮它们拿食物但够不着，它们不会恼怒；而要是有人够得着食物，却并不帮它们拿，它们就会发怒。澳大利亚詹姆斯·库克大学的心理学讲师劳伦斯·菲迪克（Lawrence Fiddick）指出，在社会交换中检测骗子时，人们检测出蓄意欺骗者的成功率比检测出无心欺骗者的要高，而在做防范性契约（比方说："如果你经常跟狗一起干活，那就需要注射狂犬病疫苗"）时，蓄意欺骗者和无心欺骗者的测出率在同一水平。菲迪克假设，大脑里存在两条独立的先天内置回路，一条用于社会交换，此时不检测无心欺骗更有利；另一条用于防范措施，此时检测出所有的欺骗更为有利。倘若大脑里运行的全是逻辑，那么，你在这两种情况下都应当能够检测出骗子，不管对方是有意的还是无意的。

理性不能统治一切

并非所有决策都出于理性意识。对这一观点更深入的证据是 19 世纪美国佛蒙特州一名工人的经历。菲尼亚斯·盖奇（Phineas Gage）是个铁路建筑工头，他不仅勤快、业务精湛，而且还守规矩、有礼貌、受人敬重。1848 年 9 月的一天早上，他动身去上班，却不知自己会因为一件倒霉事被载入教科书，成为史上最出名的神经创伤幸存者。那天早晨他要用火药爆破岩石，为铺设铁轨清理出一条路。岩石上已经钻好了洞，填进了火药，只等安装导火索，用沙子盖上，再用一根长铁棍夯实，然后就引爆。不幸的是，盖奇一定是分心了，因为他在盖上沙子之前就开始夯实火药。火药爆炸了，铁棍在爆炸中划出一条弧线，穿过了盖奇的脑袋，从他左边的脸颊穿入，经过眼窝，穿透了前额叶的一部分，又从头骨顶部穿了出来，落在盖奇身后 20 多米远的地方。

这可不是一根火柴棒粗细的棍子。它长 1.1 米，重 6 千克，一端直径有 3.2 厘米，在约 30 厘米之后逐渐收细，另一端直径是 0.6 厘米。它现在被陈列在哈佛大学的医学博物馆中。令人难以置信的是，盖奇只昏迷了约 15 分钟，之后就能够连贯而理性地说话了！据当地报纸报道，第二天他就不痛了。在医生约翰·马丁·哈洛（John Martyn Harlow）的帮助下，盖奇挺过了这次工伤和之后的感染，两个月之后，他回到了位于佛蒙特州莱巴嫩的家里，当然，彻底恢复精力用的时间长得多。

尽管这个故事足够精彩，但还不是盖奇出名的原因。盖奇变了。他的记忆和理智跟从前一样，但他的性格不再是从前那个和蔼可亲的老实人模样。“他现在脾气不稳定，蛮不讲理，粗暴无礼，对同事毫不尊重。他还不耐烦、顽固、反复无常又优柔寡断，对一切事关将来的行动计划，他都没法坚持。他的朋友们说，他‘不再是盖奇了’。”他不再遵从社会规范行事了。造成这些改变的，是他大脑的部分区域在事故中受到的损伤，尽管影响并未波及他的推理和记忆能力。

HUMAN ▶
认识人类

安东尼奥·达马西奥和同事们接触了一系列“盖奇式”的患者，他们都经历过类似的损伤（当然，不是铁棍造成的，而是手术或其他外伤所致），并存在一些共同之处。他们全都不再是“自己”了，无法再按能被社会接受的方式行事。第一名患者叫埃利奥特（Elliot），他做手术摘除了前额叶的肿瘤。手术前，他是个尽职的丈夫、负责的父亲、可靠的员工。短短几个月，他的生活变得一团糟。他非得被人催促才起得了床，工作时无法做好时间管理，无法为长远的将来进行规划，财务状况一塌糊涂，家人也离他而去。他看了几个医生，都搞不懂他到底是怎么了，因为所有测试都显示他的大脑运作良好。他在智力测验中的得分在平均水平以上；面对问题，他能拿出若干经过深思熟虑的解决方案。他的感官和运动技能没有变化，常规记忆、言语和语言能力也都是老样子。可达马西奥注意到，他表现出情感上的扁平化倾向，也就是说，他的初级情绪和社会情绪都受到了严重损害。

埃利奥特恐怕无法再按能被社会接受的方式做事了。他难以做出适当的决定，达马西奥推测这是因为他没有了情绪。达马西奥认为，在人们做出决定前，每当出现一个选项，都会唤起相应的情绪反应。如果唤起了消极情绪，你还没开始理性分析就会把该选项排除掉。达马西奥提出，情绪在决策中扮演着重要角色，完全理性的大脑不是完整的大脑。这些发现有助于人们重新评估情绪在决策过程中发挥的作用。事实证明，不管人能产生多少理性的念头，要做出决定（包括道德困境中的决定），情绪必不可少。

自动做出决定

人们每时每刻都在做决定。“我是现在就起床还是睡个回笼觉呢？”“我今天该穿什么衣服呢？”“我早餐吃什么？”“我现在锻炼还是以后再锻炼？”我们做的决定太多了，以至于都没有意识到自己在做决定。当你驱车上班时，你在决定什么时候踩油门、刹车或者离合器，同时，你还要调整车辆的速度和行进路径，调换电台频道，也许还会接听电话。有趣而又可怕的是，你的大脑在同一时刻只能想一件事情，其他所有的决定都是自动做出的。

大脑有两种自动化加工过程。开车属于有意（你有开车去上班的意图）和目标导向（准时上班）的加工过程，它是经由学习和练习而逐渐自动化的。弹钢琴或骑自行车也属于这一类加工过程。另一种自动化加工过程则是在前意识中加工知觉事件：你通过看、听、闻、触来感受外界刺激，然后大脑会在你意识到这些刺激之前先加工它们。这个不消耗任何注意资源的加工阶段是没有意识或者意图参与的。这个自动化加工过程实际上是在把你感知到的所有东西放在一个有正也有负的量表上评分，正性事件如“这个房间配色很明亮，我喜欢明亮的颜色”，负性事件如“这个房间的配色是白色的，我讨厌白色”。这些评分影响了你选 A（“总觉得这家餐厅的有些东西我不喜欢，我再看看吧”）还是选 B（“我敢打赌这家餐厅特别棒，就在这里吃吧”）。自动化加工在帮助你回答具有重要进化意义的问题，比如："我应该接近还是回避？"这个可以影响你行为的过程叫作情绪启动（affective priming）。如果我问你为什么不喜欢在第一家餐厅吃饭，你会给我一个理由，但是这个理由一般不会是"我在白色房间里感到了负性情绪"，而更可能是"这里的环境就是没办法激起我的食欲啊"。

HUMAN ▸
认识人类

纽约大学的约翰·巴奇（John Bargh）让志愿者坐在电脑前，然后告诉他们屏幕上会闪现一些单词。如果志愿者们觉得看到的词是负性的（如"呕吐"或"暴君"），就用右手按键；如果是正性的词（如"花园"或"爱情"），就用左手按键。志愿者不知道的是，在正式闪现需要判断的词之前，另外一个词会先闪现 0.01 秒，他们无法有意识地觉察到它。如果那个短暂闪现的词是负性的，而需要判断的词也是负性的，那么志愿者的反应会比在没有被前一个短暂闪现的词提示的情况下更为迅速；如果短暂闪现的词是正性的，而需要判断的词是负性的，那么志愿者则需要更长的时间去做出反应，因为他们需要耗时去把潜在的负性印象调整成正性的。在后续实验里，巴奇向受试者呈现描写粗鲁行为的词，然后让受试者在实验结束后告诉正在另一个房间里谈话的人实验结束了。结果显示，被描写粗鲁行为的词提示过的受试者比被中性词汇和礼貌词汇提示的受试者更可能去打断那个人的谈话。三种情况下受试者打断他人谈话的比例分别是 66%、38% 和 16%。

错误管理理论预测，人会偏向犯成本更低的错误。在考虑进化时，人类假设能够对一个负性线索更快做出反应的人才能存活下来，因此自然进化选择了负性偏差。毕竟，觉察会令人受伤、死亡或生病的因素比察觉到灌木丛上有浆果要重要得多。有浆果的灌木丛数不胜数，但如果你被狮子吃了，有再多浆果也没有意义了。好吧，我们确实有相当厉害的负性偏差！受试者们从中性情绪的面孔中找出愤怒面孔的速度比找出开心面孔的速度要快。一只蟑螂或蠕虫会糟蹋好好的一盘食物，但是放在一窝虫子上的美食却并不会使这些虫子变得可以食用。而且，不道德的行为有着几乎无法令人忘却的负面影响。心理系的本科生们被问到这样一个问题：一个人要冒着生命危险独自救下多少人的性命，才能够使他谋杀一个人的罪行得到原谅？这些学生的回答的中位数是 25。

宾夕法尼亚大学的保罗·罗津（Paul Rozin）和爱德华·罗伊兹曼（Edward Royzman）记录并评审了这种负性偏差。他们告诉我们，这种负性偏差在我们的生命中无处不在。负性刺激会使血压、心输出量以及心率升高。它们会抓住我们的注意力。比起识别正面的情绪，我们识别负面情绪的能力更强。负性偏差还会影响我们的心境，我们建立对他人印象的方式，对完美的探寻（书上的一点点污渍会使其价值大大下降），以及道德判断。我们甚至拥有更多种负性情绪，比起描述好的感觉的词汇，我们也有更多描述痛苦的词汇。

罗津和罗伊兹曼提出，负性偏差的适应性价值在于四个方面：

1. 负性事件相当危险。你可能会被杀死！
2. 负性事件很复杂。你是应该逃跑、战斗、一动不动，还是躲起来呢？
3. 负性事件可能会在一瞬间发生。“这里有条蛇！”“这里有只狮子！”而且这样的危险需要人迅速反应——这可能就是为什么速度更快的自动化加工会被进化所选择。
4. 负性事件可能会传染。

在早先讨论情绪时，我们知道了信息会首先通过丘脑，然后经过感觉加工区域，最后到达前额叶。然而，在杏仁核有一条捷径，专门对与以往遇到的危险相关的模式做出反应。杏仁核不仅影响你的运动系统，还会改变你的想法。你对威胁（负性）信息迅速做出的恐惧、厌恶和愤怒这样一些情绪反应，会影响你对接下来的信息的加工，会将你的注意力集中在负性刺激上。你不会想到马苏里拉奶酪看起来很新鲜，罗勒很香，番茄又红又多汁；你会想："恶心，我的盘子里有一堆头发，我才不会吃呢！我永远不会再吃这种东西了！"这就是负性偏差。

虽说与负性刺激的紧急状态无法相提并论，但还是有些事情会从正面影响我们。其中一种效应与无意识模仿有关。巴奇和塔尼娅·沙特朗（Tanya Chartrand）发现，被指派与陌生人一起完成任务的人在陌生人模仿他们行为的情况下，会更容易喜欢那个陌生人，双方之间的互动也会更加顺利。他们也会在无意中更倾向于模仿这个陌生人的行为。研究者们假设，自动化的模仿会增加好感度并促进社会互动。当你最初见到一个人时，你会形成第一印象，而这个印象通常与经过长期接触和观察所形成的印象基本上一致。事实上，不同的观察者对同一个陌生人的性格会有相当一致的评价，而这种评价与这个陌生人对自己性格特点的评价也几乎一样。

模仿会令新生儿复制母亲的表情，跟母亲一样伸出舌头或微笑。一个相关的正面影响是：人们倾向于同意自己喜欢的人的说法（你的朋友告诉你说她的邻居是个蠢货，所以你倾向于同意她的说法），除非这个说法与自己已有的知识相矛盾（你跟那个邻居有私交，觉得她是个挺不错的人）。偏见甚至会无意识地被我们所处的物理位置所影响。相比于伸直手臂（推开）来说，人们在手臂弯曲（接受）的时候更喜欢新奇的刺激。在一项研究中，半数受试者需要在词语是正性的时将操纵杆拉向自己，而在词语是负性的时推开操纵杆；另外半数则需要做出相反的反应。在前一种情况中，受试者对正性词语的反应更快。实验者们之后又做了一次相似的实验，让受试者对所有的词全都拉操纵杆或者全都推操纵杆。而在这个实验中，需要推操纵杆的受试者对负性词汇比对正性词汇反应更快；需要拉操纵杆的受试者则刚好相反，他们对正性词汇的反应更快。人们所做的所有决定，包括道德决策，都基于是接近还是回避。如果这个刺激是好的，那么我们会接近它；而如果它是坏的，我们就会回避，这种偏差机制可以诱发我们的情绪，而这是我们从“新生儿工厂”里获得的标准配置。

道德判断的神经生物学

现在让我们看看这个叫作“电车两难困境”的场景：

> 一辆失控的有轨电车正飞驰向五个人，照这样下去，这五个人都会被撞死。救他们的唯一办法是拉下换轨杆使这辆电车变换轨道，这样的话就会有一个人被撞死，而不是那五个人。你会变换这辆电车的轨道，用一个人的生命拯救五个人的生命吗？

如果你跟大多数人一样，你会回答“我会”，死掉一个人总比死掉五个人好。

现在让我们看看下一个场景：

> 那辆电车将要撞死五个铁路工人。你现在站在桥上，身边有一个很胖的陌生人。这座桥在铁轨的正上方，也在那辆电车和那五个人中间。如果把这个陌生人推下桥，他掉到铁轨上，身躯就可以使那辆列车停下来。如果你这样做的话，这个陌生人会死掉，但那五个工人会得救。你会把这个陌生人推向死亡来救那五个人吗？

多数人会回答“不会”。为什么在死亡和得救的人数一样的情况下，会有如此不一样的选择呢？现在你的解释器会怎么说呢？

哈佛大学一位从哲学家改行成为神经科学家的学者乔舒亚·格林（Joshua Greene）认为，之所以会有这样的分歧，是因为第一个场景更加非个人化。

你按下按钮这个动作不需要与任何人有身体接触。第二个场景则很个人化，你需要亲手把那个陌生人推下桥。格林试图从进化环境中寻找答案。我们祖先的生存环境是这样的：在他们生活的小规模社会群体中，大家都认识对方，所以大家的行为都是个人层面的，会被情绪所调控。我们必然会进化出一种用于对个人化的道德困境做出反应的机制，这是一个由自然选择的、有利于生存或繁衍的机制。事实果然如此，当格林用功能性磁共振成像观察哪些脑区与这些困境相关时，他发现在个人化的两难情境中，与情绪和社会认知相关的脑区活动增强了。而非个人化的两难困境并不是古老社会环境的一部分，所以当面对非个人化的困境时，大脑并没有预设的反应，而是需要有意识地思考。在面对非个人化的困境时，与抽象推理和问题解决相关的脑区活动增强了。

然而，马克·豪泽则认为，道德判断中有太多其他变量，仅仅将这些情境简单地分为个人化和非个人化是不可行的。他认为，这个分歧可以通过一个哲学原则来解释，那就是：如果在为了获得更大利益而行动的过程中产生了伤害他人的副产品，这是可以被接受的；而运用伤害他人的手段去获得更大的利益则是不被允许的。也就是说，手段不正当，结果也不正当。这种对行为的讨论是基于意图的：在前一种情境中的意图是尽量救更多的人，而在第二种情境中则是不去伤害无辜的旁观者。

也许我们可以这样说：拉下换轨杆所产生的情绪是中性的，既不好也不坏。所以我们不会被直觉偏见或情绪所影响，从而可以理性地去思考这个问题——用一个人的生命救五个人，比让五个人死而救一个人更合适。而在第二种情境中，将一个无辜的人推下桥则不会只产生中性情绪。这个行为会让我们感到难受：别这样做！当然，如果我们是那个胖胖的陌生人，很可能根本不会有跳下桥这个念头。这太糟糕了。美国达特茅斯学院的让娜·博格（Jana Borg）和同事决定进一步探索这个问题。他们发现，大脑的后颞上沟负责加工较困难的个人化困境，而前颞上沟则负责加工简单的个人化困境。他们假设，后颞上沟可能被用于能激发思考的、首次出现的场景，而前颞上沟则更多地负责以前解决过的、更为程式化的决策。

行动还是不行动

让我们从发现自己可以自动而迅速地做出一个道德判断开始思考。虽然没有办法从逻辑上解释这个判断，我们还是会试图给出一个解释。避免乱伦就是这样一个例子，我们认为它是与生俱来的道德行为。在电车两难困境中，我们还知道了道德判断并不是完全理性的，而是要取决于具体情境（自动化的偏差、个人化或非个人化情境），取决于行动是否必要，还取决于意图和情绪（如达马西奥的患者埃利奥特）。我们发现，有一些自动化加工的行为是后天习得的（如开车），而有一些则是天生的（根据负性偏差选择接近或回避刺激）。后者会被情绪所影响，而情绪在一定程度上也是天生的。在知道了这些东西以后，我们需要了解一下大脑是怎么工作的。

在过去，我们认为大脑是一个综合功能器官，它解决任何问题的能力都是一样的——虽然说现在这么想的人变少了，但还是有人这样认为。如果这个想法是正确的，那我们学分子生物学就应该跟学说话一样简单，而且我们也一定能像想明白逻辑问题一样，想明白伟大的进化心理学家莱达·科斯米德斯提出的社会交换问题。看上去我们的大脑确实在进化过程中发展出了各司其职的神经回路。

这种大脑具有各司其职的神经回路的理论被称作模块大脑理论（modular brain theory）。我在多年前的《社会性大脑》一书中首次提及了这个理论。当时，大多数神经心理学的知识表明，损伤患者大脑的不同部位会导致不一样且特定的功能缺失，所以我的这个观点似乎是比较科学的。如果一个特定的脑区被破坏了，就会导致特定的语言、思维、知觉、注意等功能的障碍。然而，没有人的脑功能缺失现象会比裂脑患者更戏剧化。裂脑患者的例子证明，人类的左脑会专门负责一组能力，而右脑则专门负责另一组能力。

2000 年以后，模块说被进化心理学家们发展壮大了。举个例子，科斯米德斯和图比将“模块”定义为“为了应对自然选择的压力而进化出的心理加工单元”。然而，从神经学的文献来看，模块并不是仅仅毫无联系地堆砌在一起的一些方块。现代脑成像研究表明，连接这些模块的神经回路可以是十分发散的。同时，模块是通过如何加工信息，而不是接收什么信息（被什么信息输入或者刺激所激活）来定义的。显然，在进化史中，这些模块进化成了对环境中的特殊刺激有着特殊反应方式的单元。

如今，进化的速度已经难以跟上世界变化的速度了。我们在接收着更多种类的信息，而脑中的模块仍然只能跟以前一样被激活。虽然刺激的范围变广了，但对它们的自动化反应还是会发生。

同时，大脑还被束缚着。有些事情大脑是无法完成、无法学习或无法理解的。出于同样的原因，一条狗无法理解为什么你这么在乎刚被它咬坏的名牌皮鞋——毕竟，那只是一块皮革嘛。但是它大概感觉到这不是个明智的举措了。有些事情只需要尝试一次，大脑就会记住，而有些事情则要尝试很多次才行。

大脑无法完成所有的事情是一个难以掌握的概念，因为去构思大脑无法掌握的事情是一件很难的事情。比如，请再次解释一下四维的概念，以及时间不是线性的这一概念。一般来说，大脑懒到只会去做最低限度的工作，因为使用直觉模块既简单又迅捷，而且所需求的工作量也是最少的。这就是大脑的原始设定。

当下，有许多研究道德和伦理的学者提出，我们的大脑模块是进化出来应对我们作为猎人和采集者的祖先们所常见的特殊情况的。他们生活在一个几乎人人都是亲戚的社会空间中，偶尔会遇到其他群组的人（其中有些群组的血缘关系可能更加深厚一些），但他们无一例外地需要解决生存问题，也就是觅食以及避免成为食物的问题。

因为这是一个社会世界，他们通常所需要应对的特殊情境常常会与他人有关，而这些情境中的一部分则涉及被我们认为是道德或伦理的问题。这些模块会产生特定的知觉概念，使我们得以建立我们所生存的社会。

搭建人类道德的五大模块

刺激会引起一个自动化的同意（接近）或拒绝（回避）的加工过程，这个过程使得人们进入一种强烈的情绪状态，继而产生激发人去行动的道德直觉，而大脑则会在行动或判断产生之后解释自己的行为，以此给它并不了解的自动化反应一个合理的解释。这些反应中就包括通常并不是由道德推理产生的道德判断。但是，理性自我偶尔还是会参与到这个判断过程中去的。

马克·豪泽指出，直觉加工有三种可能的情况。一种极端的观点认为我们有特定的天生道德规则：杀人、偷窃、欺骗都是不对的，而助人、保持公平以及信守承诺则是好的。与之对立的极端观点则认为，我们生下来的时候没有直觉，如一块完全干净的白板一样，与生俱来的是学习道德规则的能力。所以，你可以轻松地学到欺骗和乱伦是“正确”的，而公平是“错误”的。豪泽则倾向于一种折中的观点。这种观点认为我们出生时会有一些抽象的道德规则，并且做好了获得其他规则的准备，正如我们一出生就做好了习得语言的准备一样。所以，我们所处的环境、家庭以及文化会限制并引导我们走向一个特定的道德系统。

从目前我们了解到的情况来说，这个折中的观点是最有可能成立的。为了找出我们抽象的道德规则源自何处，豪泽将目光投向了那些其他社会性物种与我们共有的行为，比如说领土概念，通过支配的策略来保护领地，建立联盟来获取食物、空间以及性，再有就是互相帮助。社会互惠性被人类发展到了动物世界中前所未有的高度，是搜寻抽象道德规则的宝藏。有一些特定的情况需要社会互惠性才能产生。比如研究者们在博弈论中提出，作弊者不仅需要被发现，而且需要被惩罚。否则的话，这些只用了很少的资源就获得了与老实人一样的利益的作弊者会在生存竞争中超越老实人，最终占领人类社会。而如果作弊者占领了人类社会，那么互惠主义就会崩溃。人类进化出了两种延长互惠性的社会交换所必需的能力：一是在一段时间内克制自己行为的能力（也就是延迟满足的能力），二是惩罚在互惠交换中出现的骗子的能力。这就是目前有关人类独特能力的简短清单上的两条。

海特和他的美国西北大学的同事克雷格·约瑟夫（Craig Joseph）在比较了人类共性、道德的文化差异以及黑猩猩中出现的道德前身之后，提出了一个通用道德模块[①]的清单。他们的发现也是从观察豪泽所用的那些共同行为中得来的；与之不同的是，他们添加了一类人类独有的从厌恶情绪中衍生出的抽象直觉。他们提出的五个模块是：互惠、受苦、等级、组内与组外边界（联盟）以及纯洁[②]。并不是所有人都同意这种分类，但正如海特和约瑟夫所指出的，这种分类包括了很大范围的道德美德。在他们的定义中，道德美德是指在道德层面上被称赞的人所拥有的一系列品质。他们的清单是围绕着全世界文化中的道德问题所做的，而不仅仅针对西方文化。

这些清单给我们提供了研究美德的途径，但并非给道德规则下了定义。美德并不是世界通用的，而是一个特定的社会或文化所认可的、可以习得的高尚的行为。不同的文化会对上述五个模块有不同的重视程度，导致了不同文化之间的道德差异。这也就是豪泽所谓的折中路线里道德标准会被社会所影响的那部分。来自芝加哥大学的人类学家理查德·施韦德（Richard Shweder）提出了道德问题关注的三个领域：自主伦理，即与个人的权利、自由以及福利相关的问题；社区伦理，即与保护家庭、社区以及国家相关的

① 他们将模块定义为小型的输入—输出程序，对环境中的特定刺激做出快速的自动化反应。

② 后来海特将人类道德模块总结为“关爱 / 伤害”“公平 / 欺骗”“忠诚 / 背叛”“权威 / 颠覆”“圣洁 / 堕落”五种类型，并写成了完整讲述人类道德发展及相关领域研究的《正义之心》一书。该书中文简体字版已由湛庐引进，浙江人民出版社于 2014 年出版。——编者注

问题；神性伦理，即与自己的灵魂、肉体和心灵的纯洁性相关的问题。海特和约瑟夫则认可一种类似的架构，他们将受苦和互惠的问题放在自主伦理的分类下，将等级和群组边界的问题放在社区伦理的分类下，而将有关纯洁的问题分类在神性伦理里。

我会对不同的模块做出详细的说明，包括是什么信息输入激活了它们（环境因素），它们会引发什么道德情绪，以及它们会导致什么样的道德直觉（输出结果）。正如达马西奥所猜测的，情绪是催化剂，可以帮助我们解释为什么世界不是完全理性的。虽然一个完全理性的世界似乎会是个更好的世界，但只要我们稍微想一想，就会否定这个观点。举个例子，有个经济学的经典问题：为什么你会给一家绝不会再次光临的餐厅留下小费？这并不合乎理性。为什么你不把你生病的丈夫或妻子抛下然后再找个健康的伴侣呢？这才是理性的做法吧？为什么你要将公众的钱拿去帮助那些几乎没有能力回馈社会的严重伤残的人呢？

海特还认为，道德情绪并不只是为了让我们成为“好人”，“在道德中不是只有利他和美好。激发助人行为的情绪通常更容易被标定为道德情绪，但引导人们排斥、羞辱他人以及相互仇杀的情绪也同样是我们道德天性的一部分。人类的社会世界是由参与者们共同建立的精妙而不可思议的作品。所有引导人们去关心这个世界并支持、强化或提高其诚信度的情绪都应属于道德情绪——即使它们所激发的行为并不‘好’。”

耐人寻味的是，经济学家罗伯特·弗兰克（Robert Frank）踏进了心理学、哲学和自私基因的领域。他提出，道德情绪与自私基因理论是一致的。对于一个自私的人来说，拥有能够被别人看到的由道德情绪引起的生理特征是很有利的，它使得人从一开始就不会去欺骗别人。道德情绪很难造假，它会告诉所有人：你是一个有良心的人，如果承诺被打破的话，你会被随之而来的愧疚感折磨。例如，你知道自己可以信任一个容易脸红的人，她没有办法说谎不脸红——人类是唯一一种会脸红的动物。另一个可见的情绪标志是眼泪——人类也是唯一一种会哭的动物，虽然其他动物也有泪腺，但是它们流眼泪仅仅是为了保证眼睛的健康，并不带有任何感情。

道德具有生理特征，而且道德情绪可以作为一种承诺机制，这两点保证交易或者社会交换中的潜在伙伴不会在进行第一轮交换时就逃离。简单来说，它们解决了在私人关系以及社会交换中的承诺问题：为什么一个人会想要与另一个人合伙？一个理性的人是不可能与别人合伙的，因为另一个理性的人有很大概率会欺骗他。在作弊的机会出现时，不去骗人是不符合理性的。那么，你怎么可能去说服另一个理性的人，让他相信你不会骗人呢？这完全不合乎逻辑。

在知道了离婚率的情况下，或是在不用花什么代价就可以跟无数人发生亲密关系的情况下，怎么还会有理性的人选择结婚呢？为什么你会与别人一起创业？为什么你会把钱借给别人？情绪可以作为这些问题的答案。爱和信任引导人们走向婚姻。信任使得人们一起共事。我们因为害怕感到内疚和羞愧而不去欺骗，而我们也知道（因为我们有心理理论），我们的伙伴也害怕这些。对作弊者的愤怒和惩罚是一种威慑。心理理论使一个人可以计划自己的行为，并将这些行为会如何影响别人的信念和愿望纳入考量。如果你欺骗了别人，他们会生气并报复你。你不想在别人发现真相后自己感到尴尬，也不想被报复，所以你不会去骗人。

然而，我们接下来马上会讲到，道德情绪并不是被限制在单一的模块里的。以下是被广泛接受的五个道德模块的概观。

互惠模块

社会交换是社会的黏合剂，而情绪则是社会交换的黏合剂。许多道德情绪在婴儿和其他动物身上就可以看到前身，它们极有可能是在互惠利他的情境中产生的。我们之前讲过，社会交换起作用的前提是社会契约已经建立并被大家所尊重。契约的形式是：如果我为你做一件事，那么你在以后也会为我做同等分量的事。在上一章帮我们解释了同族利他行为的罗伯特·特里弗斯认为，在互惠利他行为中，是情绪中和了我们的直觉和行为。我们将会与我们相信的人进行互惠活动，我们也相信那些有互惠行为的人。有两种人是互惠行为的存在所必需的，即不喜欢被欺骗并会为此采取行动的人，以及会因为作弊而感到愧疚且不喜欢愧疚的人。他们共同创造了一个令诚信不会在自然竞争中被作弊击败的社会。虽然有证据表明互惠也存在于一小部分动物中，比如吸血蝙蝠和孔雀鱼，但它们的互惠只存在于一对一的基础上。人类会四处传播消息，告诉其他人谁爱违背互惠规则，谁又是值得信任的。

与互惠相关的道德情绪有同情、愤怒、鄙视、感激、愧疚以及羞愧。同情可以触发交换："好的，我会帮你的。"愤怒促使你去惩罚作弊者，它是一种可以激发对不公平的复仇行为的反应。鄙视是唾弃那些在社会交换中没有尽力或者达不到个体心中理想标准的人，并对这些人产生道德上的优越感。鄙视某人会弱化其他情绪，比如怜悯，并减少未来社会交换的可能。感激既是社会交换的结果，也会对发现作弊者的人产生。大脑中互惠模块的自动化加工过程是这样的：还债、合作、惩罚作弊者是好的，接近；作弊是坏的，回避。这个过程是从直觉互惠中的平等、公正、信赖以及耐心中衍生而来的。然而，互惠并不是建立在与生俱来的公平感之上，而是建立在我们与生俱来的互惠观念之上的。

HUMAN ▸ 认识人类

两位大学教授向一群他们不认识的人寄了圣诞贺卡。令人意外的是，大多数人都回寄了贺卡，而且大多数回寄贺卡的人都没有问他们是谁。慈善机构发现，当他们在请求别人捐款的时候，如果附上一点诸如回信地址贴这样的小礼物，收到的捐款会是没有小礼物的两倍。互惠是一种强烈的直觉，但即使公平感是从互惠中衍生出来的，互惠仍无法决定公平感。诺贝尔经济学奖获得者、美国乔治梅森大学的经济学和法学教授弗农·史密斯（Vernon L. Smith）证明了这个观点。他开展了一个叫作“最后通牒游戏”的实验。在这个实验中，受试者要给戴夫 100 美元并让他与阿尔分享。戴夫给阿尔钱之前，会说明自己将会给多少钱。如果阿尔拒绝了这个提议，那么两人都什么也得不到。理性的提议应该是给阿尔 1 美元。阿尔会接受它，因为这总比得不到钱要好。但在实验过程中，只获得很少钱数提议的受试者会拒绝这个提议。这样的提议让他们生气，因此用拒绝提议来惩罚对方，留下一个两败俱伤的结果。

玩最后通牒游戏的多数人都会给对方一个 50 美元的提议，这会让人觉得很公正。然而，在一组大学生中，如果游戏规则发生了改变，规定戴夫必须在班上的常识测试中排名在前一半才有权做出提议，而阿尔必须接受戴夫的任何提议（现在这个游戏被称作“独裁者游戏”），戴夫的行为就会变得不那么慷慨了。他不会像在最后通牒游戏中那样，提出对半分的提议。如果戴夫认为阿尔不知道他的身份，他也会变得吝啬。如果戴夫认为研究者不知道他的身份，那么有 70% 的人会在独裁者游戏里完全不给对方一分钱。史密斯认为，这个实验结果就好像戴夫们认为即使别人知道自己不按社会常理出牌，自己也不会被反过来这样对待一样。这个游戏里的动机显然不是公平，而是机会。史密斯认为，戴夫们在最初的游戏中的公平行为是因为他们需要保持自己“乐于互惠”这个良好的个人形象；而当他们的个人信息是保密的，或者他们的社会地位更高时，公平就不再重要了。

史密斯又一次对这个游戏进行了改编，让戴夫和阿尔把一个游戏重复玩很多次，而不是只玩一次。一次游戏分为很多轮，戴夫和阿尔在每一轮中都可以选择拿钱或不拿钱，如果双方都选择不拿钱，就进入下一轮，而每一轮的钱数会随着轮数的增加而增加。最终，如果到了一个特定的轮数，两方都决定不拿钱，游戏就会结束，戴夫会拿到所有钱。如果游戏中大家都是理性的，阿尔应该会在这最后一轮选择拿钱，而戴夫应该知道阿尔会这样做，所以会在倒数第二轮选择拿钱，以此类推，所以理性的人会在第一次机会中就拿走钱。但是学生们不会这样做。他们会让戴夫在最后一轮拿走钱，然后期待他在下一次游戏中会有慷慨互惠的举动。这就是罗伯特・弗兰克的承诺模型：双方都知道对方是谁，也知道他们在玩一个重复多次的游戏。

这个游戏实验被推广到了世界范围，受试者群体也不再仅是大学生了。来自 4 个大洲以及新几内亚的 15 个小型社区参与了这个游戏实验。虽然结果不尽相同（低价提议在一些社区中被接受，而在另一些社区中则被拒绝），但实验者们发现，没有一个社区的人群在这个游戏中是完全自私的。他们如何玩这个游戏取决于当地的社会合作有多重要，以及他们的市场和贸易有多独立。受试者的个人经济状况或人口学因素对实验结果没有任何影响，而他们的游戏行为与其在日常互动中的行为模式十分相似。社区中非族群关系的互惠贸易越多，来自这个社区的人就越可能给出平等的提议。

受苦模块

对受苦的关注，或者说对他人表现出的生理痛苦的不喜爱或敏感，以及对痛苦制造者的厌恶，对一个需要长期养育无法独立的婴儿的母亲来说，是一种优秀的适应性结果。任何增加后代生存机会的适应性结果都应当会被自然所选择，而发现后代在受苦的能力就属于其中之一。同情、怜悯以及共情很可能是源于模仿，而模仿导致了母婴间的连接和依恋，从而增加了后代存活的概率。海特认为社会是怜悯和仁慈这些直觉伦理的美德的产物，但我们可以在这些美德之中再加上正义之怒。

等级模块

等级与在一个重视地位的社会中生存息息相关。我们是从一个无论性行为还是社交行为中都盛行支配和地位的社会群组里演化出来的。我们的近亲黑猩猩一直都很重视等级和支配，人类也是一样，甚至在平等主义社会中，等级也存在于社会地位、工作机构以及性竞争中。无论一个社会多么平等，总会有一些人更适应环境，更吸引人，从而得到更高的异性评价。而且，总需要有人去组织委员会议，否则混乱就会接踵而至。沉着地支配或使用权力的直觉行为会使人变得令人尊重，这是一种导向成功的行为。我们看到内疚和羞愧在社会交换中的作用，它们也可以推动人们按照社会可以接受的方式行事，并指引人们在一个有等级制度的社会中生存。内疚是指认为自己伤害了别人或给别人带来了痛苦的信念，可以激发助人行为，特别是当这个人被抓了现行，此时的内疚就会变成羞愧。羞愧是人在违反社会规范被他人看到后会产生的情绪，它驱使人躲藏或退缩，有这样的情绪说明一个人懂得自己违背了社会规范，这种情绪也使这个人因为违反社会规范而被攻击的可能性减少。内疚和羞愧可以作为所有道德模块的动机。尴尬则通常是人们在比自己等级高的人身边所感受到的情绪。它使人们以正确的方式展示自己，并向权威表示尊重，从而避免与更强大的个体发生冲突，提高自己的生存机会。我们在上一章中知道，对惩罚作弊者的个体的奖赏就是提高其社会地位。其他与等级相关的情绪有尊敬和敬畏，或者憎恨。基于等级的美德有尊敬、忠诚和服从。

组内与组外联盟模块

联盟在黑猩猩社会以及其他社会性哺乳动物（比如海豚）中非常常见。联盟对于总是自动组成互斥群组的人类来说也很常见。我们有制糖人和晒盐人，有农夫和牧民，爱狗者和爱猫者。看看世界地图，很多国家都讨厌着自己的邻居，如果不是引起了这么多悲剧的话，这一点简直滑稽。罗伯特·科尔兹班（Robert Kurzban）、约翰·图比和莱达·科斯米德斯三人发现了一个特定的模块，负责编码有关联盟识别的信息。在这个不断进化着的世界里，不同族群生活在一起，我们随时可能遭遇有敌意的邻族，权力斗争也在不同的社会群组中爆发。在这样的世界里，能够识别合作、竞争以及政治联盟的模式对生存是有利的。拥有表明谁与谁结盟的可见标记也是很重要的，可以证明这个人是联盟一员的任意线索都很重要，比如肤色、口音或者穿着习惯。在猎人与采集者的社会中，我们几乎不会与其他族群有接触，因为我们几乎不会长途迁徙。但在正确的情况下，种族也可以作为联盟标志，因为它相当显而易见。在过去的社会逻辑学测试里，不论处于什么社会情境中，人们总是会通过种族对人进行分类。

为了测试我们是否有一个识别联盟而不是识别种族（在进化上说不通）的特定模块，科尔兹班、图比和科斯米德斯创造了一个种族特征无法标识合作联盟的社会环境。他们发现，受试者在这种情境下注意种族的情况大量下降。同时他们也发现，任何与合作和联盟相关的视觉记号（研究中使用的是衣服颜色）都会被牢记，且比种族给人的印象要强烈得多。而在实验开始仅仅四分钟后，受试者们就全都不再注意种族了。实验者认为人们可以很容易地学到联盟的变化规律，所以他们可以适应不一样的社会世界——一个不把种族作为联盟象征的世界。

作为联盟的一员也会引起很多情绪：怜悯其他群组（如圣地兄弟会和步行马拉松）、鄙视其他群组（如不吸烟者鄙视吸烟者）、愤怒（如不吸烟者对吸烟者的不满）、内疚（不支持自己的群组）、羞愧（背叛了自己的群组）、尴尬（让自己的群组失望）以及感激（如房主对消防员）。所以大脑中这个模块是这样工作的：被识别为自己群组的一部分是好的，接近；不属于自己群组的就是坏的，回避。我们可以从模仿中找到联盟识别的影子，比如特殊的行为习惯会造成一个积极偏差。从组内联盟中产生的美德有信任、合作、自我牺牲、忠诚、爱国以及英雄主义。

纯洁模块

纯洁起源于对抗致病因素，如细菌、真菌和寄生虫，也就是被马特·里德利认为是竞争的因素。如果没有这些威胁的存在，那么基因重组以及有性繁殖（相对于无性繁殖）就没有意义了。我们不再需要跟上威胁进化的步伐，在这里我说的威胁是指大肠杆菌和阿米巴，它们不断进化，提升攻击我们的能力，从而繁衍和生存。厌恶是一种保护纯洁性的情绪，海特提出，厌恶情绪是从原始人变成食肉者时开始产生的。它似乎是人类独有的——看看你的狗都在吃些什么就知道，它显然是没有这种情绪的。人类总共只会因为四种原因而拒绝食物，而厌恶就是其中的一种。其他三种原因都是动物也会有的：不好吃、不能吃、太危险，而厌恶意味着对于食物来源及本质的知识。小婴儿会拒绝食用苦的食物，但他们直到 5 岁左右才会对食物产生厌恶。海特和他的同事们认为，厌恶情绪最初的作用是拒绝食物。厌恶与恶心息息相关，涉及各种污染物（与恶心的物质接触）；做出与厌恶有关的面部表情通常会用到鼻子和嘴。这就是核心厌恶。

起初，厌恶是为了让人远离疾病传播的传染源，比如腐烂的尸体和残骸、腐烂的水果、粪便、寄生虫、呕吐物等。海特认为："然而人类社会里要拒绝的东西更多，包括性和社会上的'叛逆者'。核心厌恶也许被预设成了一个拒绝系统，可以被轻易地用在其他类型的拒绝上。"厌恶的界线得到了拓展，它的对象变得更加宽广，包括外貌的各个指标、身体机能以及一些活动，如过度放纵和某些职业（比如与尸体有关的职业）。

但如果厌恶是为重要的适应性功能（选择食物和避免疾病）服务的，那么非常耐人寻味的一点就是小孩子居然几乎没有厌恶反应。事实上，小孩子几乎会把所有东西都放进嘴里，包括粪便；而完整的厌恶反应（包括对污染物的敏感）直到 5 ～ 7 岁才会出现。目前为止，我们也没有发现其他非人类生物会对污染物敏感。[①] 所以，在提出"厌恶对存活很重要"这个观点之前

---

① 一个人必须能够设想看不见的存在，并理解外表不一定是现实，然后才会害怕污染物。

应该谨慎一些。厌恶的社会功能也许比生理功能更加重要。

HUMAN▶
认识人类

研究者们让来自多个国家的人列出他们觉得厌恶的东西，这些东西除核心厌恶类以外可以被分为三个大类。第一类是使人们想起自己动物天性的东西，包括死亡、性、卫生、除眼泪以外的所有体液（眼泪只有人类才拥有），以及诸如肢体残缺、畸形或肥胖这样的体型问题。第二类包括可能会导致人际污染的东西，跟个人本质更相关，而跟身体产物的污染不太有关。人们并没有很不喜欢穿别人穿过但已经洗好的衣服，但相对于一个大家都喜爱的人的衣服来说，人们会极其不情愿穿一个谋杀犯或阿道夫·希特勒的衣服。印度人列出的绝大多数东西都属于这一类。最后一类是违反道德的东西。虽然美国和日本受试者列出的绝大多数令人厌恶的东西相当不同，但都同属于这一类。美国受试者更厌恶违背人的权利和自尊的东西，而日本受试者则更厌恶违反人的社会地位的东西。

厌恶有文化成分，在不同文化中各不相同，而孩子们会习得这些成分。这个模块很有可能有生理来源，然后厌恶被广泛拓展，不仅由食物引起，还会由他人的行为引起。这个模块会在无意识中说："脏令人厌恶，不好，要回避；干净好，要接近。"我曾看到一个招牌上写着："干净的手可以做出好吃的食物"。这个纯洁模块肯定是完好地存在于圣巴巴拉[①]的。

在漫漫时间长河里，人们制定过宗教法、世俗法以及惯例来控制食物和身体功能，包括卫生、健康和饮食习惯。一旦这些法令被人们接受，违反它们就会使人产生消极偏见和道德直觉。其他宗教和道德上的问题则被拓展到

① 即作者的居住地。——译者注

了身体和思想的纯洁性。很多文化都将干净、贞洁和纯洁看作美德。

HUMAN ▶ 认识人类

塔利亚·惠特利（Thalia Wheatley）和海特曾做过一个实验，观察是否可以通过增加一种情绪的强度来影响道德判断。他们催眠了两组人，然后告诉其中一组说只要读到“那个”，他们就会觉得厌恶；而告诉另一组说他们会在读到“经常”的时候感到厌恶。然后，实验者让这两组人阅读含有“经常”或“那个”的故事。每一组受试者都觉得含有自己被催眠暗示的那个词的道德故事更加令人厌恶。实验者甚至发现，有三分之一的人会认为一个没有违背道德的故事也多少有些不道德。施纳尔（Schnall）、海特和科洛尔（Clore）尝试了一种不一样的实验方式。他们把受试者分为两组，一组坐在放有快餐包装袋和卫生纸的脏桌子边，另一组坐在干净桌子边，然后向他们提出道德问题。在“个人身体意识”的测量中得分较高的受试者（即更注意自己身体状况的人）会在坐在脏桌子边时做出更严厉的道德判断。我们可以从中学到的是，如果你要趁父母周末不在家时办一个他们不允许的派对的话，一定要在他们回来之前把家里收拾干净，不然如果他们回来发现你办了派对，而且家里还很脏……

如果我们都拥有这些通用模块，为什么不同文化的道德标准如此不同呢？海特和约瑟夫通过观察我们天生的道德直觉和社会规定的美德之间的联系，对这一问题做出了回答。在豪泽的模型中，我们天生就准备好了以某种被限制的特定方式对社会世界做出反应。这意味着有些东西会比其他东西更容易学，而有些东西则完全无法被人学会。动物研究表明，有些东西只需要一个试次就可以被学会，而有些东西需要几百个试次，更有甚者永远都无法被学会。有一个经典的有关人类的例子：教人害怕蛇很简单，而教人害怕花朵则几乎不可能。人类的恐惧模块已经为习得对蛇的恐惧做好了准备，但没准备好去习得对花的恐惧。因为在我们祖先的生存环境中，蛇是危险的，而花不是。当你问孩子们他们怕什么的时候，他们会说害怕狮子、老虎和怪物，而不是汽车，虽然汽车才是目前更可能伤害到他们的东西。同样地，有一些美德可以很轻易地被习得，而有些则不行。比如，学会惩罚作弊者很容易，而学会原谅他们则很难。

美德被文化定义为在道德上值得称赞的品质。不同文化对道德模块的输出信息有不同的评价。不同的文化会将不同的多个模块结合起来，使其适用于更多的刺激。印度教将纯洁、等级以及联盟结合在一起，创造出了种姓制度。君主制国家也做了类似的事情，创造出阶级制度，使贵族们能将其血脉留存在贵族阶层中。不同文化可能对不同道德模块所引出的美德有着不一样的定义。公平被认为是一项美德，但是它的基础是什么呢？是基于需要的公平，还是基于谁工作得更努力的公平，抑或是基于平均分配的公平？我们再说说忠诚。一些社会看重对家庭的忠诚，而另一些社会看重的是对同龄群组或者等级结构——比如城镇或者国家的忠诚。有些文化中可能会存在来自不同模块的美德联结在一起形成的超级美德，比如在大多数传统文化中都存在“荣誉”这一美德，它来自等级、互惠以及纯洁模块。

理性思考终有用武之地

模块似乎涵盖了所有事情，哪儿还有理性思考的位置呢？巴尔扎克在他的《莫黛斯特·米尼翁》（*Modeste Mignon*）一书中这样描述理性介入的时刻：“在爱情中，女人总会把看得清楚错当作厌恶。”现在，这种事情什么时候会发生还是有争议的。我们在什么时候会想要理性地思考呢？好吧，我们在想要找到最佳选项的时候。但什么是最佳选项呢？是真相，是能够证实你对这个世界的看法的东西，还是那些能够保持你的社会地位和名声的东西呢？

让我们假设你想要没有受到任何偏见影响的准确的真相。当道德解释不重要的时候，这还是挺容易的。举个例子：“我真的很想知道哪种药物对我最好，我不在乎它要花多少钱，从哪儿来，是谁制造的，需要多久吃一次，我也不在乎它是药片、注射剂还是药膏。”这个问题可比“从重刑犯身上摘取器官是对的吗”要安全多了。另一种情况是，我们有足够的时间去思考，所以自动化的回答不会有一席之地。当别人在杂货店门口给你一只可爱的小猫时，你会立刻带着它返回你那间不能养宠物的、有个对猫毛过敏的室友的公寓吗？还是说你会先回家想想？最后，一个人当然还需要有理解并使用相关信息的认知能力。

甚至当我们试图去理性思考的时候，我们可能并没有这样做。研究表明，人们会采用第一个符合自己观点的论证，然后便停止思考。哈佛大学心理学家戴维·珀金斯（David Perkins）将这个现象称作“讲得通”法则。然而，人们对“讲得通”这一标准的理解大不相同。这就好比轶事证据（用于推测原因和影响的单独的故事）和真相（已经被证明的原因和影响）之间的差距。举个例子：一个女人也许相信避孕药会使她无法生育，因为她的小姨以前吃过避孕药，现在无法怀孕了。一件轶事就是支持她的观点所需的所有证据，而且它还说得通。然而，她不会考虑她的小姨是否可能在吃避孕药之前就已经无法怀孕了，也不会考虑她的小姨是否有可能是感染了性传播细菌，如淋球菌或衣原体，从而伤到了输卵管——这实际上是导致不孕的首要原因。她也不会知道，使用避孕药实际上比使用其他非荷尔蒙的避孕手段能更好地保护生育能力（事实证据）。人们主要使用轶事证据。

来看看这个哥伦比亚大学心理学家迪安娜·库恩（Deanna Kuhn）用来研究知识获得的例子：

> 哪个陈述更加令人信服？
>
> A. 为什么青少年会开始抽烟？史密斯说，因为他们看到的广告让他们觉得吸烟会让人看起来很有吸引力。他们会想要变成穿着

整洁的衣服、嘴里叼着烟的帅哥。

B. 为什么青少年会开始抽烟？琼斯说，因为他们看到的广告让他们觉得吸烟会让人看起来很有吸引力。当电视上禁止播放烟草广告后，吸烟率就下降了。

受试者包括从高中二年级到研究生的各年级学生。在这些人中，虽然研究生的表现最好，但总的来说还是很少有人能理解这两种论点的差异。第一个是轶事，而第二个是事实。由此我们知道，大多数人并不会以分析的方式去使用信息，哪怕是在试图做出理性判断的时候。

海特指出，在人类的进化环境中，如果我们的道德判断机制永远都是准确的，那么若是我们偶尔与敌人为伍来对抗自己的家庭和朋友的话，结果可能会是灾难性的。他提出了道德推理的社会直觉模型。海特认为，在直觉判断和事后推理出现后，有四种情况可能导致直觉判断的改变。前两种情况与社会世界有关，或是通过推理（不一定是理性的）说服，或仅仅是做其他人都在做的事情（同样不一定是理性的）。他认为人们在与他人讨论问题的时候，理性推理就有机会产生。

还记得我在上一章中讲到流言蜚语时提到过的社会群组吗？还记得流言蜚语能达到什么目的吗？它能帮助我们建立一个社区中的道德行为标准。人们喜欢八卦些什么呢？答案是有趣的花边新闻，而最有趣的则是违背道德的事情。这会将漫谈变成热门话题。知道萨莉和一个已经结婚的男人有些风流韵事比知道萨莉开了一个派对有趣多了。你会感到自己很正义，并赞同朋友们的意见，说跟已经结婚的男人有这种关系太过分了。但如果你不同意你朋友的想法呢？如果你知道那个男人娶了一个只是为了钱而嫁给他的拜金女，他们没有孩子，房产也被分成了两份，她在一边开着豪华的派对，而他则在另一边利用闲暇时间管理当地公益基金的网站。也就是说，他们之间没有任何联系，但她拒绝签订离婚协议。你和朋友会对事实进行一次理性的讨论，并使一方在离开之前改变想法吗？

这取决于你们的情绪在这件事中有多强烈。我们已经知道，人们会倾向于同意他们喜欢的人的观点，所以如果这件事是中性的或是后果不严重，又或者论点尚未形成，这个时候社会说服就可以起作用了。正如我们提到过的，这些说服性的论点可以是理性的，也可以不是。你会使用你觉得可以说服他人的任何事物来让对方相信你的观点。如果你们两个已经拥有很强烈的情绪反应，那么就别浪费时间了。当然，特别强烈的反应在道德问题中起到了决定性作用。“不在吃饭的时候谈论宗教和政治”这句格言可不是无中生有的。强烈的情绪会引起争论，从而破坏我们的味蕾，进而导致消化不良。

正如罗伯特·赖特（Robert Wright）在《道德动物》（*The Moral Animal*）一书中所说：“当争论开始的时候，它就已经结束了。”与之一致的是你的解释器，而坏消息是，你的解释器是一位律师。赖特将大脑描述成一台为赢得争论而生的机器，而不是一个真相的探寻者。“大脑就像一个好律师一样：给它任何利益去维护，它都会做好用道德和逻辑去说服整个世界的准备，不论这道德和逻辑是否真正名副其实。就像律师一样，人类大脑要的是胜利而不是真相，有时技巧比美德更值得尊重。”他指出，如果人类全都是理性生物的话，那么有时候，我们应该会去想想永远正确的概率是多少。

仅仅跟一群人在一起就是一种说服的形式。你是否想过人们的行为就像羊一样呢？举个例子，我的女儿跟我讲了她在圣迭戈火车站的经历。火车晚点了，当她终于可以上车的时候，只有一扇通往站台的门是开着的，于是人们在门前排了一条长队。而她则推开另一扇关着的门，走上了火车。许多研究都表明了人们是如何被身边的人所影响的。电视节目《偷拍》（*Candid Camera*）的创始人就围绕这个点子拍摄了不少有趣的短片。

HUMAN ▸
认识人类

社会心理学先驱所罗门·阿希（Solomon Asch）曾做过一个经典实验。他设置了一个房间，里面有 8 名受试者（其中 7 个人都是假扮的）。实验者会给他们看一条线，然后隐藏这条线，再给他们看另一条明显长很多的线。他依次问房间里的人哪条线更长，而真正的受试者排在最后一位。如果前 7 个人都说两条线一样长的话，绝大多数真正的受试者都会同意他们的观点。社会压力会迫使一个人说出明显错误的事情。

斯坦利・米尔格拉姆（Stanley Milgram）是阿希的学生。在获得社会心理学博士学位后，米尔格拉姆做了一系列令人震惊的电击实验。在这些实验里，没有任何说服的成分，只有服从。他告诉受试者他正在研究惩罚对学习的影响。然而，他实际上却是在研究对权威角色的服从行为。他要求受试者去做违背自己良知的事情，由此测量受试者对权威角色——研究者的服从意愿。他告诉受试者，他们被随机分配了教师或者学生的角色，然而受试者们总是会获得教师的角色。米尔格拉姆告诉教师，在学生（受试者不知道这个‘学生’实际上是假扮受试者的演员）完成词语匹配的记忆任务时，每答错一次就电击他们一次，而每次电击都要比之前更强烈。学生演员实际上没有被电击，但是会假装做出被电击的样子。而实验者则告知作为教师的真正受试者，学生们是真的受到了电击。在电击设备的操作面板上，一边写着“轻微电击”，另一边写着“强烈电击”，其数值范围是 0 ～ 30。在此之前，他询问了人们在这种情况下会做何反应，根据之前的调查结果，他认为大多数人会在电击强度达到 9 级的时候就停下来。然而实验结果大错特错。不论实验者是否敦促受试者继续，甚至当学生开始尖叫或者要求离开的时候，受试者们仍会一直电击他们的学生，其平均电击强度达到了 20 ～ 25。而 30% 的受试者在学生们装作了无生气甚至失去意识的时候仍然使用了最高强度的电击！但如果教师和学生的距离很近，服从率会降低 20%。这个结果暗示着共情会鼓励违抗行为。

这个实验在多个国家被重复过。服从指令在许多国家里都是普遍存在的，但各个国家的受试者服从程度各有不同：在德国有 85% 的受试者愿意使用最高强度的电击；而在澳大利亚，仅有 40% 的受试者愿意这样做。考虑到现代澳大利亚曾是一个罪犯流放地——一个相对而言有更多不服从基因的基因池，这个结果十分有趣。在美国，65% 的受试者遵从了指令。这对交通法规来说是件好事，但我们也都知道盲目服从将会带来什么。

海特提出的第三种最有可能使用理性判断的情境是被他称为“推理判断链”的情境。在这种情况下，一个人会通过逻辑推理做出一个判断，并推翻自己的直觉判断。海特认为，这种情况只会发生在一个人最初的直觉很弱，而分析能力很强的时候。所以，如果这是一个很小的事件，也就是没有或只有一点点情绪投入的事件，那么我们的“律师”就会去休假了。如果你幸运的话，一个“科学家”[①] 会代替他工作——但可千万别指望一定会这样。如果这是一件引人瞩目的事情，而直觉很强大，那么分析思维会强行让人使用逻辑，但这个人最后可能会产生两种态度，直觉态度被埋在表面的逻辑态度之下。所以也许，如果这是一件引人瞩目的事件，“科学家”就会先什么都不说，等到喝餐后酒的时候才推推“律师”让他闭嘴。

第四种可能的情境是私人反思链。在这种情境下，一个人可能对一件事情完全没有直觉判断，或者说在仔细考虑这个情况时，旧的直觉被一个突然出现的新直觉覆盖了。这种情况可能会在从另一个角度考虑问题的时候发生。而这时你就有了两种相对立的直觉。然而，正如海特所指出的，这真的是理性思考吗？

---

① 罗伊·鲍迈斯特（Roy F. Baumeister）和伦纳德·纽曼（Leonard S. Newman）是最先使用律师与科学家类比的人。

人人都会说谎

这一切到底有多重要？道德推理是否与道德行为相关？理性评判道德行为的人会表现出更符合道德的行为吗？显然不完全是这样。我们的道德行为似乎与两个变量相关：智力和抑制。犯罪学家们发现，犯罪行为与种族或社会经济地位无关，与智力呈负相关。奥古斯托·布拉西（Augusto Blasi）发现，智商和诚信是正相关的。在这里，抑制基本上指的是自我控制或是推翻你的情绪系统想要完成的目标的能力。比如，你也许想要好好睡个懒觉，但还是会起床去工作。

HUMAN ▸
认识人类

哥伦比亚大学心理学家沃尔特·米歇尔（Walter Mischel）的团队曾做过一个有关抑制的有趣实验。他们让几个学前班的孩子一个接一个地坐在桌边，研究者问孩子一个棉花糖好还是两个好。我们都知道他们会怎么回答。在桌子上有一个棉花糖和一个铃铛。实验者（我们就叫她珍妮吧）告诉孩子（汤姆）说她需要离开房间几分钟，而且当她回到房间里时，会给汤姆两个棉花糖。如果汤姆想让她早些回来的话，就按响铃铛。但如果他按了铃铛，就只能得到一个棉花糖。

10年以后，研究者给这些孩子的家长发送了一份问卷，调查这些现在已成为青少年的孩子的情况，结果发现，那些在学前班时能够忍住晚点儿吃棉花糖的孩子在令人沮丧的情况下显示出更强的自控能力，对诱惑的抵抗力更强，更聪明，在试图集中注意时更不容易被干扰，而且在学术能力评估测试（SAT）中获得了更高的分数。这个研究组至今还在追踪研究这些人。①

---

① 米歇尔将他的实验写成了《棉花糖实验》(*The Marshmallow Test*) 一书，简体中文版由湛庐引进，北京联合出版公司于2016年出版。——编者注

自我控制是怎样工作的呢？一个人如何对诱惑刺激说不？为什么有些孩子会盯着棉花糖一直等到研究者回来呢？在成人世界里，为什么有些人可以拒绝甜点盘上高热量的巧克力蛋糕，或者在所有车都超过自己的时候还按照限速标准行驶呢？

为了解释意志力的一个方面——“抑制使人违背诺言的冲动反应的能力”，也就是自我控制是如何工作的，米歇尔和他的同事珍妮特·梅特卡夫（Janet Metcalfe）提出了两种加工过程：一种是“热”加工，另一种是“冷”加工。它们使用完全不一样的神经系统，但彼此之间存在交互作用。热情绪系统专门用于快速情绪加工，它使用基于杏仁核的记忆来对情绪触发做出反应，是“行动”系统。冷认知系统则要慢一些，专门负责关于复杂时空和情境的表征和想法，研究者们称之为“了解”系统，它的神经基础位于海马和额叶。听起来很熟悉吧？在这一理论中，米歇尔和梅特卡夫强调，两个系统的交互作用对与自我控制相关的自我调节和决策至关重要。冷系统在人生稍晚的时候产生，并会变得越来越活跃。这两个系统的交互方式取决于年龄、压力（压力增加的时候，热系统会接管加工工作）以及气质。研究表明，犯罪行为会随着年龄增加而减少，这支持了增加自我控制能力的冷系统随着年龄增加而更活跃这个观点。

没有道德的人：精神变态者

那么精神变态者呢？他们跟多数罪犯不一样吗？还是仅仅是恶劣得多？精神变态者在神经成像研究中表现出了与普通人的不同之处。他们有与一般反社会个体以及普通人不同的特定脑区畸形。这意味着他们道德缺失的行为是因为其大脑认知结构的特殊畸形产生的。精神变态者有着高智商和很强的理性思维能力。他们并非处于妄想状态。他们知道社会规则和道德行为规范，但对他们而言道德仅仅是一些规则而已。他们不理解为什么不遵守“不要在餐桌上用手吃饭”这条社会规则并无大碍，而“不要向坐在你身边的人吐口水”这条道德规范却是必须遵守的。比起作为控制组的正常受试者，精神变态者对有显著情绪性的刺激和共情刺激的外胚层反应明显较弱。他们没有诸如共情、内疚或是羞愧这样的道德情绪。虽然他们在某种意义上不会表现出冲动行为，但是他们确实有着一种与常人大不相同的、不受抑制的单向思维方式。精神变态者似乎是天生的。

要找到道德推理和主动道德行为（比如帮助他人）之间的任何关系都很难。事实上，除了一项针对年轻的成年受试者的研究发现了一个弱相关性以外，其他研究中没有发现这两者之间存在任何关系。基于我们目前所学到的东西，我们也许可以预测诸如帮助他人这样的道德行为与情绪和自我控制更加具有相关性。

宗教：道德直觉的副产品

宗教在这儿起到了什么作用呢？如果我们天生就有这些道德直觉，为什么还需要宗教？好问题。但是你做了一个假设。你假设道德是从宗教中产生的，而宗教就是关于道德的。宗教从人类文明伊始的时候就已经存在了，而事实上，它并不总是与道德和拯救灵魂有关。你也许会说：“但我的宗教确实是与这些有关啊。”为什么只有你这么特殊？其他的所有宗教也都是这么认为的。帕斯卡尔·博耶（Pascal Boyer）是一名在美国圣路易斯华盛顿大学研究文化知识传递的人类学家。他指出，在一般性的人类欲望中，比如在定义道德系统或是解释自然现象的欲望中探索宗教起源是一种普遍的诱惑。他将此归因为人们对宗教和心理欲望的错误假设。在现有研究技术的帮助下，我们得以脱离对宗教概念的胡乱猜测，对它们进行证实。

当我们在谈论大脑所相信或所做的任何事时，都得回到它的结构和功能上来。大脑被开发成用于非宗教性社会活动的模块，但如马克·豪泽所说，它们也已经可以用于其他相关方面。大脑并不是只有一个部分被用于宗教思想，有很多脑区都在发挥作用。信仰宗教的人并不会比无神论者和不可知论者多一个大脑结构。但请记住，大脑同时也受到了一些限制。正如博耶所说，我们有一个有限的概念目录，并不是所有东西都可以被归入宗教领域。比如，在大多数宗教中，在某些地方潜伏着不可见的死灵，而不是不可见的甲状腺。神明是拥有某些超常能力的人类、动物或是人造物，但它们还是会遵从我们对这个世界的了解。神明拥有心理理论，可以共情，也可以不共情；但神明永远不会是一坨牛屎，或一根大拇指。

人们不会像要求生活中的其他方面一样要求宗教也有同等标准的证据。为什么人们会有选择性地使用信息来支撑自己的信仰系统呢？从我们对偏见和情绪的了解中应该可以找到答案。分析思维在这里几乎没什么用，实验者从一些受试者身上整理出了另一个有趣的方面。人们声称以及以为自己相信的东西，与他们真正相信的东西是不一样的。当他们没有关注自己的信仰时，会使用一个像人一样的神的概念，而不是他们声称自己所信奉的无处不在的、全知全能的神。这个神有着序列性注意力（一次只能做一件事情），处于一个特定的地点，持有一个特定的观点。现在我们知道解释器的存在了，这还有什么好惊讶的呢？

博耶认为，宗教之所以会看上去“自然”，是因为“很多被用于加工特定领域（非宗教性的）信息的心理系统都会被宗教的概念和常规所激活，这些概念和常规会变得非常突出，容易获得，容易被记住和交流，也容易被直觉认为是可信的”。让我们看看道德直觉的清单，以及宗教的不同方面是如何被看作它们的副产品的吧。

受苦

这一点很显而易见。很多宗教都提及了缓解苦难、沉浸于苦难，甚至力图忽略苦难。

互惠

这一点也很好解释。很多自然和个人的灾难都被解释成上帝或神明对不良行为的惩罚，也就是惩罚作弊者。同样，社会交换也普遍存在于宗教中："如果你杀了很多无辜的异教徒，那么你就可以进入天堂并获得 70 位侍从供你使唤。"这种话对人类有用吗？比如："如果你放弃所有的生理欲望，你就会幸福。""如果你跳好了这支祈雨舞，天就会下雨。""如果你治好了我的病，那我永远都不会再做这些事情了。"

等级

这一点还是很好理解。我们可以看看地位：一个（外表看来）有着最高道德的人会被赋予更高的地位，得到更多的信任。很多宗教都会建立一个等级结构，其中最显而易见但并非唯一的，就是天主教会。甚至在原始社会中，巫医也在其部落里备受尊敬，掌握权力。在古希腊、古罗马以及挪威的神明也都如印度的神明一样有着等级结构，会有一位最高等级的神，比如宙斯或索尔。尊敬、忠诚以及服从是从宗教信仰中孵化出来的。

联盟及组内组外的偏见

这一点真的还需要我多说吗？"我信仰的宗教是对的（组内），你信仰的宗教是错的（组外）"，这就跟足球队一样。宗教在信仰它的群组内确实会像其他社会分组一样建立起一个互助的社群，但是极端的宗教形式也导致了人类历史上的很多杀戮。

纯洁

这一点也太显而易见了。"没有被污染的食物是好的"这句话是许多宗教产生食物仪式和禁忌的原因。有多少原始宗教用少女做过祭品呢？有些宗教认为被强奸过的女人是不纯洁的，会被其男性亲戚以"荣誉处决"的名义杀死，这真是一个纯洁和等级模块的扭曲组合。

宗教是否为我们提供了生存优势呢？它是否是被进化所选择的结果呢？尝试去证实这一点的研究结果都不是很令人满意，因为正如我们从博耶的表格里所看到的，宗教并不是由一个单独的特性组成的。然而自然选择确实对宗教所使用（或如一些人所说“寄生”）的心理系统起到了作用。宗教可以被认为是有着强大凝聚力的巨型社会群组，这些群组通常有着等级结构和互惠关系，这种互惠基于纯洁的身体或纯洁的心灵，或两者兼而有之。不论是否基于宗教，巨型社会群组都具有生存优势。意识形态可以加强联盟团结，从而提高群组的生存能力。

所以宗教到底是不是群组自然选择的范例呢？这是一个非常有争议的问题。经济学家 D. S. 威尔逊（D. S. Wilson）指出，我们对宗教元素的了解比对为什么孔雀鱼会进化出斑点的了解还要少。这是一项仍在进行中的研究工作。

了解道德和宗教对生活在现代的我们有帮助吗？如果知道了大脑充满了有特定反应模式的直觉模块，是为了猎人和采集者的小型社会群组而设计的，这个知识能让我们更好地在现今的社会中活动吗？看来确实如此。

马特·里德利给出了一个不幸被生物学家加勒特·哈丁（Garrett Hardin）误称为“公地悲剧”现象的例子。哈丁显然没有搞清楚“免费向公众开放的土地”和“公有财产”的区别。这个现象实际上应该被称为“免费开放地悲剧”。在社会交换中，免费向公众开放的土地上常常会出现作弊者。一个人会这样想：“如果所有人都可以在这块土地上钓鱼、打猎、放牧，那么我就应该从这块土地上拿走尽可能多的东西，因为如果我不这样做的话，总有其他人会这样做，我和我的家庭就会什么都得不到了。”

然而，哈丁用了在公地上放牧作为例子，认为这样的土地免费向所有人开放。他不知道的是，大多数公地并不是对所有人开放的。这些公地是受严格管理的社区财产。里德利指出，免费开放的土地和被管理的公地是很不一样的。“被严格管理”意味着每个成员都对其中一些东西有使用权，比如说在某区域钓鱼，放牧一定数量的动物，或是在特定地点放牧。在这种情况下，成员们会自觉维护这块区域，从而维持一个长期的社会交换：“如果我只放十只羊而你也只放十只羊，那么我们就不会在这块公地上过度放牧，这块地就可以供我们使用很久。”作弊在这种情况下就不再吸引人了。

不过，许多20世纪70年代的经济学家和环境学家误解了在公有财产中所发生的事情，这使得他们认为避免人们作弊（作弊在许多公有系统中根本不存在）的唯一方法是将公地国有化。他们放弃了给公共管理的土地打一些小补丁，反而缝制了一个巨型的政府管理补丁。这个补丁导致渔业的过度捕捞，土地被过度放牧，野生动物被过度捕杀——因为鱼、土地以及野生动物在很大范围内都变成了免费向公众开放的财产。执法者的数量远远不足以查出所有的作弊者，而只有傻子才不会从这块土地上一次性索取尽可能多的东西。

埃莉诺·奥斯特罗姆（Elinor Ostrom）是一名政治学家，对管理完善的公地进行了多年的研究。她在实验室中发现，当群组被允许交流并发展出惩罚不劳而获者的方式时，这些群组可以近乎完美地管理公共资源。而结果表明，可以被管理的东西正是那些可以被拥有的东西。

人类同黑猩猩和很多动物一样有领土意识。因此，了解人类的直觉互惠行为及其范围，知道人类最适宜在较小的群组里面生存，可以让我们拥有更好的管理实践、更好的法律以及更好的政府。这就好比知道你买的植物来自沙漠，所以你不应该像对待来自热带雨林的植物一样给它浇水。

动物有道德感吗

这是一个有趣的问题。当然，在我们问出这个问题的时候，是从人类的角度出发的。所以实际问题应该是："动物有跟人类一样的道德感吗？"我刚才讲到，许多刺激会引发认同（接近）或否定（回避）的自动化过程，从而导致强烈的情绪状态。这些情绪状态又导致了促使进个体行动的道德直觉。这些道德直觉产生于人类与其他社会性物种共有的行为，包括但不限于领土意识，用统治策略来保护领土，建立联盟来获取食物、空间和性，以及互惠行为。我们与其他社会性物种在这一系列事情中的某些层面上都有共同之处。而且事实上，我们和它们对某些刺激物有同样的情绪反应，这些反应被我们称作道德。人类跟黑猩猩和狗一样，对侵犯我们的财产或是攻击我们的联盟的行为感到愤怒。所以就这一点而言，有些动物拥有基于物种的、围绕其社会等级和行为，且受到情绪影响的直觉性道德。

人类与它们的区别在于，在人类更宽广、更复杂的道德情绪范围里，有着诸如羞愧、内疚、尴尬、厌恶、鄙视、共情和怜悯这样一些情绪，以及这些情绪促使我们做出的行为。这些行为中最瞩目的就是延期互惠利他行为。人类在这个领域可以说是当之无愧的一代宗师，但人类同样也可以沉湎于利他主义，不求回报。我知道所有的狗主人现在都要跟我说，狗在你走进屋子里，发现它咬了你的新鞋子时，会流露出羞愧的情绪。但是要体验到海特所说的自我意识情绪——羞愧、尴尬或者内疚，动物必须具有自我觉知能力，不只是认得自己的身体，而且还必须能清醒地意识到这种自我觉知能力。我们将会在第 8 章继续讨论自我觉知能力和自我意识，这里我先大概说一下，在其他动物中还没有发现这种能拓展到身体之外的自我意识。你的狗只是在对你看到被咬坏的名牌皮鞋时的愁容以及简短评论做出反应而已："老大很生气"。羞愧和尴尬这两种道德情绪植根于动物的服从行为中，但已经进化成了更复杂的情绪。你认为你的狗顺从地蜷缩这一行为是羞愧的表现，但事实上羞愧是一种比感觉更复杂的情绪。狗的情绪其实是害怕被打或者怕被从沙发上拽下来，而不是内疚或羞愧。

但对于人类来说，除了更复杂的情绪及其影响以外，我们似乎还有其他东西：事后，我们需要对道德判断或行为做出解释。人类大脑会为毫无头绪的自动化反应寻找一个解释。这是人类大脑工作时的一个独特的解释功能。我猜想，这也就是为什么人类会对自己的行为进行价值判断：好行为或坏行为。这种价值判断在什么程度上与情绪的接近和回避范围相吻合，这是一个有趣的问题。然而有时候，理性自我会作为更早的判断参与者开始行动。人类可以抑制情绪驱动的反应，然后那个自我觉知的有意识思维就会介入，径直走向“前台”并夺取控制权——这是人类独有的重要时刻。

HUMAN ▸

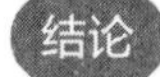

大卫·休谟和康德在某些意义上都是正确的。随着对道德行为的神经生物学基础的不断了解，我们会知道自己对杀戮、偷盗、乱伦以及一大堆行为的厌恶与性器官一样，都是自然选择的结果。同时我们还会意识到，人们为了与他人一起合作生存所形成的各种习俗，是我们在每天、每周、每月、每年的无数社会互动中所产生的规则。而所有这些结果都起源于人类的思想和大脑，也都是为了人类的思想和大脑而生的。

可以这么说，在生命中的大多数时间里，我们的大脑中有意识的理性思维都在与无意识的情绪系统进行着斗争。从某些层面上来说，我们可以从经验中知道这件事。在政治中，理性选择与当时的情绪一致时就会带来好的结果，而当大众情绪不喜欢目标结果的时候，理性选择就会导致不好的政治决策。在私人层面上，情况则大不相同。一个差劲的私人决策可能是强烈情绪推翻了简单的理性指令的结果。对所有人来说，这场斗争都将永无止境。

这就像是在说，我们对理性的分析思维并不是那么适应。从进化的角度上来说，理性是人类近期才发展出来的一种新能力，而我们似乎也在很节俭地使用它。但经由理性思维，我们发现了人类独有的其他特性：厌恶的情绪和对污染物的敏感，诸如内疚、羞愧和尴尬这样的道德情绪，脸红，以及哭泣。同时，我们还发现宗教是另一个植根于厌恶这一道德情绪的人类独有结构，它是基于对纯洁的心灵或身体的概念建立起来的巨型社会群组。而全知的解释器负责为无意识的道德直觉和行为做出解释。我们的分析性大脑偶尔也来凑个热闹。不仅如此，还有更多我们没有意识到的东西呢。敬请期待！

05

感同身受——情绪和想象

> 如果心可以思考，大脑也会开始感觉吗？
>
> 范·莫里森
> Van Morrison
> 英国知名音乐人

当你看到我的手指被一扇车门夹到的时候，会像自己的手指被车门夹到一样畏缩一下吗？妻子还没说话，你怎么知道她刚刚闻的牛奶变质了？你是否知道一位参加女子体操决赛的选手下平衡木时失误摔倒并扭伤了脚踝时的感受？这与你看到一个抢劫犯逃跑时被路上的坑绊倒并扭伤脚踝的感受有什么不一样？小说中的故事只不过是纸上的文字而已，为什么你可以在阅读时产生情绪？为什么阅读一本旅行小册子会让你微笑？

如果你能找出满意的答案，请最后再思考一个现象。患者 X 患过中风，他的眼睛仍可获取视觉刺激，但是大脑中的初级视觉皮层已经损坏了。他是盲人，甚至无法分辨明暗。你可以向他展示正方形和圆形的图片，或是让他区分男性和女性的照片，而他完全不知道摆在自己面前的是什么。你可以给他看愤怒或是平静的动物面孔，他会无话可说；但如果你给他看生气或开心的人类面孔，他以及其他这种脑损伤的患者却能猜出面孔上的情绪是什么。这种能力被称作“盲视”。

从身体模仿到情绪模仿

人类是怎样识别他人的情绪状态的呢？这是一种有意识的评定，还是自动化的过程？对于这个问题，有不同的学派观点。一个学派认为，每个人都有自己的心理学，这种心理学可以是天生的也可以是习得的，让他们能够从他人的行为、来历、身边的人以及以往的表现来推断其心理状态。这个学派的观点被称为“理论论”（theory theory）。另一个学派则认为人会有意地主动在大脑中模拟或重复别人的情绪状态，从而对其做出推断，即先假设自己处于别人的情境并体验自己在那种情境下的感受，接着把这个信息输入决策过程，最后转化成对他人感觉的推断，这就是“模仿论”（simulation theory）。这两个学派都无法解释患者 X 能够判定情绪这一现象。

在另一种形式的模仿论中，模仿并不是人的主动行为，而是自动化的非自主行为。换句话说，这个行为不是在你的理性控制下产生的。你觉察到一个情绪刺激，这时你的身体就会自动做出一个模仿这种情绪的反应，而这个反应既可以被意识觉察也可以不被觉察。这个观点就可以解释患者 X 的情况了。当然，还有一种联合理论，融合了一部分理论论以及一部分模仿论，将这一过程解释为一部分出于自动，一部分出于意志。与往常一样，许多争论都着重于在情绪识别过程中有多少自动化、自主或习得性反应。因为社会互动对人类非常重要，而识别他人的思想、情绪以及意图对交流来说必不可少。这些因素如何作用是相当有趣也非常具有争议性的。

还有一些问题：共情是什么？为什么有些个体可以选择性地共情，有些个体没有共情能力呢？其他的社会性动物都至少有人类社会能力的一部分，但人类大脑中是否有什么特殊的东西，使得我们能进行更复杂的交互呢？越来越多的证据表明，我们会自动模仿他人的内在体验，而这种模仿来源于共情以及心理理论。这个过程究竟是完全自动的，还是有意识参与其中的呢？来看看我们已经知道的答案吧。

婴儿是自主身体模仿的小天才

HUMAN▶
认识人类

大约45年前，儿童发展领域研究发生了剧变。在此之前，人们都认为当婴儿在模仿一个动作的时候，这个动作是习得的。这个理论认为，视知觉系统看到一个动作和运动系统模仿该动作是两个独立的过程，被大脑的不同区域控制着。后来，华盛顿大学的心理学家安德鲁·梅尔佐夫（Andrew Meltzoff）和基思·穆尔（M. Keith Moore）开展了一项有关婴儿模仿行为的研究。这项研究的结果显示，对动作（比如吐舌头或是吧唧嘴）的视知觉以及动作的产生（实际做出模仿行为）并不是分别获得的能力，而是相互联系的。从那以后，许多独立的研究也发现，出生后42分钟到72小时的新生儿都可以准确模仿脸部表情。

想想看，大脑在人出生还不到一个小时的时候就能做这样的事情了，这是很令人惊讶的：当看到一张吐舌头的脸时，大脑不知怎么知道了有一张脸和一条舌头受自己控制，然后决定要模仿这个动作，在一大堆身体部位中找到舌头，小小地测试一下，命令它从嘴里伸出，然后舌头就伸出来了。婴儿怎么知道舌头是舌头呢？他是怎么知道神经系统可以控制舌头，又是怎么知道如何移动舌头的呢？为什么他要费劲做这件事情呢？显然，这并不是通过看镜子学到的，也不是任何人教他的。这种模仿能力一定是天生的。

模仿是婴儿开始进行社会交流的起点。婴儿会模仿人类的动作，但不会模仿物体的动作，他们明白自己跟其他人一样。大脑有着用来识别生物动作与非生物动作的特定神经回路，以及用来识别人脸和脸部活动的特定神经回路。一个婴儿要怎样做才能在能够坐起身，控制头部或讲话之前就进入社会世界呢？他是如何面对另一个人并建立社会联系的呢？当你第一次抱住一个孩子时，他会通过模仿你的行为将他和你联系在一起。你把你的舌头吐出来，他也吐出他的舌头，你噘起嘴唇，他也噘起嘴唇。他不会像物体那样躺着，而是会以与你有关的方式做出回应。事实上，婴儿不仅用面部特征来识别他人，还会用模仿游戏来确定人们的身份。

婴儿出生后 3 个月左右，这种模仿就不会再出现了。婴儿开始理解其模仿行为的意义：模仿动作不一定会完全一样，却是指向同一个目标的。婴儿把沙子铲进桶里，但是放在铲子上的手指不一定需要跟教他握铲子的人的手指位置一模一样，这里的目标是把沙子铲进桶里。我们都见过小孩子在一起玩，所以 18～30 个月大的孩子们在社会交换中运用模仿就并不令人惊讶了。他们会轮流做模仿者和被模仿者，分享模仿主题。简单来说，就是用模仿作为交流手段。模仿他人是一种有效的学习和适应文化的方法。

HUMAN ▸

认识人类

自主模仿似乎在动物王国中十分稀有。除了唯一的一项研究以外，没有证据表明猴子——不论是被训练过多少年的猴子——有自主模仿行为。在唯一的这项实验里，有两只被高度训练的日本猴子习得了追踪人类的目光。丢开那句老话“猴子只会有样学样”（monkey see, monkey do）吧。在其他动物中存在着何种程度上的自主模仿仍然是有争议的，取决于模仿的定义以及许多其他相关因素，如模仿是否是目标导向的、完全一致的、有动机的、社会性的，抑或是习得的。模仿似乎在某种程度上存在于大猩猩和一些鸟类身上，也有一些证据表明鲸类动物有这样的行为。事实上，许多人都在观察并测试动物世界中的模仿行为，但收获寥寥无几，而当少有的模仿行为出现时，其范围又十分有限。这表明，在人类世界中无处不在的大量模仿行为与动物的模仿行为很不一样。

无意识身体模仿：社交机器的润滑剂

主动模仿和无意识模仿之间是有区别的。在上一章中，我们在纽约大学心理学家约翰·巴奇的研究中学过一点儿有关无意识模仿的知识。人们会无意识地模仿他人的行为习惯，而且他们不仅不知道自己在模仿，甚至不会意识到对方有可以模仿的行为习惯。这还不算，人甚至还会模仿机器！

人们不只会模仿他人的行为习惯，还会无意识地模仿面部表情、姿势、语调、口音，甚至是讲话的习惯和用词等。你有没有遇到过这种情况：在给朋友打电话时，是他的亲戚或是室友接了电话，但说话的声音跟你朋友很像？再或者，你有没有发现所有的夫妻都会变得越来越像对方？

脸是我们最突出的社会特征，反映了我们的情绪状况，同时也对其他人的情绪状况做出反应。这个过程可以快到你根本没有意识到其他人的表情，也没有意识到自己做出了反应。

在一项实验中，受试者会观看快乐、中性以及愤怒的面孔图片，每张呈现 30 毫秒。这段时间很短，他们不会意识到自己看到了什么。紧接着，受试者会看到中性面孔的图片，虽然受试者对快乐和愤怒的面孔毫无察觉，但他们的面部肌肉反应却不一样，分别与快乐或愤怒的面部表情相对应。他们的面部肌肉活动是用肌电图记录的。

正性和负性情绪反应都是在无意识中被引发的，这表明，有些面对面时的情绪交流发生在无意识的层面上。

HUMAN ▸
认识
人类

人们还会在交流中模仿身体动作。一个研究者录制了一系列视频，在视频中，她向受试者讲述了她是如何避免在聚会上撞到人的，并展示了向右躲避的动作。录像显示，在受试者聆听的过程中，他们模仿了研究者的动作，并有很强烈的向左躲避的倾向，也就是镜面模仿了研究者的躲避动作。你是否注意过自己的说话方式在国内不同地方或是在国外时会有所改变？人们在交流时，会试图与别人的说话节奏、停顿长度以及打破沉默的可能性尽量保持一致，而这些都是在你没有意识到的情况下发生的。所以重点是什么呢？

所有这些无意识的模仿行为都是社会交往机制的润滑剂。在大脑深处的自动化部分，你会无意识地与跟你相像的人建立联系并喜欢这些人。想想你是不是经常说这句话："我在见到她的那一刹那就喜欢上她了！"或是："看到他我就起鸡皮疙瘩！"无意识模仿会增加正性的社会行为。荷兰阿姆斯特丹大学的里克·范巴伦（Rick Van Baaren）和同事们证实，比起没有被模仿的人，被模仿的人不仅对模仿自己的人，同时也对在场的其他人更加慷慨，更乐于助人。所以，当你无意识地模仿某个人的时候，这个人很有可能会变得不仅对你，也对你身边的人更好，产生更多的共情和喜爱，你们的交流过程也会更顺利。这种通过加强亲社会行为将人们联系在一起的过程也许具有适应性的价值，它可以作为社会的黏合剂将一群人结合在一起，并建立群组内的安全感。这些行为的结果为无意识模仿提供了进化上可能的解释和支持。

然而，有意识地去模仿一个人却是很难的。一旦要有意识地自主模仿，我们的大脑速度根本跟不上。有意识通路太慢了。拳王阿里的格言是"像蝴蝶一样轻盈，像蜜蜂一样快速攻击"。他的动作速度不输于任何人，最快只需要 190 毫秒就可以察觉到闪光，再过 40 毫秒就开始挥拳。与之相反的是，一项研究发现大学生们只需要 21 毫秒就可以无意识地同步他们的动作。有意识地去模仿一个人通常没什么好结果，因为那样看起来很虚假做作，使得交流完全不同步。

几年前，夏洛特·斯迈利（Charlotte Smylie）和我解答了大脑的哪个半球与自主或非自主指令相关的问题。我们通过测试裂脑患者发现，大脑的两个半球都能对非自主反应进行回应，而只有左半球才能做出自主反应。而且与非自主反应不同，大脑左半球使用了两种不同的神经系统来做出自主反应，这在研究帕金森病的时候是显而易见的。这种疾病会影响控制非自主瞬时面部反应的神经系统，所以，帕金森病患者在社会交往中是没有正常的面部反应的。他们可能非常开心，但是因为他们的“面具”，没有人能看出这一点。帕金森病患者会对此感到非常绝望。

这告诉我们，身体行为（如无意识的面部表情模仿）与面部视知觉紧密相连。它发生得迅速而自动化，似乎必然存在某些联系紧密的神经通路。但这些行为的基础是什么呢？表情有微笑和嘲笑之分，可这又意味着什么呢？另一个人是否真的会感受到自己无意识模仿的他人面部表情中的情绪呢？这种无意识模仿会有利于我们理解他人的情绪吗？

情绪会传染

如果我们会无意识地自动模仿身体动作，那么在观察情绪状态的时候会发生同样的模仿吗？当我割伤了手指，你会自动复制我的感受和身体反应吗？还是说你会有意识地推断出我的情绪？那你脊背的颤抖又怎么解释？你是有意识地产生了这种颤抖，还是说这只是一个自动反应？如果无意识地模仿一张难过的脸（仅仅是外部动作），我们会真的觉得难过吗？如果会，那么究竟是先有面部表情还是先有情绪呢？如果我们感受到其他人的情绪，比如难过，这种感受是自动产生的吗？还是说一旦我们有了自动产生的难过表情，就会告诉自己说：“天哪，我好像记得原来我有这个表情的时候是在难过，而山姆有跟这个表情一样的表情，所以我想他一定觉得难过。记得上一次我觉得难过的时候是不喜欢那种感受的，所以我打赌他也不喜欢。可怜的人啊！”

我们是否会有意识或无意识地模拟他人的情绪状态？如果是的话，我们是如何做到的，又是如何识别自己所模仿的情绪是什么的呢？我们在这儿要谨慎一点。不知道你是否注意到了我在上一段中随手所写的一个词：感受。安东尼奥·达马西奥认为，情绪和感受的定义应该是不一样的。他将感受定义为“对特定身体状况（情绪）的知觉，以及对特定思考模式和特定主题的思想的知觉”。你的身体可以对一个刺激做出自动的情绪反应，但这是在你的意识大脑识别出这种情绪之前，不能说你有了感受。他强调，是情绪造成了感受，而不是感受造成了情绪。这与大多数人关于大脑如何工作的观点相悖。

我们从婴儿谈起吧。你一走进新生儿护理房，所有婴儿都开始哭，这是怎么回事呢？有可能是他们在完全相同的时间一起饿肚子，尿裤子了吗？不，有这么多护士在身边，这是不太可能的。有关新生儿的研究证明，当被暴露在有一个婴儿哭泣的环境下，婴儿们就会做出一种应激反应，开始一起哭。然而，当他们听到自己哭声的录音，或是听到一个比他们大几个月的婴儿的哭声，又或者是听到其他很吵的随机噪声时，并不会产生这种应激反应，也不会哭。婴儿可以分辨自己与其他婴儿的哭声，表明他们天生就可以区别自己和他人。

这是情绪感染的基本表现吗？情绪感染是指自动模仿他人的面部表情、语音、姿势以及动作，并由此产生与他人在情绪上的联结的倾向。新生儿一起哭泣显然像是情绪感染，因为如果这只是对哭泣或嘈杂噪声的一般反应的话，新生儿在听到自己哭声的录音时也应该会哭，而不是只在别人哭的时候才哭。同时，这个现象也不支持理论论，因为如果理论论是正确的，婴儿应该这样想：“艾丹、利亚姆和谢默斯正在我旁边的摇篮里哭，而我知道自己在饿、渴、尿裤子这样一些不舒服的时候才哭。好吧，我现在没觉得不舒服。我的尿布没湿，刚喝过奶，而且想打个盹儿了。但一听就知道这些在哭的人一定是很痛苦的。我觉得我应该表现出一点婴儿的团结，也闹一闹。”这种想法对一个刚出生三个小时，还不能清醒认识到他人的信念和情绪与自己不一样的婴儿来说还是太复杂了点儿吧？

现在我们考虑一下这种情况：当你与一个朋友说笑的时候，她的手机响了，她接了电话。你现在感觉很棒，坐在春日温暖的阳光下享用着一杯热腾腾的卡布奇诺。但当你看向朋友的脸，立刻发现有什么事情很不对劲。你不再感觉良好，而是满心焦急。你一眼就捕捉到了她的心情。

HUMAN ▸
认识人类

德国维尔茨堡大学的心理学家罗兰·诺伊曼（Roland Neumann）和弗里茨·斯特拉克（Fritz Strack）用一项有趣的实验演示了心境感染。他们想知道，一个没有与别人交往的社会动力的人是否可以捕捉对方的心情。他们还想知道这种心境捕捉是自动的，还是站在别人的角度想问题的结果。为了解答这个问题，他们让受试者听一个陌生人用开心、难过或中性的语气念一段枯燥的哲学文章的录音，同时做一个简单的任务。这个任务是为了将受试者的注意力从那段录音的真实意思以及声音的情绪上转移开来，从而使他们不受这些东西的影响，然后受试者要大声阅读同样的文章并接受录音。结果发现，受试者不仅自动模仿了之前所听过的人的语气——开心、难过或中性，更有趣的是，他们还染上了同样的心境。并且，他们完全不知道自己为什么会有这种感受，也没有识别出自己所模仿的声音是开心还是难过。所以，即使受试者在实验中从来就没有也不会有社会交往，所读的段落也不带有感情，并且受试者的注意力被从录音上转移了，他们仍然自动地模仿了录音的音调，并同样感受到了朗读者在录音时的心情。

这些研究者定义了情绪的两个部分：心境，以及知道自己为什么会感受到这种心境。心境是指体验本身，而不包括知晓为什么会有这样的体验。

接着，诺伊曼和斯特拉克做了另一项实验。截至目前，他们都将受试者的注意转移，使其不会注意到自己听到的声音所表达的情绪。而在最后的这项实验中，他们要求半数的受试者去体会朗读者的视角，认为这样受试者就可以有意识地识别声音中的情绪成分。结果表明，体会朗读者视角的受试者能够确定自己感受到了难过或开心的情绪。

婴儿会被抑郁的母亲所影响。对母婴的研究表明，抑郁的母亲通常情感贫乏，给孩子的情绪刺激更少，且无法适当地回应婴儿的行为。比起母亲不抑郁的婴儿，母亲抑郁的婴儿更难集中注意力，更少感到满足，更懒惰，更不活跃。这些婴儿会在与抑郁的母亲的交互中产生生理唤起：心跳加速，皮质醇水平升高，产生应激反应。不论抑郁的母亲怎么对待他们，他们都会表现出抑郁的心境。不幸的是，这种交互作用对孩子的影响可能是长期的。

当然，心境感染现象并不是一件令人惊讶的事。我们在听幽默的收银员开的玩笑之后，或是在一位微笑着的陌生人向我们点头之后，会开心地笑着从杂货店离开。与一个抑郁的室友或家庭成员住在一起，则好像在房子顶上遮上了一片云。一个抑郁、愤怒或是负能量的晚餐客人可以搞砸整个派对，而一群惹人喜爱的客人则会让聚会大获成功。

心境很微妙，它可以被一个词、一幅画或是一段音乐所影响。在了解了心境感染的知识后，我们就可以常去被好心情感染的地方，以此来抓住好心情！这样的地方包括喜剧俱乐部、热闹的餐馆、放映喜剧电影的电影院、有着孩子们欢声笑语的公园、多彩的房间和有着美丽景色的户外场所。所以，心境和情绪似乎是自动地被感染的。那么大脑是怎样处理这个过程的呢？

我们来看看是否可以从神经成像研究中了解情绪感染是如何以及为何产

生的。厌恶和疼痛——“呸”和“哎哟”是两种被研究得很深入的情绪状态，这听起来像是我们感兴趣的研究材料。有自愿参加实验的心理学系学生真是一件大好事：“你好，我自愿做厌恶实验的受试者，如果这个实验人数已满的话，我可以做那个疼痛的实验吗？”

一组志愿者看了一段关于一个人闻不同气味的视频。这些气味可能是恶心的、好闻的或者中性的。在看视频时，受试者会在功能性磁共振成像扫描仪中接受大脑扫描。看完视频后，他们会闻同样类型的气味。研究结果发现，受试者观察视频中厌恶的面部表情时所激活的脑区，和在体验恶心气味引起的厌恶情绪时所自动激活的脑区是一样的，都是左侧前脑岛和右侧前扣带皮层。这意味着我们在理解某人面部的厌恶表情时，激活了与体验相同情绪时相一致的脑区。

脑岛在其他方面也很繁忙。它还负责味觉刺激，不仅针对恶心的气味，还有恶心的味道。在神经外科手术中用电刺激前脑岛会导致恶心或是想要呕吐的感觉、内脏运动（会引起反胃的感觉）以及喉部和口腔中难受的感觉。所以前脑岛参与了将不愉快的感觉输入（不论这种输入是真实知觉到恶心的气味，还仅仅是观察到某人的面部反应），转化为内脏反应[①]，并将生理感觉与厌恶情绪联系起来的加工过程。

所以，至少对于厌恶来说，在大脑中有一块公共的脑区，供看到别人的面部表情、自己内脏的运动反应以及感受情绪共同使用，这就构成了一个整齐的大脑功能小套装。看到妻子闻到酸牛奶时脸上的厌恶表情，就会激活你自己的厌恶情绪。幸运的是，这样你就不需要亲自去闻了，显然这是一种进化优势。你的同伴吃了一口腐烂的羊肉然后做出了厌恶的表情，现在你就不用自己去吃了。

① 内脏反应指胃部活动加剧，通常在觉得恶心、难受或压力大的时候尤为明显。——译者注

有趣的是，人们面对令人愉悦的气味时并没有同样的反应机制。令人愉悦的气味只会激活后右脑岛，我们也不会有同样的内脏运动反应。

疼痛似乎也是一种可以共享的体验。在电影中，我们看到主角被牙医的医疗工具折磨的那一幕场景时都会畏缩。在我们的大脑中有这样一块区域，会对观察到疼痛和体验到疼痛都做出反应。

在一个由夫妻志愿者共同参加的实验中，一位受试者接受很疼的电击刺激，而另一位只观察这个情景，两人同时接受功能性磁共振成像扫描。大脑中组成疼痛系统的各区域之间有着解剖学上的联系，它们不是独立工作，而是高度互动的。然而，对疼痛的感觉（“好疼啊”）和对疼痛的情绪知觉之间似乎是有分别的，比如对它所产生的预期和焦虑（“我知道这会很疼，噢，快点做完吧，噢，到底什么时候开始啊”）。好消息是，扫描结果发现，疼痛观察者和接收者与疼痛的情绪知觉相关的脑区①都被激活了，但只有接收者的感觉体验相关脑区②被激活。你不会想让救护人员在固定你折断的腿骨时不得不先把自己麻醉，但你会希望他对你疼痛万分的腿温柔一点，你想让他知道你的腿很疼，而不是让他自己也疼到动弹不得。

显然，不论你预测到自己还是他人将会感到疼痛，使用的都是同样的脑区。观看人们在疼痛情境中的图片也会激活疼痛情绪评定所使用的脑区③，但不会激活感受疼痛的脑区。

有证据表明，调节个人疼痛和替代性疼痛的情绪评定的神经元是相同的。在极少的病例中，被切除了部分扣带回的受试者接受了局部麻醉，并用微电极测试了神经元。结果发现，在经历疼痛刺激、预期疼痛以及观察疼痛

---

① 包括前扣带皮层喙部、双侧前脑岛、脑干以及小脑。

② 包括后脑岛、次级躯体感觉皮层、感觉运动皮层以及前扣带回尾部。

③ 包括前扣带回、前脑岛、小脑，某种程度上还包括丘脑。

时，是相同的前扣带回神经元在放电。这表明观察到一个人的情绪会在一定程度上自动地产生与经历这种情绪相同的大脑活动。

这些发现对共情情绪有着非常有趣的影响。在此我们就不去长篇大论地定义共情了，至少我们都同意，共情是指能够准确地察觉并意识到他人所表露的情绪信息并表示关心。关心他人状况是一种利他行为，但它不可能在缺乏良好信息的情况下产生。如果我不能准确地察觉到你的情绪，如果我在你疼痛的时候以为你是恶心，我对你做出的行为就不会很恰当，也许我会给你一片止吐药，而不是止痛药。

HUMAN ▸ 认识人类

伦敦大学的塔妮娅·辛格（Tania Singer）和她的同事对夫妻受试者进行了疼痛研究。她们跟你一样，想知道疼痛相关脑区活动水平更高的人是否也会产生更强烈的共情。研究者给受试者做了一个标准测试，为他们的情绪性共情以及共情关怀评分。

事实证明，在一般共情量表上得分更高的个体确实在知觉到自己伴侣的疼痛时有着更强烈的脑区活动。同时，共情个体如何给自己评分与大脑正中附近的扣带回喙部前侧的激活程度也是相关的。

而在第二项实验中，人们在观看疼痛情境的图片时前扣带回的激活与其对他人疼痛的评分也是强相关的。脑区活动越强，他们对疼痛的评分越高。这表明这块脑区的活动会根据受试者对他人疼痛的反应而不同。

对厌恶和疼痛的研究表明，人们对这些情绪的模拟是自动的。现在的问题是，究竟是情绪模拟在前而自动的生理模仿在后，还是自动的模仿在情绪之前。当你看到妻子闻到酸牛奶时的面部表情时，你是自动复制她的表情，然后感到厌恶，还是先看到她面部厌恶的表情，然后自己感到厌恶，最后自动做出厌恶表情？这个先有鸡还是先有蛋的问题至今依然悬而未决。

你的痛苦，我感同身受

当你感受到一种负性情绪，比如恐惧、愤怒或疼痛时，你也会有相应的生理反应，正如婴儿在听到其他新生儿的哭泣或是与抑郁的母亲交流时会有应激反应一样。你的心跳会加速，可能会流汗或是颤抖，诸如此类。事实上，你在经历不同情绪时会有不同的生理反应，只有特定的情绪才能产生特定的反应。你对看到的情境所做出的生理反应是否可以作为预测你理解他人情绪的准确性的指标呢？如果你的生理反应与对方更相似，那么你是否会对判断他的情绪更在行呢？

这就是加州大学伯克利分校的罗伯特·利文森（Robert Levenson）和同事们所证实的当负性情绪出现时会发生的事情。他们在受试者看过四段独立的夫妻间对话的录像后测量了5种生理变量[①]，而他们也在这些被录像的夫妻进行对话时测量了这些生理变量。受试者们在整个对话中多次评定了他们所认为的丈夫或妻子的感受，那些产生了与观察对象更相近的自动生理反应的受试者更准确地理解了对方的负性情绪。但这种相关在出现正性情绪的情况下并不存在。这个结果表明，生理联系（模拟生理反应的相似程度）与对负性情绪的评定准确度是有关系的。研究者指出，共情的受试者（即那些能更准确地评定目标的负性情绪的受试者）更可能体验到同样的负性情绪。这些负性情绪会在受试者和目标之间产生相似的自动激活规律，从而导致更高水平的生理联系。这又将我们引向另一个问题：对自身生理反应更敏感的人

① 这5种生理变量分别是心率、皮肤电传导、脉搏传输到手指的时间、手指脉搏频率和躯体活动。

是否会有更强烈的情绪感受呢？如果我敏锐地意识到自己的心跳加快且正在流汗，是否会比没有注意到这些的人更焦虑或害怕呢？如果我对自己的生理反应更加留意，是否会对他人更加共情呢？

HUMAN ▸
认识人类

英国布莱顿和萨塞克斯医学院的雨果·克里奇利（Hugo Critchley）和同事们给出了答案，还发现了更多的信息。他们给一组人一份评价焦虑、抑郁以及正负性情绪体验的问卷，所有受试者的得分都不在抑郁症或焦虑症的诊断范围内。然后他们要求受试者判断一段声音反馈信号（重复的音符）是否与自己的心跳一致，并同时接受功能性磁共振成像扫描。这是为了测量受试者对生理过程——自己的心率的注意程度。受试者还听了一系列音符，分辨哪一个的音调不一样。这是为了测试他们的知觉，即分辨感觉输入的能力。实验由此区分一个人感受疼痛的强烈程度（知觉）和注意疼痛的程度（注意）。

研究者还测量了被激活的脑区的大小。他们发现，右侧前脑岛和岛盖皮层的活动可以预测受试者探知（注意）自己心跳的准确度。而大脑那个部位的大小很重要！这个部位越大，这个人就能更准确地探知自己的生理状况，而且对自己身体感知的自评得分也更高。然而，并不是每个对自己身体感知评分高的人都真的擅长探测自己的心跳。这是个老问题了，人们总觉得自己比真实的自己更好。真的很善于探知自己心跳的人只是那些特殊脑区更大的人，他们具有更大的右侧前脑岛，更多的身体自我觉知，更强烈的共情能力。但有一个例外：那些在过往负性情绪体验中得分更高的受试者在探知自身心跳时的准确率上升了。

这些发现表明，右侧前脑岛与可被识别出来的内脏反应（我们在厌恶实验中接触过这个词）有关，而且识别出这些反应会导致主观的感觉。有些人识别这些内部信号的能力比其他人更强，一些人是天生就有更大的脑岛，但也有一些人因为经历了更多的负性体验而获得了这种能力。这些结果也许可以解释为什么有些人能比其他人更好地觉察自己的感觉。

无法感受就无法识别

上述发现，再加上与疼痛的情绪成分相关的神经活动的增强会促进共情，所有这些发现不禁让人沉思：如果一个人无法感受到情绪（没有大脑活动，也没有生理反应），那么他还能识别他人的情绪吗？这个问题质疑了模仿论的一条主要原则，我们模拟他人的想法，然后以自身的经验来看待这个想法，从而预测他人的感受或行为。这是真的吗？真的是祸不单行吗？如果一个人的脑岛受到了损伤，他会既不能感受也不能识别厌恶吗？如果什么东西都不会让我厌恶，我还能发现你的厌恶吗？如果一个人的杏仁核受到了损伤，又会怎么样呢？如果人们有着影响特定情绪的大脑损伤，这会改变他们探测他人情绪的能力吗？

这些成对的缺陷被证实是存在的。剑桥大学的安德鲁·考尔德（Andrew Calder）和同事们测试了一位亨廷顿舞蹈症的患者，其脑岛和壳核受到了损伤。他们假设，因为脑岛已经在神经成像研究中被证明与厌恶情绪有关，所以这个患者识别他人厌恶情绪的能力以及自身的厌恶反应都应该很有限。这个假设被证实了，该患者无法从面部信息或语言信息（比如干呕）中识别出厌恶，而且他在看到激发厌恶的情境时所产生的厌恶也比控制组更少。

HUMAN ▸
认识人类

来自美国加州理工学院的拉尔夫·阿道夫斯（Ralph Adolphs）和他的同事们接收了一位有着罕见的双侧脑岛损伤

的患者。患者无法从面部表情、行为、行为描述或是恶心物体的照片中识别出厌恶。当给他讲一个人呕吐的故事，接着问他这个人是什么感受的时候，他说这个人应该是“饥饿”并“愉快”的。在观看一个人表演呕吐难以下咽的食物时，他说：“他正在享用美食。”他既无法识别他人的厌恶，似乎也无法感受到厌恶情绪。据报告，他完全不挑食，即使对无法食用的东西也一样，而且他“对任何与食物有关的刺激，比如爬满蟑螂的食物的图片，都没有任何厌恶”。请回想一下上一章，厌恶应该是一种人类独有的情绪。

话题回到杏仁核上。我们刚才提过，杏仁核是疼痛系统的一部分，但我们在上一章中也看到它与恐惧有关。阿道夫斯和他的研究小组发现，大脑右半球杏仁核损伤的人对很多负性面部表情（包括恐惧、愤怒以及悲伤）的识别功能被损坏了，但是大脑左半球杏仁核损伤的人则可以识别这些表情。杏仁核损伤没有影响识别快乐表情的能力。双侧杏仁核都损伤的患者似乎在解释恐惧的表情方面有选择性的功能退化（虽然问题是由右边的杏仁核损伤导致的）。在一个实验中有 9 位双侧杏仁核损伤的患者，虽然他们在智力上理解什么是应该令人恐惧的情况（一辆车撞过来、面对一个暴力的人、疾病以及死亡），但他们却无法识别他人恐惧的面部表情。在另外一项研究中，一位有双侧杏仁核损伤的患者无法从面部表情、声音情绪或是他人的姿势中识别出恐惧。对比正常的控制组，他自身对恐惧和愤怒（他可以正常从他人身上识别出愤怒）的日常体验更少。他的低恐惧水平使他可以参与在亚马孙河盆地猎杀美洲虎以及去西伯利亚悬挂在直升机外打猎这样的活动。这些患者向我们展示了，知觉不到情绪和感受不到情绪是联系在一起的，使人无法感受或模拟一种情绪的神经损伤也许也会使人无法识别他人的这种情绪。

那么那个可以猜到情绪性面部表情的中风盲人 X 又是怎么回事呢？当进行功能性磁共振成像扫描的时候，他的右侧杏仁核变得活跃起来。还记得我们学过的可以让即将到来的信息通过丘脑直接进入杏仁核的恐惧快速通路吗？这就是患者 X 身上所发生的事情。在视觉皮层的连接被破坏的情况下，视觉刺激仍然可以进入杏仁核，杏仁核还是会尽职尽责。杏仁核并未连接到语言中枢，它不会告诉语言中枢“我刚看到了一张呆若木鸡的脸”，从而使得患者 X 可以猜出呈现给他的图片是一张害怕的人的照片。杏仁核会做的是产生一种感受。患者 X 在自动地模拟一种感受，然后他就能基于自己的感受来猜测这个表情。他不需要有意识的大脑去识别情绪！

所有这些有关大脑活跃脑区的讨论实际上是指这个区域中产生了一个神经化学过程。另一种研究情绪识别的方法是用一种抑制情绪的药物去人工限制情绪，然后看看受试者是否能从他人身上识别出这种情绪。这个方法在一个愤怒识别研究中使用过。在争夺财产或统治权的时候，人们会表现出人类攻击性的一种形式，而且是与面部的愤怒表情相关的。你的邻居认为两户人家车道之间的那一小块土地是他的，而你认为那是你的。当他看到你在那块地上种玫瑰的时候，他很生气，于是把你种好的玫瑰拔了。然后你也生气了。

剑桥大学的安德鲁·劳伦斯（Andrew Lawrence）、特雷弗·罗宾斯（Trevor Robbins）以及他们的同事提出了一个假设，认为人类也许进化出了一个独立的神经系统，专门识别这种特殊的威胁或挑战并做出反应。研究者们已经在许多动物中证实，对这类攻击性遭遇的注意的增加与身体产生更高水平的神经递质多巴胺是相关的。如果动物的多巴胺活动被药物阻塞了，那么它对这类遭遇的反应就会受到损伤，而其运动能力则不会受到影响。所以如果它不对攻击性行为做出反应，那并不是因为它不能动。你仍然可以锯断你邻居心爱的那棵叶子总是掉到你家草坪上的梧桐树，但你没有这样做。研究者认为，阻碍多巴胺不仅会减少对愤怒表情的反应，也会减少对愤怒情绪的识别。

事实就是这样。“我的天啊，弗雷德，为什么你好像把我种的玫瑰拔出来了？对了，波士顿红袜队怎么样了？”更有趣的是，这对识别其他情绪完全没有任何影响。“顺带说一下，你老婆看你的眼神好像很讨厌你，她怎么了？”这样一些加工特定情绪信号（如恐惧、厌恶以及愤怒）的独立系统的存在支持了情绪的心理进化解释。情绪的心理进化理论认为，人类之所以为每一种负性情绪进化出独立的加工系统，是为了针对不同的生态威胁或挑战来进行探测，并有弹性地调整反应。

其他动物也会模拟行为和情绪吗

有证据证明，非人类灵长类动物也有类似的自动模拟情绪的能力。在实验室中已经证实了猴子有自动的情绪模仿。跟人类一样，杏仁核受到损伤的猕猴的恐惧和攻击性会减少，顺从性则会增加。它们变得更加温顺，异常友好。如果猴子也模拟情绪，而且杏仁核在它们的恐惧情绪中所起的作用跟在人类身上所起的作用一样的话，你会预测它们在看到另一个带有恐惧表情的个体时杏仁核会被激活。对单个神经元的研究证实了这一现象。情绪感染在猴子身上非常明显，这种现象在大鼠和鸽子身上也有体现。所以，情绪感染不是人类独有的。许多研究者认为它是共情的基石，而共情位于进化中的更高层次，需要意识的参与和利他关心。

共情究竟是人类独有的情绪，还是与其他动物共有的？这个问题正在被积极研究，而研究者分成了两派，两派都同意人类的共情程度远超动物。研究表明，如果被训练按下杠杆就能获得食物的老鼠发现，一旦它按下杠杆，视线内的另一只老鼠就会遭到电击，它会停止继续按杠杆。人们进行了很多种这个测试的变体实验，但最基本的问题还是没有得到解决。老鼠究竟是因为利他和共情冲动，还是由于看到另一只老鼠被电击的经历让它不愉快而停止按杠杆的呢？区别在于，后者只是对不愉快的视知觉的反应，前者则包含组成共情的所有成分：心理理论、自我觉知以及利他。这个难题同样也在困扰着关于恒河猴的研究。目前，尚需设计一个可以很好地区分这两种反应的测试。

HUMAN▶
认识人类

另一条探索途径是研究黑猩猩打哈欠。在一组黑猩猩中，有 30% 的黑猩猩在看其他黑猩猩打哈欠的录像时也会打哈欠。40% ～ 60% 的人类会在看打哈欠的录像时打哈欠。我现在就开始打哈欠了。打哈欠的传染可能是共情的原始形态。史蒂夫·普拉泰克（Steve Platec）和他的同事们认为，人们在这种情境下使用了与心理理论和自我觉知相关的脑区，而不是仅仅做出了一个模仿他人的行为。普拉泰克发现，更容易被打哈欠传染的人能更快地识别出自己的脸，在心理理论任务中也表现得更好，来自神经成像研究的证据支持了这个观点。当然，人类的共情行为远远不止打哈欠传染。我们发现，黑猩猩有一些基础的共情行为并不奇怪，但到目前为止，证实其他动物具备和人类一样的利他、有意识共情的证据还不确切。

大脑是如何把看到面部表情和模仿的行为联系起来的呢？它又是如何将面部表情和特定情绪联系起来的呢？也许你又已经开始思考那些镜像神经元了，这些小可爱很重要！第一项切实证明在观察和模仿行为之间存在神经联系的证据就是镜像神经元的发现，也就是我们在第 1 章和第 2 章里讨论过的内容。如果你还记得的话，猕猴在看到其他猴子操纵一个物体（如抓、撕或拿着它）和当它自己做出这些行为的时候，都有同样的运动前区神经元被激活。在猴子身上也发现了听觉的镜像神经元，在黑暗中的动作的声音（比如撕纸）会同时激活听觉镜像神经元和负责撕纸动作的运动神经元。

HUMAN▶
认识人类

我们已经知道，一些研究发现人类也有类似的镜像系统。举个例子来说，一组受试者正在做功能性磁共振成像实验。他们或是仅仅观看一根手指被抬起，或是在看完后重复这个运动。在看和看加做两种情况中，同样的运动前区皮层网络处于活跃状态，但第二种情况中的激活更强烈。人类的镜像系统并不局限于手部运动，它可以对全身的运动做出反应。当动作与物体相关时，大脑的反应也会不一样。不论何时，如果动作的目标是一个物体，大脑的另一个区域（顶叶）也会激活。一个特定的脑区会在手使用物体的时候激活，比如拿起一个杯子；而另一个不同的区域会在嘴对一个物体做出动作的时候被激活，比如吸吸管。由于测试步骤的原因，要像在猴子脑中定位镜像神经元一样定位人脑中的镜像神经元是不可能的。但是，我们还是在人类大脑中的一些区域发现了镜像神经元系统。

然而，猴子的镜像神经元和人类的镜像神经元有一个很重要的区别。猴子的镜像神经元只在有目标导向动作的时候激活，比如当它们看到一只手抓住冰激凌然后把它移向嘴的时候，这正是人类首次发现镜像神经元放电时的情景（当时是一个意式冰激凌）。而人类的镜像系统在没有目标的时候也会激活。一只手随机地在空气中挥动就会激活这个系统。这也许可以解释为什么虽然猴子有镜像神经元，但它们的模仿行为非常有限。猴子的镜像系统只与目标相协调，而没有编码通往目标的全部行为细节。

前额叶在模仿中的作用也很重要，而具有更大的前额叶皮层的人类也许比猴子更有优势，因为我们可以建立起更复杂的运动模式。我们能看一个人弹奏吉他的琴弦，然后一步步复制这个动作。我们能上舞蹈课，然后模仿穿梭于舞池的舞蹈老师跳桑巴舞。一只猴子也许只能理解我们从房间的一边移动到了另一边，而不能理解旋转也是必须的。

猴子具有更简单的系统这一事实对我们理解镜像神经元系统的进化发展有帮助。贾科莫·里佐拉蒂和维托里奥·加莱塞起初提出，镜像神经元系统的功能是理解动作（我理解一个杯子被举到嘴边）。猴子和人类都有这种理解动作的能力。然而，人类的镜像神经元系统可以做到的远不止这些。难道人类之所以独一无二，是因为我们是唯一可以跳桑巴舞的动物吗？

镜像系统与什么相关呢？正如我们之前看到的，它与立即模仿动作有关，还被发现与理解为什么做出这个动作，也就是意图有关。

我理解把一个杯子举到嘴边（理解目标动作）好知道里面的东西是什么味道（动作的意图）。同样的动作如果与不同的意图相关，就会获得不一样的编码，从而预测未来还没被观察到的可能发生的动作。对猴子来说，食物被抓起放进嘴里或杯子里这两种情况也会激活不同组的镜像神经元（我理解抓起食物是为了吃下去还是为了放进杯子里）。你不仅理解某人在拿糖块，还理解她将要把它吃掉、放进钱包、丢掉，或者如果你幸运的话，她会把它递给你。

我们是否有理解情绪的镜像神经元，还是说它们只用于物理动作呢？上文提到的在感受和识别厌恶以及疼痛时的成对缺陷暗示，脑岛中存在镜像系统。与动作理解一样，脑岛中的镜像神经元与情绪观察和被内脏运动反应所调节的情绪理解有关。

镜像神经元与情绪观察和理解有关（从而有助于社交能力）的这个理论使得两组研究者[①]认为，孤独症的一些症状也许是由镜像神经元系统的缺陷导致的。这些症状包括缺乏社交技能、缺乏共情能力、模仿能力差以及语言能力缺陷。虽然里佐拉蒂是用电极研究猴子的镜像神经元的，但加州大学圣迭戈分校的研究者们找出了一种不用电极就能测试人类镜像神经元的方法。

---

① 这两组人分别是加州大学圣迭戈分校的维拉亚努尔·拉马钱德兰（Villayanur Ramachandran）研究组和英国圣安德鲁斯大学的安德鲁·怀滕研究组。

HUMAN▶
认识
人类

当一个人进行自主肌肉运动以及看到别人进行同样运动的时候，脑电图中的 mu 波都会受到抑制。加州大学圣迭戈分校的一个研究小组尝试使用脑电图监控镜像神经元活动。他们研究了 10 个患有高功能孤独症的孩子，发现他们跟普通孩子一样，在行动的时候出现了 mu 波的抑制；而与普通孩子不同的是，他们在看到别人做出同样行为的时候并没有抑制 mu 波。他们的镜像系统是有缺陷的。

另一项研究是在加州大学洛杉矶分校进行的。在这里，孩子们［正常儿童以及泛孤独症（autistic spectrum disorder，简称 ASD）儿童］在观察或模仿情绪性面部表情时接受了功能性磁共振成像扫描。

患有泛孤独症的个体通常在理解他人情绪状态的功能上有缺陷，所以研究者预测，镜像神经元系统的功能障碍应当既表现在个体模仿情绪表情的时候，也表现在他们观察他人展现情绪的时候。这个预测被证明是正确的。而且，神经活动减弱的程度与社交能力的缺陷程度相关。激活水平越低，社交能力越弱。

这两组孩子在模仿面部表情时使用的是不同的神经系统。正常孩子使用了右脑中通过脑岛与边缘系统相连的镜像神经机制。然而，患有泛孤独症的孩子不会使用这个镜像机制，而是会采用不同的策略。他们会通过一条不经过边缘系统和脑岛的通路来增强视觉和运动注意。他们很可能没有体验到经由脑岛调节的与所模仿面部表情相对应的内部情绪。

即使只是简单观察一种情绪表情，成年人和正常发展的孩子脑部也会出现镜像神经元系统激活的增强效应。研究者认为，这更加证实了镜像机制也许正是从他人面部表情中读出其情绪状态这一强大能力的基础。

患有泛孤独症的孩子们缺乏镜像神经元系统的活动，这一现象很好地支持了“镜像神经元系统的功能障碍也许是孤独症中表现出的社会缺陷的核心原因”这一理论。然而，孤独症患者也有许多非社会性注意技能的缺陷，这些缺陷也许跟镜像神经元系统无关。

目前，我们还不知道非灵长类动物是否有镜像神经元系统，但已经有人在做相关研究了。然而，正如演员克林特·伊斯特伍德（Clint Eastwood）所说：“一个人应该知道自己的局限。”我们也需要了解镜像神经元的局限：它们不会产生动作。

到目前为止，我们知道了特定情绪与大脑特定部位相联系，面部肌肉的特定生理反应和特定动作会产生特定表情。当我们知觉到另一个个体在展示某种心境或情绪的时候，会自动地在生理、身体以及一定程度上的心理层面去模仿它。如果大脑结构中某些支撑这些反应的脑区出现异常，那么体验以及识别他人情绪的能力都会受到影响。我们有一个理解动作以及动作意图的镜像系统，而它也与通过模仿和情绪识别来进行学习有关。这就是基础情绪识别。我们似乎建立了一个关于人际模拟传递的良好实例。

做情绪的主人

虽然刚才这个分析看起来很有道理，但是还有一些要素没有提到。得了默比乌斯综合征（连接面部肌肉的脑神经缺失或发育不良导致的天生面部瘫痪）的患者虽然无法模仿面部表情，却能够成功识别他人的面部情绪。如果我们理解情绪的过程是由镜像神经元负责的话，那么这就不是问题。因为虽然运动系统不再工作了，但镜像神经元还是会被激活。

另一个要素则是在天生无法感觉疼痛的受试者身上开展的研究。这些人在自己无法感受疼痛的情况下，也可以跟普通人一样从面部表情中识别他人所感受到的疼痛，并对疼痛的强度进行评分。然而比起控制组里的普通人，如果他们看到的视频中没有可见或可听到的疼痛相关行为，这些患者给疼痛的评分会低一些，厌恶的情绪反应也更少。

还有一项很有趣的发现是，这些患者的疼痛判断能力与他们情绪性共情的个体差异存在强相关，而在控制组受试者中并未发现这种关联。研究者认为，人的疼痛体验并不是知觉并感受他人疼痛的共情所必需的，虽然缺乏这种体验确实会使人在没有情绪线索的时候低估他人的疼痛。然而在两个研究中，默比乌斯综合征患者以及先天性无痛症患者都存在长期的缺陷。他们识别他人情绪的能力也许是通过不同于普通受试者的通路经年累月有意识地习得的。研究者注意到，某些先天性无痛症患者的父母会通过模仿疼痛的面部表情来让孩子理解某个特定的刺激可能会损伤身体。

我们知道，看到或听到他人的疼痛会激活一些与自我疼痛体验的情绪成分相关的皮层区域，比如前扣带皮层和前脑岛。与实际感受疼痛的神经机制不同，先天性无痛症患者保留了对他人疼痛的情绪进行镜像配对的能力。所以他们可以通过诸如面部疼痛的表情这样的情绪线索来探知他人正在受苦。在这个研究的最后，三分之一的患者说他们在不看受伤者的脸或不听他们哭的时候很难估计其疼痛体验。如果能在这些患者完成情绪识别任务时对他们进行脑部扫描，来看看哪些脑部区域正在使用，将是很有趣的事情，对比他们和普通受试者的反应时也会很有趣。他们使用的是一个更慢的有意识通路，还是快速的自动通路呢？

HUMAN ▸ 认识人类

来自科罗拉多大学的厄休拉·赫斯（Ursula Hess）和西尔维·布莱瑞（Silvie Blairy）所做的实验发现，自动模拟并不是唯一起作用的过程。他们发现模仿的出现与识别面部情绪的准确度并不相关。这项研究没有使用夸张的面部表情，而是用了日常生活中更常见的表情。所以虽然确实出现了面部模仿，但在判断被观察者所感受到的情绪时，面部模仿与判断正确率并不相关。其他实验发现，人们不会模仿那些与自己处于竞争中的人的脸，而政见不同的政治家们也不会互相模仿面部表情。有什么抑制功能在起作用吗？看起来一定是有的，不然我们就会在育婴房里跟新生儿们一起哭起来了。那么，表情模仿是否包含了某些自主认知过程呢？

我思，故我能重新评定

我们可以通过改变思考的方式来改变情绪以及感受，其中一种方式是重新评定。这正是我们在上一章提到过的巴尔扎克小说中的人物莫黛斯特·米尼翁身上所发生的故事。“在爱情中，女人总会把看得清楚错当作厌恶。”在重新评定了爱人的品质后，她对他的感情就从爱变成了厌恶。一辆车突然抢道至你前面，然后疾驰而去，这让你感到生气。当你的血压开始升高时，你突然间想起，你在惊慌失措地开车飞驰前往急救室时也做过同样的事情，当时你的孩子吊着脱臼的肩膀在痛苦中号哭。你的愤怒立刻消散，血压降了下来，而现在你开始感到担心，因为你意识到医院就在不远的前方。

HUMAN ▸ 认识人类

研究者们在一项脑成像研究中研究了对情绪的有意识的重新评定。受试者们会观看负性但又有些模棱两可的情绪性情境，比如一个女人在教堂外哭泣。在接受扫描时，他们被要求更正面地重新评定这些情境。研究者认为，重新评定需要把注意转移到当前感受到的情绪上，并进行一个自主的认知评价。在重新评定之后，比如想象那个女人是在婚礼后幸福地哭泣，而不是最初认为的葬礼，受试者们报告说自己受到的负性影响更少了。扫描结果也表明，有关情绪加工的脑区以及对记忆、认知控制和自我监控十分重要的脑区的活动都在重新评定时减少了。重新评定可以调节情绪和模拟。另一个有趣的发现是，大脑左半球在重新评定时更加活跃。有理论认为这可能是因为受试者报告说他们在使用重新评定策略时对自己“说话”了，而语言中枢位于左半球。另一个可能的解释是左半球通常与评定正性情绪相关，在静息状态下左半球有更高激活水平的人对抑郁的抵抗力更强，因为他们具有能够减弱负性情绪加工的认知能力。

压抑所付出的代价

另一个会影响模拟的方式是压抑，也就是自主地不去展示任何情绪迹象。当孩子做出搞笑但不适当的社会行为时（比如在游泳池里把自己的脏尿布脱下来），父母们经常使用这种方式避免发笑，虽然这很难做到。在一篇关于情绪调节的研究综述中，斯坦福大学的詹姆斯·格罗斯（James Gross）解释说，压抑需要人们持续监控自己的表情（微笑可能一下就挂在脸上了）并修正它们（如果真的笑出来了的话）。这个过程使用了有意识的神经回路，而我们已经知道，有意识的神经回路是有限的，而且这会将你的有意识注意从社交中转移开来，使你处理人际交互的能力减弱，并影响你对人际交互的记忆力。这个过程与重新评定一个情境是不一样的。在重新评定后，你不再会感受到那种情绪，所以也就不需要一直监控它来确保这种情绪不出现了（在游泳池里脱脏尿布其实很恶心，一点儿也不好笑，在这种评定下，微笑就不会悄悄出现了）。

压抑和重新评定有着不同的情绪、生理以及行为结果。压抑不会减少对负性行为的情绪体验，你还是会有那种情绪，只是不表达出来而已。当一辆车强行抢到你前面时，你也许不会瞪着那个司机撞他的保险杠，但还是会生气，这跟重新评定不一样。当你意识到另一个司机也许是需要去医院时，就不会觉得愤怒了。然而，压抑可以减轻正性行为的情绪体验。不出所料，你试图去压抑坏情绪，结果不仅没办法摆脱它们，而且还感受不到好的情绪了。压抑也不会改变生理反应，你还是会有各种增强的心血管活动。你也许可以隐藏自己的愤怒、厌恶或是恐惧，但你的心脏仍在加班工作，而且会更加劳累。而重新评定是可以改变生理反应的，它可以减轻应激情境下产生的压力。如果可以改变你对一个负性刺激的态度，使之不再是负性的，那么你就不再需要从自己的心血管银行账号借款了。

压抑又是怎么影响模拟的呢？压抑情绪表达的一个有趣后果就是它会隐藏通常在社会情境中对他人可见的重要信号。她正在跟一张扑克脸讲话，完全无法知道对方的感受，所以也就没办法正确地做出回应。而老天才知道对方根本就没有要回应她的意思。她刚讲了自己知道的最好笑的故事，而对方却好像在看一个连小学毕业都不够格的人一样看着她。她提醒自己把对方放进“不要邀请”的名单里，以避免她的朋友也体会到这种尝试社交的痛苦。而那张扑克脸呢？他的社交将会是很有限的，因为毋庸置疑，她不是唯一一个想避开他的人。

跟詹姆斯·格罗斯一起研究压抑的研究者做出了一个预测：因为我们在压抑一种情绪时需要监控自己，以保证表情不会突然冒出来被他人看见或听见，所以我们的注意可能会从对他人的情绪线索做出实际反应上转移走，这可能会导致负性的社会后果。如果一个人关注自己的话，他关注另一个人的意识就会更少。这个总是试图表现得有男子气概的男人必须压抑任何试图喷薄而出的柔软的情绪表达，他用于注意与他交流的人的大脑能量就变少了。格罗斯和他的同事也认为，重新评定的认知税率相对较低，所以它应该会有更正面的社会影响。

HUMAN▶

认识人类

研究者决定让互不熟悉的女人们观看令人难受的电影，然后讨论。一组两人，其中一个受试者需要做三件事中的一件。这三件事分别是：压抑自己对电影的反应（我很坚强，像男子汉那样，这些血淋淋的图像对我来说不算什么）；重新评定（这些图像太可怕了，但这只是个电影而已，画面里的也只是番茄酱）；正常地与对话搭档交流。另一个女人并不知道自己的搭档听过指导语。实验者测量了她们在对话时的生理反应。

正性情绪表达（这真是太好了！我真为你激动！）和情绪回应（哦，老兄，这一定把你弄疯了。要是我肯定得疯！）是社会支持的关键要素，可以降低压力。研究者认为，如果缺乏社会支持，那个不明真相的搭档的生理反应应该会大不相同。这一点得到了证实。比起正常交流或重新评定了电影场景的女人的搭档，被告知要压抑情绪的女人的交谈搭档的血压更高。与很少表露正性情绪以及对情绪线索没什么反应的人交流会使其社交伙伴的心血管活动水平升高。所以如果你跟那些压抑自己情绪表达的人出去玩的话，不仅他的血压会升高，你的也会。

现在事情变得有点儿复杂了。看起来我们的讨论已经远远超出情绪感染的世界（在那个世界里，模拟只是一个对面部表情或其他情绪刺激反射性的自动反应），进入了有意识的大脑在起作用的世界了。在这里，你可以使用来自过去的记忆、获取的知识以及对他人的了解作为信息输入。这就引出了我们的最后一个，也许也是最独特的模拟能力。我们可以仅仅使用抽象输入来模拟一种情绪。

在想象中穿越时空

如果我发电子邮件告诉你，我在用锯子时切掉了自己手指的一部分，那么不需要看到我的脸或听到我的声音，你就可以想象到我的感受，仅仅只是文字就可以刺激你去模拟我的情绪。也许你在读到我对这个意外的描述时会畏缩发抖。不仅如此，你在读一本有关虚构角色的小说时也能被卷入这些角色的情绪中。汤姆·沃尔夫（Tom Wolfe）的小说中的一些场景就是很好的例子:《完美的人》(*The Man in Full*）里的冰屋场景实在是太令人焦虑了，我不得不放下书一刻钟不去看它。所以说，想象一个情境可以促使人去模拟一种情绪。观察正在读书的人们的面部表情和姿势会是一件非常好玩的事，此时各种情绪都有可能出现，恐惧、愤怒或是愉悦。夏洛克·福尔摩斯就是观察人们阅读时的表情的好手，他会观察华生读报纸时的表情。事实上，与疼痛相关的文字会激活大脑中与疼痛的主观成分相关的区域。想象对身体动作也会起作用。钢琴家在静音键盘上弹奏音乐和想象弹奏同样的音乐时会激活相同的脑区[①]。

想象使你能够不被局限在现有的数据中。在奥林匹克运动会上，当女运动员摔倒在地，扭伤了脚踝，我们看到的是她疼痛的面部表情，但我们的想象提供给我们她这些年的勤奋练习以及做出的牺牲、跌落的梦想、尴尬、让团队失望的羞愧、对这次受伤会影响未来表现的担忧，然后我们会非常同情她。当抢劫犯扭伤了脚踝，我们看到的是同样的疼痛的面部表情，但当我们想象受到这个人攻击的受害者受了伤，惊恐地躺在街上时，我们会感到愤怒，并不同情抢劫犯的疼痛，而是对他遭到报应感到满意。

想象帮助我们重新评定情境。我们获得的听觉输入也许是回荡在走廊里的一个女人的笑声，但我们的想象可以使她置身于隔壁办公室的一场愚蠢面试中，这样你就知道她只是在假笑，而不是在开心地笑了。想象也让我们可以进行时间旅行，进入未来，回到过去。也许有件事发生在很久以前，但我可以在想象里把它从记忆中拿出来重播。我可以模拟之前的体验，重新体验记忆。我甚至可以从我现在的角度来重新评定情绪。我可以回忆我某个考试成绩不好的尴尬，并再次尴尬到脸红，然后我可以满足地想到它激励我去更努力地学习，最后拿到了好成绩。我可以回忆我开着一辆老爷车环绕罗马时遇到的鸣笛声和交通堵塞，我会变得焦虑，心率升高，并决定再也不在罗马

① 即额顶网络。

租车了。我还可以回忆跟美丽的妻子坐在阳光下的纳沃纳广场啜饮金巴利酒，然后决定再去一次罗马，只是这次我们要坐出租车去广场。

同样地，我能够通过想象去到未来。我可以将过去对一种情绪的体验应用到未来的情境中，想象我会如何感受。比如说，想象背着降落伞站在打开的飞机门前（恐惧，一种我以前体验过而且不喜欢的情绪），然后决定我可以绕过这项冒险了。仅仅想象一种情绪会在未来出现，就足以引起与感受这种情绪相关联的神经活动。伊丽莎白·菲尔普斯（Elizabeth Phelps）是纽约大学的一位神经科学家。她在一项脑成像研究中告知志愿者，他们会看到一系列形状，而每次他们看到一个蓝色方块时就会被轻微地电击一下。虽然受试者们从未遭到电击，但每当蓝色方块出现的时候，他们的杏仁核就会激活。仅仅只是想象被电击就使这条神经回路被点亮了。在看了一部恐怖电影后，你可能会在午夜听到房子里的嘎吱声，然后想象出一个入侵者。你心跳加速，开始经历一系列完整的恐惧反应。《惊魂记》（*Psycho*）的女主角珍妮特·利说，在拍完这部电影之后，她余生都对洗澡有阴影。她的想象一直在起作用。

还有其他动物能进行时间旅行吗？等等！我们会在第 8 章讲到这个问题的。

想象是一个深思熟虑的过程。它需要使用大脑中的意识组件。它使我们可以计划未来该如何行动以及预测他人的行为。它可以帮我们省去汗水和眼泪。我不需要走上飞机再决定不要跳伞，我可以在客厅里就做出这个决定。我还知道我的女儿也不想要跳伞的礼品券，但我的兄弟想要，而且他还想要驾驶飞机。想象使我们可以模拟自己过去的情绪，从这些经历中学习，并预测出他人会在同样的情境中如何感受和行动。这种能力对社会学习至关重要。当我们在想象的时候，使用了很多种被我们认为是理所当然拥有的能力中的一种——分辨自己和他人之间区别的能力。

区分自我和他人

观察他人的动作和情绪会激活我们脑中同样的神经区域，然而我们是可以分辨“我”和“你”的。这是怎么回事？如果在我看到你感到厌恶跟我自己感受到厌恶的时候所激活的脑区一样，那我是怎么分辨出究竟是你还是我在感到厌恶的呢？我想象你的假发在你直播一个很重要的演讲时滑落了，我可以模拟你的尴尬并且自己也感到尴尬，同时知道我是在想象你而不是我自己。看起来一定有一条特定的神经回路是用来分辨自我和他人的。而且，这个“自我”既是身体上的，也是心理上的。是的，大脑中确实存在将身体自我与他人，以及身体自我与心理自我区分开来的机制。

站在对方的立场看问题

观点采择（perspective taking）是指想象自己处于他人的处境中。对这一现象的研究在分离表征自我和他人的神经网络上收获颇丰。虽然无法和成人观点采择的程度相比，但这种能力在人类婴儿 18 个月左右的时候就已经初现端倪。它决定了孩子是会给你你曾经用微笑表达过喜爱的食物（也许是西蓝花），还是会给你他们喜欢但你表达过厌恶的食物（如曲奇饼干）。然而我们不一定会有很好的观点采择能力，也不总是会使用这种能力。我可能会觉得西蓝花这个选择相当奇怪，随即否决之前你的面部表情这一证据，而根据我自己的喜好给你曲奇饼干。你收到的那些糟糕的礼物就是明摆着的例子。“有哪个脑子正常的人会觉得我想要或者会喜欢这种东西？”当你打开礼物强颜欢笑（有意识地）时，这句话肯定已经在你脑子里转了几千遍了。至少现在你已经知道，可以通过检查眉梢是不是显得不开心，来发现假装开心的人。

人们倾向于认为他人知道并相信他们自己所知道并相信的事情，而且还倾向于高估他人的知识水平。这最有可能发生在你开始对一头雾水的普通人谈论语言学递归理论的时候，你已经假定他们会感兴趣。看起来我们关于他人的默认模式是偏向我们自己的观点的。这就是为什么作为一个领域的门外汉与专家聊天会非常困难，他们假定你基本上已经了解他们所知道的东西。“啊，再跟我说一遍那个对冲基金交易吧？”如果有人问你他人在一种有身体需求（如饥饿、疲劳或口渴）的情境中会有什么感受，你的预测会在很大程度上基于你自己会有什么感受。我假定当人们感到饥饿的时候，他们跟我所感受到的是一样的，那是一种胃部疼痛和被噬咬的感觉。事实上并非如此。我在与某些朋友的讨论中发现，饥饿的时候，有些人会觉得紧张不安，有些人会头疼，有些人会变得暴躁，还有些人什么感觉都没有。

这种以自我为中心的知觉还会在社会判断中导致除了在鸡尾酒派对中聊递归理论以外的其他错误。“他现在该给我打电话了，如果是我的话我应该已经打给他了，他一定是不在乎我了！”但正如芝加哥大学的心理学家琼·黛西迪（Jean Decety）和华盛顿大学的心理学家菲利普·杰克逊（Philip Jackson）所指出的，这很符合模仿论，也就是那个认为我们通过自己的心理资源来理解并预测他人的行为和心理状态的理论。通过想象自己处在他人的情境中，我们会用自己的知识作为默认基础来理解他人。然而，为了获得社交成功，我们需要能够将自己与他人区别开来（他没有打来电话是因为他忘带手机了，或者他正在中国出差，时差很大，他已精疲力竭）。黛西迪和她的同事们强调，人们需要有在不同观点中切换的心理灵活性，我们需要能够压抑自己的观点来接受他人的观点。调节（或压抑）自己的观点让我们的灵活性得以接受他人的观点。这意味着评估他人观点时的错误实际上是无法成功压抑自己观点的结果，这也就是为什么你的丈夫在你生日时送了你一架新的烤肉机而不是珠宝，以及为什么你送了他一件漂亮的蓝色正装衬衫而不是名牌甄选重低音音箱。调节能力会在孩子们身上逐渐发展，直到大约 4 岁之前都不会很明显。与心理理论的发展相关联的认知控制在差不多相同的年龄出现，此时前额叶也会发育成熟。那么，当我们在自己和他人的立场中转换的时候，大脑中发生了什么呢?

HUMAN▶
认识人类

要回答这个问题，方法之一是分别去看看哪些脑区在我们站在自己和他人的立场看问题时被激活了，减去公共激活的脑区，剩下的就分别对应这两个立场独立激活的脑区。珀赖因·鲁比（Perrine Ruby）和黛西迪开展了一系列神经成像研究，让受试者站在自己或他人的角度来完成运动层面（想象使用铲子或剃刀）、概念层面（医学院学生想象外行会对各种陈述怎么看或怎么说，比如“满月时出生的人更多”）以及情绪层面（想象你或者你母亲正在谈论某人，然后发现那个人就在你身后）的任务。他们发现，除了站在自我和他人角度时都会激活的神经网络以外，在一个人采取他人角度看问题的时候，右侧下顶叶皮层和腹内侧前额叶皮层（包含额极皮层和直回）有显著的激活，其他研究也发现了相似的结果。而躯体感觉皮层只在人们站在自己的角度看问题时才被激活。

右侧下顶叶皮层和后颞叶皮层的连接处对分辨自己和他人的动作至关重要。这个被称作颞顶联合区的脑区非常繁忙，负责整合来自大脑不同部位的输入，包括外侧、后侧丘脑、视觉、听觉、躯体感觉以及边缘区域，还要与前额叶皮层和颞叶皮层相互连接。其他许多研究提供了这个区域在分辨自我和他人上起到了作用的证据。关于体外经历（out-of-body experience，简称OBE，指从第三人称视角看到自己）的研究在这方面收获颇丰。

HUMAN▶
认识人类

有一个在瑞士日内瓦大学医院进行癫痫症治疗的女人的案例很有意思。她的医生试图对她进行手术，但无法使用脑成像来定位癫痫的病灶。在局部麻醉（大脑本身不会感觉疼痛）下，医生给她植入了硬膜下电极来记录癫痫，通过局灶性电刺激来识别癫痫在皮层上的病灶位置。在大脑右侧角回（位于顶叶）

经受局灶性电刺激时，她产生了可重复诱发的体外经历。患者报告说，在一个特定区域受到刺激以后，她“从上方看到自己躺在床上，但只能看到自己的腿和下半身”。

从那以后，脑科学家奥拉夫·布兰克（Olaf Blanke）和沙哈尔·阿尔济（Shahar Arzy）回顾了所有相关现象，校对了来自神经学、认知神经科学以及神经成像的证据。他们认为体外经历与颞顶联合区无法整合来自自己身体里的多种感觉信息有关。他们推测，颞顶联合区的故障会破坏关于自我的体验和思维，这会导致体外经历中的复制、自我定位、立场以及知觉中介等体验。除了颞顶联合区以外，还有另一个与推理他人想法的内容有关的特定脑区，而这种推理需要能够分辨自己和他人的能力。

另外一个站在他人的立场上时就会激活的脑区是腹侧前额叶皮层，也被称作额极皮层。如果一个人在儿童时期这个脑区受到损伤，那么其观点采择的能力就会受损。这个脑区被认为是可以使人从自己的立场转换到他人立场上的抑制能力的来源。达马西奥的团队对在幼年时期受到这类脑损伤的成年人进行了道德测试。他们的回答和行为一样，以自我为中心，缺乏抑制自己观点的能力，且无法站在他人的立场上想问题。而成年才受到这类损伤的人仍能对受损的能力进行一些补偿。这表明此脑区对获取社会知识非常重要。

还有研究发现，与特定身体部位的感觉相关的脑区——躯体感觉皮层，在从自己的立场去模拟情境时会被激活。受试者被要求观看手脚处在正常情况或痛苦的姿势下的图片，想象这是自己或别人的身体。两种立场都激活了有关疼痛情绪的脑区，但只有站在自己立场上的受试者的躯体感觉皮层激活了。同时，他们对疼痛的评分也更高，反应时间更快，疼痛通路的激活更强[①]。鲁比和黛西迪推测，站在自己的立场上看问题所激活的躯体感觉皮层有助于区分两种立场:“如果我感觉到了，那么这就是我（我感觉，故我在），而不可能是别人。”

有趣的是，在第三人称立场中所激活的脑区与各种心理理论任务中所激活的脑区一致[②]。如果我们有意识地站在他人的立场上，并假设他人跟自己一样，然后模拟在这种情况下自己会怎么想，那么这很有可能会使得我们能够准确地评定对方的状态。然而，如果我们站在一个跟自己很不一样的人的立场上，模拟自己的状态就没那么有用了。在我们假设他人跟自己相似以及不同的两种情况下，大脑所用的机制是否一样呢？一项新的研究做出了肯定的回答。当我们采取一个与自己相似的人的立场时，与自我参照思维有关的腹内侧前额叶皮层会被激活；而当想象自己站在一个与自己不一样的人的立场上时，被激活的则是腹内侧前额叶皮层上更靠近背侧的区域。

在判断自己和相似他人时重叠的神经激活模式将我们带回了社会认知的模仿论，即我们会使用关于自己的知识来推断他人的心理状态。而使用不同的机制来思考与自己不相似的个体的方式则引出了一些很有意思的问题，特别是我们如何看待组内和组外个体。当我们考虑组内的人时，会假设他们跟我们相似，并通过模拟我们在同样情况下会如何做来预测他们的行为。然而，当考虑组外人的时候，不同于模拟的过程就会出现。社会学研究发现，人们认为不同于自己的人既不会与自己感受到同样的情绪，也无法感受到同样的情绪深度；他们会将自己的目标和喜好投射到与自己相似的个体身上，却不会投射到与自己不相似的个体上。这也许可以解释狱警和犯人之间、邻国之间以及宗教群体之间产生的非人化现象。虽然这种区分群组的方式可能

---

① 站在自己立场上的受试者的躯体感觉皮层、前扣带皮层以及双侧脑岛都被激活了。而站在他人立场上的受试者只激活了后扣带回、右侧颞顶联合区以及右侧脑岛，躯体感觉皮层没有被激活。

② 这些脑区包括内侧前额叶皮层、左侧颞顶－枕联合区以及左侧颞极。

会成为非人道待遇的来源，但如果你理解大脑是如何工作的，那么它也可以成为助力。人与人是不一样的，不是所有人都与你相同，假设他们跟你一样会导致许多问题。有关性别差异的流行心理学书籍《男人来自火星，女人来自金星》将男女分成了不同的群组。这可能确实会对焦急等待电话的女人有所帮助。也许，如果她意识到男女之间的行为在某些方面上是不一样的，就不会试图用自己的观点来揣测对方的行为了。

其他动物可以换位思考吗

观点采择是人类独有的吗？我们是唯一可以置身事外，透过他人的眼睛来看世界的动物吗？这种能力意味着自我觉知，我们将会在第 8 章讨论与其他动物有关的自我觉知。这一直都是一个有争议的问题，但研究这一问题的新手段（新角度）表明，灵长类动物可以在某些情况下站在别人的角度看问题。

HUMAN ▶
认识人类

在德国的马克斯·普朗克研究所，布雷恩·黑尔（Brian Hare）和他的同事们发现黑猩猩在竞争食物的时候可以采取对方的视角。此前的研究试图通过帮助类任务在灵长类动物中寻找心理理论的能力，那种方式也许是不正确的。正如我们所知，黑猩猩在竞争类认知任务中的表现最好。研究者利用黑猩猩的这个特性，把黑猩猩跟一个人（我们就叫他山姆吧）放在一起。山姆会在黑猩猩试图去拿喜欢的食物时将食物移出黑猩猩可以够到的范围。黑猩猩既可以从不透明的障碍物后接近山姆，也可以从山姆看得见或看不见的方向接近山姆。它们会自发避开山姆正在注视着的食物，而去接近山姆没在注视的食物，即使他的大部分身体都面向该食物，而且一伸手就能够到也没关系。另外，黑猩猩也更倾向于从不透明的障碍物后面接近食物，而避免从透明的障碍物后面接近。当黑猩猩最开始从食物旁边走开时，如果山姆可以看到它们，它们总是会迂回到障碍物后面。然而，如果山姆的视线被障碍物挡住了，或是没有可以隐秘地走到食物边上的路径的话，它们就不会绕远路迂回了。研究者指出，非直接接近的行为非常令人震惊，因为它意味着黑猩猩受试者们不仅能理解躲开竞争者的视线去接近食物是很重要的，而且还知道在有些情况下隐藏自己想要隐藏的企图是很有用的。

黑猩猩可以采取他人的视角，理解他人所能看到的东西，并在竞争环境中主动操纵情境。这项研究也为黑猩猩至少可以在有关食物的竞争情况下故意欺骗提供了坚实的证据。主动欺骗是指操纵他人所相信的事情。然而，正如我们在前面的章节里说过的，黑猩猩无法完成人类孩童在 4 岁就可以解决的错误信念任务。理解他人看到了什么跟理解或操纵他们的心理状况不是一回事，但这些发现不可避免地带来了更多问题，增加了认为黑猩猩具备心理理论能力的一方的筹码。黑尔认为，我们还需要确定黑猩猩是否能理解他人所听到的东西。它们是否会跟在野外时一样通过避免制造噪声来有意操纵情境，又是否会假哭来故意欺骗他人？目前尚不清楚黑猩猩是否可以站在他人的心理立场上换位思考，但有些证据说明，在某种程度上它们是可以这样做的。莉萨·帕尔的研究发现，黑猩猩可以将视频场景里出现的情绪配对，比如一段黑猩猩接受注射的视频和一张有同等情绪的面部表情的照片。这项研究表明情绪觉知也许是更高级的观点采择能力的前身。

HUMAN ▶
认识人类

在获得这些结果之后，另一个研究小组决定使用竞争任务情境去测试恒河猴，看它们是否理解“看到”会导致“知道”。之前所有用心理理论任务测试猴子的实验室研究都得到了否定的结果。在这个新实验中，研究者也设置了一个猴子们与实验

者竞争食物的情境。首先，他们测试猴子是否会在试图偷取食物的时候将实验者的目光纳入考虑范围。它们确实这样做了，它们会在实验者转身或转头的时候去偷食物。不仅如此，它们还会在实验者只转移目光而没有转头的时候，或是实验者的眼睛被遮住而不是嘴被遮住的时候去偷食物。

之后，研究者又想确定猴子是不是知道一个没有看到过食物的研究者不知道食物在哪里。在这个实验里，两个平台上各有一粒葡萄，猴子都可以看见。实验者将葡萄放在平台上，然后坐在障碍物后，看不到葡萄了。平台被做了手脚，其中一个会倾斜，葡萄会沿坡道滚下，但实验者看不到。猴子会立刻抓住那粒葡萄，而不去抓实验者已经知道位置的那粒葡萄。当实验情境被改变，实验者可以看见两个平台上的葡萄时，猴子们会随机选择接近一粒葡萄。这一结果表明，恒河猴能够理解“看到”意味着“知道”。猴子们理解实验者可以看到哪些东西，以及他会相应地知道和不知道哪些东西。研究者头一次相信了恒河猴具备一些心理理论的推理能力，而且这种能力在竞争情境中出现得最多。

另一种社会动物则是人类最好的朋友——狗。当然，除了达尔文以外，科学家们没有用很多时间来研究狗。然而现在，狗终于超越了罗德尼·丹杰菲尔德（Rodney Dangerfield）[①]，开始受到尊重了。关于狗的研究一直被“狗是人造生物”这样的观点所阻碍着。正如其他“自然”生物适应自己的生存环境一样，狗至少已经适应自己作为被驯养的动物的生存环境 1.5 万年左右了（虽然 DNA 证据显示它们可能早在 10 万年前就开始适应了）。这使得对狗的社会认知的比较研究硕果累累。狗有一些黑猩猩所没有的类似人类的社会技巧，并与人类共同进化了数千年。这些社会技巧并不是习得的，而是天

---

① 罗德尼·丹杰菲尔德，美国知名喜剧演员，其常用语是：“我总是不被人尊重！”——译者注

生的，而且与它们的狼祖先并不一样。狗懂得人类能看见什么，如果人转过身，它也会把捡回来的球放在人的面前而不是背后。狗会从看得到头和眼睛的人类那儿乞求食物，而不会向脑袋上盖着一个桶的人乞求，黑猩猩就做不到这一点。当狗位于障碍物后面，但食物处在人可以看到的透明窗户前时，它是不会接近被禁止接近的食物的。它知道即使自己看不到人类，人类也可以看到食物。狗不需要竞争环境就会合作。即使人背着食物的方向走开，狗也可以找到他手指所指的隐藏食物。黑猩猩既不会自己指向目标，也不像狗一样可以理解指向的意义，这也许是因为黑猩猩之间少有合作。

HUMAN ▸
认识人类

那么驯养对狗有什么影响呢？在 1959 年，德米特里·别利亚耶夫（Dmitry Belyaev）博士开始在西伯利亚驯养狐狸。他挑选狐狸的标准只有一个：它们对人类是否毫无畏惧且没有攻击性。换句话说，他选择的是抑制了恐惧和攻击性的狐狸。这个选择过程的副产品包括许多在家养的狗身上也出现了的形态变异，比如下垂的耳朵、向上翘的尾巴以及像博德牧羊犬那样混杂的毛色。它们的行为也有改变，包括繁殖季延长和生理改变，其中一些有趣的变化包括雌性的 5- 羟色胺水平升高（会减少一些攻击性行为）以及性激素水平的改变（从而可以生下更大的幼崽）。其大脑中与调节压力和攻击性行为相关的化学物质的水平也有变化。将别利亚耶夫的工作与家养的狗联系起来，不难看出狗的社会技能可能是选择过程的副产品，最初是随着调节恐惧抑制和攻击性的系统而出现的。有趣的是，这引出了这样一个命题：大猿的社会行为受限于它们的性情，现在我们越来越认识到，它们无法合作，且非常争强好胜。

也许人类的性情对进化出更复杂形式的社会认知能力是至关重要的，也许正是抑制自身观点的能力的缺乏限制了其他非人类灵长类动物的合作能力。

黑尔和托马塞洛认为，也许人类性情的进化领先于我们更复杂的社会认知能力的进化。如果我们不为合作性目标共同努力的话，拥有读心能力就对我们没有任何好处。他们提出了一个假设：现代人类社会进化中重要的第一步就是一种自我驯养，进而选择控制情绪反应的系统。根据这个观点，群组中的个体会放逐或杀死攻击性过高或过于专横的人。这是一个很有趣的假设，基于此，多层次的群组选择会产生一个乐于合作且自发惩罚作弊者的社会群体。

这些针对动物的观点采择的研究表明，我们跟其他灵长类和社会动物确实有着共同的社会认知能力，这应该不是一个令人惊讶的结果。真正令人惊讶的是，我们社交能力的范围是如此之广。我们和动物都具有情绪感染、自动模仿和观点采择的能力，并在某种程度上都存在自我觉知的限制。我们和动物都有镜像神经元系统，但我们的系统能力更强，范围也更广。我们还可以自主模仿复杂的动作，这是一种其他灵长类动物所不具备的能力。

结论

人可以轻易、自主、有意地在不同的抽象观点间来回切换。我们可以仅仅通过想象来操纵我们所模拟的情绪。不同的立场会使我们模拟不同的情绪。这种模拟并不需要任何即时可得的生理刺激就可以完成。我们可以使用抽象工具，比如语言或音乐，通过书籍、歌曲、电子邮件以及对话来传递情绪知识。我们可以听作曲家乔治·格什温（George Gershwin）的《一个美国人在巴黎》（*An American in Paris*）来感受激动以及思乡之情，可以阅读雨果的《悲惨世界》来感受悲伤，可以在读到戴夫·巴里（Dave Barry）将年届四十时捧腹大笑。这种能力使我们不必亲自经历就可以学习这个世界，不需要通过更困难的方式去学东西。我可以告诉你观众昨晚对一个笑话的反应，你就知道这个笑话是不是好笑话，而不用去经历尴尬的沉默或窃笑。你可以告诉朋友搭乘从埃尔帕索到火地岛的大巴很有趣但也很累人，并推荐他去塔希提岛度蜜月：你的朋友可以学习你的经历并拯救自己的婚姻。这些从语言和想象中模拟情绪、通过观点改变模拟情况以及把自己投射到未来和过去的能力，丰富了我们的社会世界，也使我们的模拟能力变得比其他物种更加强大和复杂。

THE SCIENCE BEHIND
WHAT MAKES US UNIQUE

HUMAN

第三部分

人类独有的荣耀——艺术、思维和意识

能够用分子、神经元、突触以及神经递质来解释意识，是一件奇妙且令人神往的事情。它也许不是魅力无比或惊世绝伦的，但绝对是令人着迷的。

06

步入艺术殿堂

> 用手工作的人是劳工，用手和脑工作的人是工匠，但用手、脑和心工作的人是艺术家。
>
> 路易斯·奈泽
> Louis Nizer
>
> 美国知名律师

我们该怎么解释艺术呢？人类是唯一会产生艺术家的物种吗？既然人类是自然选择的产物，那么艺术究竟给了人类什么样的进化优势呢？如果你的祖先穿着一双钉着椰子壳鞋掌的眼镜蛇皮鞋跳了一小段《舞到布法罗》，狮子会因此在吃掉他前停下来三思吗？邻族军队是否会匍匐穿越灌木丛，看着你们的营地然后惊叹道："看看这些木头，摆放得多么美观啊！这烧火坑简直就是壮丽无比！我们到底在想什么啊？我们可不能把这些创造能力这么强的人敲晕，把他们的腿放在烤肉叉上做烧烤吃！"

或者，艺术也许就跟孔雀的尾巴一样。"布鲁诺用骨头雕刻出来的乐器是最可爱的。其他男人不过是一堆尼安德特人罢了，但布鲁诺是一个艺术家，我想我会给他生孩子的。”

或者，艺术是地位的象征？“布鲁诺的刀具收藏比谁都多。事实上，他有果默克斯制造的刀。我懂我懂，果默克斯的刀什么都切不开，而且还很难看，但是它非常稀有！”

或许，当布鲁诺在蜷缩着午睡时会用余光瞟到一条蛇在盯着自己。他记得父亲给他讲的睡前故事里有一个人看到一条毒蛇，于是跟蛇一样假装睡觉，然后他抓起那条蛇把它摔在了地上。当布鲁诺用他可爱的刀剥下蛇皮并想到新的踢踏舞步时，不禁思索道：“嗯……也许那些故事不仅是为了哄我睡觉而已。”

或许，他是第一个迷人的法国人。“哦，我的美人儿，跟我去旁边拉斯科那儿的山洞里散步吧，我给你看看我的雕刻作品。”或者说艺术是献给神明的礼物？“如果我可以跳对这支舞，我们的打猎一定能成功，也会有好天气的。我最好别跳砸了，跳的时候可别扭臀，这会毁了一切的。”

而那些令人陶醉的韵律呢，会一起跳舞的部族是不是比不这么做的部族联合得更紧密呢？他们在打猎的时候是不是合作得更好呢？鼓点是用来激发爱欲的吗？帕瓦罗蒂跟正在吸引配偶的鸣禽有什么区别？作为滚石乐队创始人之一的米克·贾格尔（Mick Jagger）是“孔雀的尾巴”的又一例证吗？艺术是人类所独有的吗？

解释艺术是一个难题。肤浅地说，艺术应该是蛋糕上的奶油。在做完了其他的所有事情后，我们就可以开始思索艺术了。美学难道只是在拥有了功能以后附加的东西吗？“我曾经造了一把椅子，现在我可以坐下了。嗯，它看起来没什么意思，也许我该加一个枕头来丰富它的色彩。”在房租、日用品、衣服、汽油、车子、保险、水电费、养老保险，以及税金都置办好了以后，如果还有闲钱，也许你就会考虑一下电影、音乐会、绘画、舞蹈课或是戏剧。但它们的地位就只是如此吗？也许艺术要更重要一些。也许它不是蛋糕上的奶油，而是发酵粉或糖。也许正因为它是我们的一部分，所以我们才把艺术当作了理所当然就该有的。也许物品的美观程度对我们的作用比我们想象中的要更加基础，而我们因此忽略了它。它是否属于大脑中那让我们越了解就越感到惊讶的潜意识呢？艺术是什么时候进化出来的？有证据证明其他动物或者我们的祖先中有艺术存在吗？大容量的脑是艺术出现的前提，还是只是有助于艺术的发展呢？

显然，许多形式的艺术都是人类所独有的。大猩猩不会演奏萨克斯，黑猩猩不会写剧本。其他动物可以欣赏艺术吗？黑猩猩会凝视夕阳或是因为拉赫玛尼诺夫（Sergei Rachmaninoff）[①] 而狂喜吗？你的狗会欣赏滚石乐队吗？我们作为人类需要艺术吗？艺术有助于我们的大脑发展吗？钢琴课跟历史课一样重要吗？我们是否该在孩子的艺术教育上花费更多？我们是否不该把艺术当作奶油这种有余钱才考虑的东西，而应该视之为基础预算里的一项呢？

研究者才刚刚开始回答这些问题。让我们先从什么是艺术说起。然后我们会讨论艺术的起源以及它如何帮助我们了解创造它的大脑。我们还会了解到进化心理学家对艺术的看法，以及有关艺术的神经成像研究所揭示的奥秘。

艺术到底是什么

我们能定义艺术吗？艺术的奥秘之一在于那句老话：“美存在于所有观看者的眼睛里。”——或是耳朵里。我们可以一起去参观艺术展，一个人可能会着迷，而另一个则可能认为自己看到的不过是乱七八糟的东西。我们也许听过这样的咕哝：“她说这是艺术？我说这是垃圾！”我们可以去听音乐会，一

① 谢尔盖·拉赫玛尼诺夫是俄国知名的古典音乐作曲家、钢琴家、指挥家。——译者注

个人可能认为这音乐十分庄严，而另一个人则快要受不了了，只得离场。我们中的一个人也许会走进一个房间并感到温暖和放松，觉得这房间很美；而另一个人也许会觉得很沉闷无聊，还低声道："他只有嘴巴会品味东西。"我们会立刻知道自己是否喜欢一幅画作，它要么能吸引我们，要么不能。

艺术是人类的通用属性之一。所有的文明都有艺术，不论是绘画、舞蹈、故事、歌曲，还是其他形式。我们可以看一幅画作，听一曲交响乐，抑或是观看一场舞蹈表演，并清醒地意识到他人在这些作品里所投入的时间和花费的精力、进行的练习和获得的教育，但这并不意味着我们会喜欢它。我们如何定义我们没有共识的东西呢？另一方面，我们不是都觉得星光熠熠的沙漠很美吗？我们不是都认为潺潺流水很可爱吗？

埃伦·迪萨纳亚克（Ellen Dissanayake）是美国华盛顿大学音乐学院的副教授，她指出："现今的西方艺术概念简直就是乱七八糟。"她评论说，对艺术的见解取决于我们的地位和时代，而现代美学来自哲学家，他们既没有任何史前艺术知识，也没有艺术在世界各地以各种形式广泛出现的知识，还没有生物学进化知识。史蒂芬·平克，这位几乎在所有领域都有独到思想的人，提醒我们艺术不仅是关于美学的心理学，也是关于地位的心理学。为了了解艺术是什么，我们需要分开讨论这二者，而在过去许多有关艺术的舌战中都没有做到这一点。关于地位的心理学在很大程度上决定了"什么被称作艺术"。正如一幢昂贵的房子和一辆豪车，一幅挂在墙上的毕加索原作没有任何实用价值，只是意味着你有钱可以花。平克说："索尔斯坦·凡勃伦（Thorstein Veblen）[①] 和昆廷·贝尔（Quentin Bell）[②] 对品位和时尚的分析很好地解释了艺术无法言喻的怪异。他们的分析说，艺术是上层社会所炫耀的消费、奢华。它会被民众疯狂模仿，从而使得上层社会再去求索无法被模仿的东西。"

---

① 索尔斯坦·凡勃伦，美国知名社会学家、经济学家，制度学派的创始人。——译者注

② 昆廷·贝尔，美国知名艺术家。——译者注

一旦时尚、建筑、音乐等被普罗大众所接受，它们就再也不属于精英，因而也不再被认为是高级艺术了。所以，如果关于艺术的两个方面的心理学不能够分离开来讨论的话，我们就无法去定义艺术，因为它的定义一直都在变化。然而，如果我们可以分开这两者，就可以论述艺术的美学特征了。平克和迪萨纳亚克都把大众纳入了艺术的范畴内，而非只关注稀有的东西。你厨房里的盘子可能会跟一幅画作一样满足你的审美。美学与艺术的金钱价值几乎毫无关系。在艺术的世界里，一件作品可以很美，但如果它是赝品，那么就一文不值。

平克还指出，对关于艺术的地位方面的心理反应在艺术学者和知识分子中是一个禁忌的话题。对于他们来说，对科学和数学的无知是可以接受的，即使这些知识对做出健康选择有帮助。然而，要是跟莫扎特相比更喜欢韦恩·牛顿（Wayne Newton）[①]，或者不知道一些晦涩的文献，就跟只穿内裤去参加正装晚会一样令人震惊。你对艺术的选择，以及你对一项闲暇活动的个人喜好以及知识，会被他人用来对你的品质进行价值判断。在有关锤子或是染色体的讨论里通常是不会有这样的事情发生的。地位是如何与艺术纠缠在一起的，这是一个问题，而为什么我们觉得某些东西可以满足我们的审美则是另外一个问题。

爱美就是懂艺术吗

有些人辩称美与艺术无关。这一定是因为他们没有把两种不同的心理反应区分开来。你不会听到有人说：“这真是我看过的最丑的画，我们把它放在餐厅里吧。”但在画展中看到同样丑的画时，你也许就会听到有人说：“这是某人最新的画作，而他的上一幅画作是被盖提艺术中心买下来的。我觉得我会把它买来放在我纽约的公寓里。”卡米洛·塞拉－孔德（Camilo Cela-

① 韦恩·牛顿，美国当代知名演员。——编者注

Conde）是西班牙巴利阿里群岛大学的教授以及人类分类学实验室主任。他引用哲学家奥斯瓦尔德·汉夫林（Oswald Hanfling）的话说："进行参观展览和读诗这些活动的人实际上都是为了寻找美。"交响乐演奏会不是因为如下这种反应而留存至今的："周日评论上说这首交响乐是评论家听过的最难听刺耳的音乐，评论家把这首交响乐比作在黑板上挠指甲。这听起来真不错，我们去吧！"我们对是否存在通用的美的感觉很感兴趣。平克问道："到底是心智中的什么使人们能从形状、色彩、声音、笑话、故事以及神话中获得快感呢？"

美学的四个定义

"艺术"在词典中的解释是这样的："人类去模仿、补充、改变或是反转自然造物的成就。有意识地用有美感的方式制造或排列声音、颜色、形状或其他元素，特别是用图像或是可塑的媒介创造出的美。"美国俄亥俄大学的南希·艾肯（Nancy Aiken）把艺术拆分成四个部分：

1. 创造作品的艺术家
2. 作品本身
3. 作品的观众
4. 观众寄予这件作品的价值

《美国传统词典大学版》（*American Heritage College Dictionary*）为美学提供了四个定义，我们将会一个个地讨论它们。第一个定义是："哲学中涉及自然和对美的表达的一个分支，比如美术。在康德哲学中，艺术是形而上学中与感知的法则相关的分支。"哲学家们围绕什么是美争论了好几个世纪。相关的哲学讨论开始于柏拉图的理论，他说美是独立于观众的（虽然它需要一个观众）。如果某些东西是美的，那么它就是美的，谁的观点都不重要。两千年后，我们有了康德。他认为美学价值是与观众相关的：美存在于观众眼中。由此，美成了一种判断。

神经科学至少可以研究康德有关感知和审美判断的理论。我们有刺激（作品、艺术家或是音乐），也有对刺激的感知。下一步就是我们对感知到的刺激的情绪反应，也就是美学的第二个定义："对美和艺术体验的心理反应的研究。"

实际上，对美的心理反应的研究相对来说比较稀少。美学研究和情绪研究都惨遭同一命运的痛苦，被行为学派和认知学派所忽视。而令人惊讶的是，它还遭到了情绪理论家的忽视。这种忽视有可能是因为人们无法将美学确定为认知或情绪，抑或两者皆是，它在心理学的土地上就是一个孤儿。

美学是一种特殊类型的体验，它既不是一种反应，也不是一种情绪，而是一种"了解"世界的做法。它是一种有着正性或负性评价的感觉。听起来很熟悉吧？这就好像语言出现之前大脑所接受的接近或回避的信息一样。事实上，我曾听到过这样的话："我喜欢那个厨房，但说不出来是为什么。我想你得把它拆开，检查它的部件，然后才能搞清楚。"在情绪反应之后，我们会获得一个被潜意识（天生的）或意识（受到文化、教养、教育以及爱好的影响）所调节的、对输入信息美或不美的判断。

这又将我们带到了美学的第三个定义："关于什么是艺术性的价值或美的概念。"西北大学的唐纳德·诺曼（Donald Norman）认为美有三个独立的层次。首先是表层美，也就是即刻的内脏反应，是由生理决定的，其标准对全世界的人来说都一致。然后是举止美或行为美。最后是意义美、实质美和深度美，也就是诺曼所说的反思美。反思美是有意识的，会被个体的文化、教育、记忆、经历等任何让个体成为"人"的东西所影响。所以，我们至少有两种不同的审美，一种是内在的自动判断，另一种则是有意识的反思。

最后，是美学的第四个定义：“艺术性的美或令人愉悦的外观。”尼古拉斯·汉弗莱试图从知觉的角度，通过定义美的东西所共有的可知觉的品质来解决美的问题。他在可知觉的元素所形成的关系中搜寻美的本质。我们可以聆听一段旋律并觉得它很动听，但我们不会觉得降 B 这个音本身很美，也不觉得 A 这个音很美，诸如此类。只有这些不同的音符结合在一起才是美的。但这个结论对我们的研究并没有什么帮助。当然，我们可以说音符间的关联是美的，但什么样的关联才是重要的呢？它们为什么重要呢？为什么无休止地重复降 B 和 A 不美，而把它们正确地排列成明快的几个小节就美了呢？

汉弗莱提及了杰勒德·曼利·霍普金斯（Gerard Manley Hopkins）的诗。霍普金斯将美定义为“被差异所调节的相似性”。汉弗莱根据这句话建立了一个假设：“美学偏好源自动物和人通过学习对世界上的物品进行分类来获得经验的倾向。在自然或艺术中，美的‘结构’就是那些通过有益且容易掌握的方式展现出物体之间的分类关系，从而促进分类任务的东西。”汉弗莱的意思是，人类做出审美判断的能力就是学习的基础。

在 19 世纪，霍普金斯没有神经科学的帮助，柏拉图那时也没有。但现在事情不一样了，也越来越有趣了。来自挪威卑尔根大学的罗尔夫·雷伯（Rolf Reber）、来自密歇根大学的诺伯特·施瓦茨（Norbert Schwarz）以及来自加州大学圣迭戈分校的彼得·温克尔曼（Piotr Winkielman），这三位心理学家从神经加工的角度解答了什么是美。他们提出，美是由审美享受所定义的，是一种由感受者进行动态加工的功能。感受者越是能流畅地在心理上加工一个物体，他们的美学反应就越正面。这个理论有四个假设：

1. 有些东西比其他东西更容易加工，因为它们具有大脑天生就可以加工的一些特性，所以可以加工得更快，例如对称（我们后面会谈到这些特性）。但加工难度也会被知觉或概念提示所影响。

2. 当知觉到可以轻松加工的东西时，我们会产生正性的感觉。

3. 这种正性的感觉会影响我们对一件物品是否令自己愉悦的价值判断，除非我们对这个输入信息的价值产生怀疑。

4. 加工流畅度所造成的影响会受到你的期望或你对其的归因的调节。如果你去一家高档连锁百货店购物时很享受那儿的钢琴演奏，那么你就会处于积极的心境中。然后，当你看到一个喜欢的红色钱包时，就更有可能买下它。然而，在进商店之前我可能会告诉你："不要被钢琴演奏所影响，他们只是想让你心情变好从而买更多的东西。"然后你再看到那个钱包，在决定是否喜欢它时就会更清醒一些。

然而，虽然我们可以通过与生俱来的偏好来减轻加工难度，但不同的经历也可以增加在新异领域的加工流畅度，建立新的神经连接，从而影响你的审美。你的加工流畅度可以被经验所增强。当第一次看到某种建筑风格的时候，你也许会不喜欢它，但你看过好几次以后，就会对它越来越感兴趣。这个理论的优美之处在于它可以解释许多一直无法被解释的不同发现。我后面再细讲。

霍普金斯将对一件美丽物品的审美判断分为对这件物品的知觉，以及对其的视觉或听觉成分，然后分析这些因素对判断的影响，并指出这些审美判断应该是人类通用的。雷伯、施瓦茨和温克尔曼假设，人天生就易于加工某些东西。诺曼认为，人对表层美的即时反应是由生理决定的。科学能否告诉我们，对美学偏好的通用指南是否天生就存在于我们的大脑中呢？

风雅的黑猩猩

我们所喜好的一些美的成分是否跟其他动物一样呢？如果是，那么这些喜好是什么时候进入实际的艺术创作中的呢？过去的经历可以帮助我们吗？我们可以精确地定位艺术最初出现的时间吗？我这就来给你解惑：答案是否定的。我们大概永远不会知道我们的祖先第一次知觉到一个刺激并将它的价值判断为“美”是什么时候了。第一个看到日落并觉得它很壮丽的灵长类动物出现在什么时候呢？这是在我们共同的祖先进化出分支之前还是之后呢？有没有证据表明黑猩猩有审美能力呢？

黑猩猩对某些自然现象会有情绪反应。珍妮·古道尔描述了她在贡贝国家公园的瀑布边上观察不同情况下的黑猩猩的经历。当它们到达瀑布边上时，会疯狂舞动，有节奏地交换双脚，然后坐下来看瀑布。我们并不清楚黑猩猩的脑子里在想些什么。它们此时跟孩子来到沙滩上时一样激动吗？它们会感受到敬畏的情绪吗？它们在审美吗（“我喜欢这个”不一定代表“我觉得这个很美”）？它们是否能够审美呢？

HUMAN ▸
认识人类

在给一些黑猩猩，特别是年轻的黑猩猩铅笔或画笔后，它们会全神贯注地使用这些笔，在完成作品时甚至会忽略自己喜欢的食物，也不理会其他黑猩猩。熟悉画画的黑猩猩会在看到饲养员有绘画材料的时候向他们乞求，在画画被打断时还会发脾气。有一只名叫阿尔法的野生黑猩猩拒绝用尖棍画画，也拒绝使用钝笔头的铅笔。显然，一些黑猩猩喜欢绘画，且对作品的效果有些挑剔。黑猩猩会在纸张范围内作画，有只黑猩猩还会在开始绘画之前画好边框。一只名叫孔戈的雄性黑猩猩的三幅画作被拍卖出了 1.2 万英镑。

德斯蒙德·莫里斯（Desmond Morris）主要研究孔戈和其他灵长类绘画家和油画家的作品。他提出了五个黑猩猩艺术和人类艺术的共通原则：这是一种具有自我奖励功能的活动，活动中涉及组合控制，不同主题和线条之间是不一样的，有最佳异质性，有通用的意象。正如不同文化中的儿童和没有受过训练的成年人所使用的意象和表象很相似，黑猩猩的绘画和油画也彼此相似。莫里斯认为，人类艺术中普适意象的使用有一部分是因为身体肌肉运动的相似以及视觉系统的限制。艺术家经过训练以后，才能更好地控制自己的肌肉。莫里斯还指出，在练习以后会出现第三个影响因素——心理因素。

然而从孔戈的画作可以看出，它并不是一个很好的配色家。如果让它自己调色，它会把所有颜料都混在一起，直到混出棕色才开始使用。在进行油画创作的时候，它会获得一支蘸了颜料的笔刷，当笔刷上的颜料用完以后，它会获得另一种颜料。为了研究它的笔迹，研究者在给它下一支笔刷之前会先等到画过的颜料晾干，使不同颜色的笔迹之间不会混淆。如果让孔戈自己画，它不会等到一种颜料晾干，而是直接使用下一支颜料，这样一来颜色和笔迹就会变得混乱。虽然它会在结束创作以后发出信号，但如果把已经完成的画换个时间再给它的话，它总是会继续在上面作画。

在结束绘画以后，孔戈就不会对作品感兴趣了。它不会为了愉悦心情去看那些画。绘画时间都很短，它创作一幅画从来不会超过几分钟。由此引出了这个问题：创作结束究竟是由审美决定，还是由它注意持续的时间决定？特别要注意的是，它会在不同时间段在自己的作品上继续作画。

有趣的是，它会试用不同的技巧，比如在画上尿尿并搅拌尿液和颜料，之后又会在油画上用滴下的水来达到同样的效果。它还试过在油画上使用理毛刷和指甲。新奇感很重要。莫里斯研究的黑猩猩里，没有一只创作过可识别的图画作品。

HUMAN ▸

认识人类

德国的伯恩哈德·伦施（Bernhard Rensch）教授很好奇动物的偏好是否有规律，而莫里斯在讨论组合控制时引用了他的研究。伦施测试了四个有好奇心的物种：两种猴子——卷尾猴和长尾猴，以及两种鸟——寒鸦和乌鸦。他向这些动物展示了一系列有规则、规律的图案的卡片或是有不规则标记的卡片。

在几百次测试后，伦施发现，四种动物都会更频繁地选择有规则图案的卡片。他总结道：“当从白板上选择不同黑色图案的时候，比起不规则图案，猴子更喜欢几何图形，也就是规则的图案。线条的稳定性、中心对称或镜像对称，以及对称成分的重复模式（韵律）很有可能对喜好起到了决定性作用……两种鸟类都偏好更规则、更对称或是更有规律的图案。在大多数情况下，偏好的百分比在统计学上很显著。也许这种偏好是因为其复杂性更低造成的，也就是说，对称和有规律地重复相同部分使得图案更容易被理解。”

莫里斯指出，对称、重复、稳定、规律这几种重要元素在动物选择图案时是吸引眼球的基本因素，在创作模式中也会出现。“动物对规则和条理有正性的反应，而对混乱则不会如此。”我们可以从这些研究中发现，许多物种都有着和人类一样的对特定种类的视觉图案的偏好。看起来，对某些图像成分的偏好是具备生物学基础的。

从石器时代的艺术说起

为了探寻我们直系祖先艺术创作的源头，我们需要将目光转到考古文物带来的信息上。显然，我们不会知道第一段旋律是什么时候为了享受而弹奏或是哼唱出来的了。许多装饰性艺术都以羽毛、木头、图画以及黏土的形式短暂地存在过。要探寻这个问题的答案，我们只能关注留存下来的文物，比如在法国南部和澳大利亚野外的石洞中发现的颜料、工具、贝壳和骨头珠子、岩画等物。我们晚些再讨论音乐。

石器时代的工具是否是创造性作品这个问题激起了一些争论。从距今140万年的直立人遗迹，到距今大约12.8万年的原始人洞穴，都出土了石制手斧。虽然黑猩猩有时会用石头作为打开坚果的工具，甚至还会带着特定的石头在树间移动，但我们尚未观察到它们会在野外主动打磨石头来制造工具。数千年来，早期手斧的基本设计和制造方式在广袤的地区基本保持不变。斧头是以阻力最小的方式打磨而成的。它们的斧刃角度是有限制的，而不是随心而变的。晚期的石斧则带有更令人愉悦的对称性、显眼的造型，以及不同的长宽比。石制手斧是模仿能力的体现，还是创造性想象能力发展的早期产物呢？这个问题仍有争议。

英国考古学家史蒂文·米森（Steven Mithen）指出，用随机形状的石头打造出一把斧头很可能代表着创造能力的出现。但是我们真正关心的并不是制造出只有功能作用的物品的创造能力，而是艺术和审美能力。埃伦·迪萨纳亚克指出，有些直立人制作的手斧是以大家都会觉得美的布丁岩（砾岩），而非更实用简单的燧岩为材料的。这意味着他们可能对石斧的外观是有兴趣的。25万年前，在比直立人晚一些出现的智人的雕刻品中，化石被对称地嵌入了斧头的中央。在电子显微镜的帮助下，我们发现有些斧头从来没有被使用过，也许它们只是为了美学价值而存在的。虽然这些证据中表现出了一定的艺术感，但这种艺术感似乎非常有限。

HUMAN ▸
认识人类

对人类艺术起源感兴趣的研究者们分为两派。有些人认为在3万到4万年前出现了爆发性事件，人类的能力和创造性有了迅速而巨大的进化；另一些则认为发展是一个渐进的过程，从百万年前就开始了。我们把争议留给那些特别好奇的人，在此先把双方都同意的事情拿出来说一说。在这最后的4万年间有大量的文物出现，虽然在这个时代的几千年前就已经有装饰性的斧头、珠子以及赭石粉的存在了。这段时间里爆发性地出现了大量的艺术性和创造性活动，从澳大利亚到欧洲都发现了洞穴绘画和雕刻，从欧洲到西伯利亚地区则发现了上万件用象牙、骨头、鹿角、石头、木头以及黏土雕琢镌刻而成的物品，同时还有复杂的工具，比如缝纫针、油灯、鱼叉、掷矛器、钻头，以及绳子。

许多考古学家由此认为，这种创造能力的激增代表着智人世系的一次重大进化事件。人的大脑中产生了一些变化，拓展了之前的创造能力，这是一种智人独有的变化。还记得第 1 章中提到的大约在 3.7 万年前产生的小脑症的基因变体吗？在大约 4 万年前，生存并不简单，传染病和打猎事故频发，生命周期短暂，也没有便利店和奢侈品；而突然之间，解剖学意义上的现代智人中出现了一场史无前例的创造和审美活动的大爆发，他们开始绘制图画、佩戴珠宝，还创造出许多新的实用物品。他们为什么要做这些事情？这又可以告诉我们关于大脑的哪些信息呢？

艺术起源的进化理论

查尔斯·达尔文认为审美是一种智能，是自然选择的结果。其他人都没有对此多作思考，直到埃伦·迪萨纳亚克的出现。她认为艺术是一种生物学行为！她的观点基于几个观察结果。第一，歌曲、舞蹈、讲故事以及绘画在所有文化中都出现了。第二，在多数社会中，艺术是大多数人类活动中的一部分，消耗很大一部分可用资源。比方说，在尼日利亚的奥韦里部落里，建造并装饰纪念性房屋的男人们可以两年不需要参与白天的劳作。第三，艺术可以带来愉悦：我们的动机系统需要愉悦，因为这会让我们感觉良好。第四，小孩子们天生就会跳舞、绘画以及歌唱。跟达尔文一样，迪萨纳亚克认为创造艺术的行为是自然选择的进化结果，而她将艺术最根本的行为趋向称作“制造特殊”。

把某些东西变得特殊意味着有意图，而这种意图是指通过韵律、结构以及颜色等吸引人的方式，将一个物品或行为与平常的东西区分开来。迪萨纳亚克认为，“制造特殊”可以增加群组团结，从而提供生存优势，而一个团结的群组又可以增加个体的生存概率。她指出，在过去，一个有人去制造非同寻常的东西的领域通常都跟魔法或超自然世界有关，并以某种仪式的形式存在，而不是出于现如今这种纯粹的审美动机。

一个人不论称什么东西为艺术，都是在认同这个东西在某些方面是特殊的。当“制造特殊”是艺术行为的主要动机时，在不对这是不是“优秀艺术”进行价值判断的情况下，一个人是可以有许多艺术行为的。我们不再需要把艺术看作是为了其本身而创造的，而这也使得我们更容易从进化论的角度来解释艺术。

虽然许多人认为艺术起源于单一的动机，比如装饰身体、创意冲动、打发无聊或是为了交流，但迪萨纳亚克提出，艺术的动机是由许多部分组成的，包括操纵、知觉、情绪、象征以及认知，并且与其他人类特征一起形成，如工具制造、对秩序的需求、语言、类别形成、符号形成、自我意识、创造文化、社会性，以及适应性。她提出，艺术创造在人类进化中就是“为了促进或装饰某种重要的社会行为，特别是典礼，在这种行为中，群组价值通常以一种神圣或精神性的本质得以表达和传播”。

如果你还记得的话，杰弗里·米勒是一位研究性选择的学者。他认为艺术是性选择的结果，创造能力更高的个体，其繁衍成功率也更高。他提出，艺术跟孔雀的尾巴一样，是一个适应度指标。一件艺术作品越复杂、错综、华丽，要创造它所需的技能就越了不起。这样一件作品是在说：“我寻找食物和栖息地的能力太强了，所以我可以花上一半的时间去做没有显著生存价值的事情！选我当配偶，你就会有跟我一样有能力、有活力的后代。”米勒说，“孔雀的尾巴、夜莺的歌声、园丁鸟的巢、蝴蝶的翅膀、爱尔兰麋鹿的角、狒狒的尾巴以及齐柏林飞艇乐队[①]的前三张专辑”都是性选择的适应度指标。我猜他并不像其他人一样喜欢齐柏林飞艇乐队第四张专辑里的那首《天堂的阶梯》。

史蒂芬·平克则并不那么确定艺术具有适应性功能，他认为艺术是大脑其他功能的副产品。他指出，迪萨纳亚克认为艺术具有适应功能的观点是基于“艺术在大多数文化中都存在，消耗大量资源并且令人愉悦”这一理由，使用毒品的现象也同样符合这些特征，但使用毒品可不是会被称作“适应”的行为。

从进化心理学家的角度来说，大脑是被针对人类祖先生存环境的生理健康需求所驱动的，比如食物、性、成功的繁衍、安全、觉察捕食者、友情和地位。当目标达成后，身体会奖励我们一个愉悦的感觉。我们在捕猎时抓住了一头瞪羚，现在在咀嚼它并收获快感。人类大脑还有能力去理解因果，使用这些知识去达成一些目标。“如果我捕捉瞪羚并杀掉它，我就会有吃的东西了（同时会无意识地获得快感的奖励）。”平克认为大脑把这些信息整合起来，明白了其实它不需要花费努力去实际完成目标就可以获得快感。其中一种方式是在获得可以提高生存能力的刺激时发出快感信号，从而体验快感。所以我们在吃甜食和满是脂肪的食物时，就会获得一个快感信号。

在人类祖先生存的环境中，可以找到甜食（成熟的果实）和脂肪是可以增强生存能力的，因为这些食物很难被找到却非常有助于生存。然而，我们也知道甜食和脂肪在食物充足的今天会怎么影响我们了，即使我们已经不需要无法抗拒的动力去寻找它们，但还是被吃到它们时的快感所驱使着。听音乐也可以让我们获得快感，但它不一定可以增强适应性……还是说它可以呢？平克并没有顽固不化。他吸取了人类学家约翰·图比和进化心理学家莱达·科斯米德斯的意见。他们有另一种看法，而平克很感兴趣。

① 齐柏林飞艇乐队是20世纪十分流行、拥有巨大影响力的摇滚乐队之一。——译者注

人类是进化论中的反常现象吗

图比和科斯米德斯最初也觉得艺术是副产品，但现在他们不认为这个理论能回答所有问题了。他们说："几乎所有以人类为中心发生的现象从进化论的角度来说都是令人疑惑的反常现象。"而被他们称作"被虚构经历所吸引"的现象则尤其奇怪，不论是故事、戏剧、画作，还是其他想象作品。如果这些现象不是跨文化广泛存在的话（参与虚构、想象的世界是另一个人类共有的现象），没有进化心理学家能够预测到它们的出现。

另一个奇怪的现象是，参与想象的艺术是一种没有明显的功能性回报，却有自我奖励功能的行为。为什么人们会坐下来看情景喜剧，读小说或是听故事呢？这难道只是浪费时间吗？他们难道只是一群懒惰的人吗？为什么大脑中会存在将虚拟经验变得愉悦的奖赏系统呢？为什么我们宁可在一个下雨的午后阅读悬疑小说，也不愿去亲手修车呢，修车不是更有用吗？为什么在我们阅读故事或看电影的时候，会产生某些心理反应，而不是其他的反应呢？为什么我们会有情绪反应而不是身体反应？这部电影也许会吓到我们，但我们不会跑出电影院。如果我们害怕的话，为什么不逃跑呢？为什么无意识反应没有跟我们看到蛇的时候一样起作用呢？然而，我们也许会一直记得那部电影，并根据记忆来做出反应：我们可能会在看过《惊魂记》之后，洗澡时不再关门。看起来人类有一个特殊的系统，来使我们进入想象的世界。

让我们得以在想象世界里玩耍的神经机制是可以被选择性地损坏的。患有孤独症的孩子们的想象力会非常有限，这意味着想象力是一个特殊的子系统，而非在孤独症中通常没有问题的一般智力的产物。在婴儿出生大约 18 个月后，也就是他们开始理解他人思想的存在的同一时间，假扮游戏就出现了。婴儿是如何理解到自己既可以吃香蕉，也可以把香蕉当作假电话来玩的呢？没有人在某天告诉他说："儿子，香蕉是食物，但因为它长得像话筒，所以我们可以假装它是电话，等等，假装就是我要试图去解释的词，我们可以用香蕉替代话筒，它不能真的接打电话，但如果我们想要玩一会儿，我是说……”孩子怎么会理解假的东西的呢？他怎么知道什么是真的，什么是假的呢？

区分虚构与现实

罗格斯大学的艾伦·莱斯利（Alan Leslie）提出了一个可以将虚构从现实中区分开来的特殊认知系统：一个去耦机制。他写道：“不断感知、思考着的生物体会尽可能地让事情不出差错。然而虚构却在这条基础原则前耀武扬威。在虚构中，人们有意地歪曲现实。多奇怪啊，这种能力居然不是出现在有意识智力发展的顶点，而是调皮地提早出现在孩童时期的伊始。”图比和科斯米德斯认为，人类拥有可以防止混淆现实和虚构的适应能力，也似乎拥有一个可以让我们享受虚构作品的奖赏系统，这意味着虚拟经历是有益的。这对小说作者来说真是个好消息！那么这种好处到底是什么呢？

人们需要准确的信息才能在世界的海洋中成功地航行，并依赖于此生存。一般人按理应该会喜欢阅读非虚构故事而不是虚构的小说，但实际上人们情愿看虚构的电影而不是纪录片，更喜欢历史小说而不是历史书。然而，当我们真的想要准确信息时，我们会去找百科全书而不是丹尼尔·斯蒂尔（Danielle Steele）①。

三种方式提高生存能力

我们为什么如此喜欢想象出来的东西呢？为了回答这个问题，以及我们为什么会进化出对美的反应的问题，图比和科斯米德斯提醒我们可以通过三种方式做出提高生存能力的适应性改变。首先，我们可以在外部世界改变行为或外表，从而增加性接触的机会（根据米勒的性选择理论）。这些改变包括合作（迪萨纳亚克的理论）和其他互动行为，比如攻击性防御、选择栖息

---

① 丹尼尔·斯蒂尔，美国通俗文坛最具代表性的畅销书作家，有“浪漫小说女王”之称。——译者注

地以及给幼儿喂食。其次，我们还可以通过增强身体素质来做出适应性的改变，比如通过吃糖和脂肪得到快感、呕吐出有毒的食物，以及睡觉。最后，大脑也可以被改变。大脑中增强生存能力的变化包括玩耍和学习的能力，这正是图比和科斯米德斯认为我们需要关注的地方：

> “我们认为在整个生命过程中，从生理和信息上整理大脑的任务是人类发展中要求最高的适应性问题。我们相信，开发大脑，并让它为各个适应性功能做好准备，表现出最佳性能，是一个被极大地低估了的适应性问题。我们认为，为了解决这些适应性问题，人类在发展中进化出了一整套适应性功能，许多此类适应性功能存在的可能性都还远未被研究。所以，除了以世界和身体为目标的审美以外，我们还应该关注以大脑为目标的审美这个复杂的领域。”

审美经历会让我们的大脑更好地工作吗？汉弗莱是偶然发现这一点的吗？他所认为的“审美是学习的基础”这个观点是正确的吗？

人类的大脑生来就有许多系统。但跟电脑不一样的是，你载入的程序越多，建立的内部连接越多，它们就工作得越快越好。打个比方说，我们的语言系统准备好了去学习一种语言，但尚未编码特定的语言，相当于我们已经有了硬件，但还没有软件。有一些对语言适应性发展至关重要的信息被经济地储存在外部世界中，你需要输入这些信息。如果外部世界中存有可靠信息的话，基因组就不需要如此复杂了。这不仅适用于语言，也适用于一部分视觉系统和其他系统。图比和科斯米德斯认为我们可能进化出了审美动机，作为一种指引系统，刺激我们去搜寻、探测以及经历世界的不同方面，使我们的适应性功能达到最佳性能。我们在做这些事情的时候会获得快感作为奖励。

出于这样的考虑，两位研究者提出神经认知适应能力可能有两种模式。一种是功能模式，一旦它启动后，就会开始其本职工作，语言系统的功能模式是说话。另一种模式是组织模式，用于建立适应能力，并将启动功能模式所需的部件集合起来，正如孩子咿呀学语是为了发展语言系统一样。组织模式是产生功能模式的必要条件。"阿韦龙的维克多"[①]就是一个著名的没有激活组织模式的例子。1797 年，这个男孩在法国野外被人发现，他之前一直独自生活在野外。三年以后，他大约 12 岁，已经接受了抚养他的人类。但是，他一直无法习得语言，只能说几个词。现在我们知道，要学习说话，人必须在很小的时候就浸泡在语言环境中。似乎存在一段关键期，人必须在这段时间内接受特定刺激。学习的关键期也在鸟类中有所表现：小苍头燕雀必须在性成熟之前听到成鸟歌唱，否则它将永远无法学会那种高度复杂的歌曲。

其他适应能力的发展也是有关键期的，比如双眼视觉。儿童双眼视觉发展的关键期应该是 1 ～ 3 岁。每个不同适应能力的组织模式都应当有着不同的审美成分。图比和科斯米德斯解释说，被审美所驱动的行为之所以看上去是非功利性的，原因在于我们是从针对外部世界，而非针对大脑内部世界的适应性改变的角度去看待这个问题的。我们会看到一些非功利性的行为，比如舞蹈，但我们看不到它是如何影响大脑发展的。"自然选择是一个严格但不诚实的监工，通过把这些提升能力的任务变得令你满足，它诱惑你把自己的空闲时间投入这些活动中。"跳舞是有趣的，令人感觉良好，所以我们才会跳舞。当外部代价不是太高，而我们也不是很需要为了食物、性以及栖息地竞争的时候，这类活动才会发生。而这种情况最常出现在我们还是孩子的时候。

图比和科斯米德斯的结论是这个讨论中最重要的观点："这种投资的回报在生命周期的早期收益最大，此时个体的竞争机会较少，适应能力尚未完全发展，并且这种增加神经认知组织的投资可以让个体在未来长期获益。正因如此，我们期望孩子们在这个充满美学的世界里能培养必要的审美，即使

① 见弗朗索瓦·特吕弗（François Truffaut）导演的电影《野孩子》（*L'Enfant Sauvage*）。——编者注

他们对有趣和美的标准跟我们的有所不同。”值得一提的是，雄性黑猩猩在成熟之后，开始为了配偶和社会地位竞争时，就不那么喜欢画画了。此时外部成本太高了。

图比和科斯米德斯对“天性与教养”问题的回答应该可以结束争议了：人有编码特定适应能力的基因（天性），而为了激发它们的最大潜力，则需要一定的外界条件（教养）。“先天的想法（和动机）是不完整的……和一块白板相比，我们在进化中继承下来的东西非常丰富；但和一个充分自我实现的人相比，还差得远。”两人认为，艺术并不是蛋糕上的奶油，而是发酵粉。

两人提出了一个他们认为不是非常详尽的关于美的进化理论。“人类应该找到一些美的东西，因为即使没有实在的原因，在人类的进化环境里，持续注意美也是有利的。美包括了从异性成员到狩猎动物再到他人展现的复杂技能等所有这些事情。然而，美的事物的类别广泛而多样，且除了我们进化出的一种心理结构，通过美的事物对我们产生内在激励作用，来维持我们对美的持续注意以外，没有其他统一的标准。”他们不相信美是有一般惯例的，在不同事物中美有着不同的严格标准，比如性吸引力和风景。

他们举的例子是，许多自然现象都被认为是美的，比如繁星漫天、郊外美景、沙沙细雨、潺潺流水。当我们在温暖的夜晚坐在躺椅上，或是躺在营火旁凝望沙漠里的天空，或是一边躺在椅子上一边注视着枝繁叶茂的法国梧桐，聆听普罗旺斯地区艾克斯的广场上的喷泉汩汩，我们实际上经历的是注意力放松的快感（正性情绪反应）。但注意力为什么会放松呢？他们认为，这是由一种适应能力的组织模式产生的，它会为我们提供处理这些常见现象的先天程序。我们下意识地知道这些现象听起来或看起来应该是什么样的。它们就是符合审美的默认设置，被用来作为比较实际知觉的测试模板，与汩汩小溪和枝繁叶茂的绿树相符的场景就是符合审美的场景。当一个刺激与程序中默认的不一致时，我们就需要使用更多注意力。当鸟和青蛙停止鸣叫，当星星消失，当汩汩水声变成吼叫时，我们的注意力就会集中。

这些与我们会被虚构经历所吸引又有什么关系呢？图比和科斯米德斯认为，这种程序增加了建立适应能力的经历出现的机会：以天性条件为基础的教养环境。捉迷藏这样的假扮游戏有益于锻炼那些在嬉戏情境中比在实际使用中会获得更好发展的能力。在尚不需要为生存犯愁时就学习如何躲藏或逃避捕猎者，或是如何追踪并寻找食物，是可以增强生存能力的。如果你还记得的话，与脑容量相关的一项内容就是玩耍的数量。我们认为游戏是在现实中生活、减轻压力以及选择配偶的练习，但没有考虑想象。小时候，通过“狼来了”的虚构故事，我们可以记住那个孩子在故事里的经历，不再需要在现实生活中付出高昂代价学到教训。我们听过的虚构故事越多，对环境就越熟悉，而无须实际的经历。如果我们在生活中遇到同样的情况，就会有足够的背景信息去援引。“在那部电影里萨莉也遇到过同样的情况，她是怎么做的？哦，对……结果还不错，我应该试试。”有趣的是，全世界文学中的情境似乎都大同小异，且全是与进化问题相关的，比如保护自己免受捕猎者捕杀、父母的付出、与亲属和非亲属间的适当关系以及配偶选择。所有的虚构作品都与这些情境有关。

灵活使用信息

使我们可以使用这些虚构信息的核心能力是我们大脑中那个由莱斯利提出的能够区分虚构和现实的去耦机制。这个机制似乎只有人类才有。图比和科斯米德斯认为，人类与其他物种非常不一样的地方在于我们可以选择性地使用正确信息。我们可以把信息分类成总是对的、只有在周四才是对的、只有被相关人士告知时才是对的、冬天前完成才是对的、在说橘子树而不是李子树的时候才是对的、曾经是对的但现在是不对的、在山里是对的但在沙漠里是不对的、对狮子来说是对的但对瞪羚来说是不对的、当乔希在谈论萨拉而不是加比的时候才是对的，等等。我们选择性使用正确信息的能力是独一无二的。我们的大脑不仅储存了绝对真相，还有相对于不同时间、不同地点或是特定个体来说的真相。我们可以把这些信息拆分成不同部分，并将其与其他信息分开储存。我们可以融合并匹配来自不同时间、地点以及输入类型的信息，还可以基于信息来源进行推断。这使得我们可以将真相和虚拟分开，知道商店在夏季天天开门，但冬季不是每天都开。这让我们变得非常灵活，可以适应不同的环境。

约瑟夫·卡罗尔（Joseph Carroll）是密苏里大学的英语教授，对达尔文理论很感兴趣。他指出：

> 对于现代人类的思想，以及所有动物王国里的思想来说，这个世界并不是一系列严格定义的刺激，只释放一组有限且千篇一律的行为，而是一个巨大而复杂的认知和偶然性的阵列。人类思想可以在一个拥有无限变化的组合可能的阵列里自由组织它所知觉到的元素。而大部分的潜在组织形式，如同大多数主要变异一样，可能是致命的。自由是人类成功的密钥，也是灾难的邀请函。这就是威尔逊对艺术的适应性功能做出敏锐解答的灵感所在："人类遗传没有足够的时间去应对大量因为高智商而产生的新的可能……艺术得以填补这个鸿沟。"

所以艺术也许可以作为一种学习方式。正如汉弗莱所说，它帮助我们分类，提高我们的预测能力，帮助我们在不同情况下做出反应。所以，也如图比和科斯米德斯所说，艺术对生存是有利的。

大脑喜欢什么样的风景

人们所认为的美既不专断也不随机，而是通过百万年来人类感觉、知觉以及认知的进化发展得来的。有适应性价值（也就是有利于安全、生存以及繁衍）的感觉和知觉通常会被审美所偏好。有什么证据可以证明这一点呢？首先记住，人类的所有决定都是通过大脑中的接近或回避模块筛选的。它安全吗？做出这些决定是很迅速的。

你会回想起人们具有瞬时反应，它是通过被乔纳森·海特称为喜好仪表（like-o-meter）的系统做出的。打个比方，人们判断自己是否喜欢一个网页只需要0.5秒，而他们的喜好评价越强烈，这个判断就发生得越快。我们的喜好仪表反应会受到什么影响呢？视觉或听觉刺激里有哪些生理元素会使得一个人喜欢、不喜欢或是害怕它呢？

HUMAN ▸

认识人类

我们对视觉系统的了解比对其他系统的了解要多很多。每张图像里都有一些确定的元素可以被迅速抽取出来。对对称的偏好是跨文化存在的，而我也提到过动物也有这样的偏好。它在配偶选择中也很重要。对称与包括人类在内的许多物种的成功交配或性吸引力息息相关。不论是哪种性别，对称都意味着更好的基因以及更好的生理和心理健康。有对称特征的男性面孔吸引力更强，代谢率更低，可以吸引更多性伴侣，更早有性行为，并能获得更多配偶以外的性行为。而对女性来说，不对称意味着更高的健康风险，而对称意味着更高的生育能力和面孔吸引力。排卵期的女性会被有对称特征的男性的体味所吸引，而有对称特征的男性的肌肉更强壮，也更活跃。左右对称性更好的男女声音也比左右对称性差的男女声音更吸引同性和异性。无论男女，对称似乎都是一个体现潜在伴侣的基因质量和吸引力的重要指标。看来，对对称的偏好是扎根于生物学和性选择的。雷伯、施瓦茨和温克尔曼认为，我们并不是偏好对称本身，而是因为它所包含的信息量更少，更容易加工。

在评判人脸吸引力时，观察者看到的并不都是美。在一个文化中被认为有吸引力的脸在其他文化中也会被认为是有吸引力的。如果能揭露吸引力的生物学相关特质的话，这就说得通了。

6个月大的婴儿就已经开始喜欢看有吸引力（按照大人的喜好判断）的脸，这种效果不因种族、性别以及年龄而不同。它意味着人类存在一种判断吸引力的天生感觉。拥有更吸引人、更健康、更女性化的面孔的女性也拥有更高的雌激素水平，从而可以更好地繁殖。性选择为面孔吸引力提供了一个审美概念。

比起棱角分明的物体，人们更喜欢弯曲的物体。研究者们成功预测到，对于具有中性情绪的物品来说，以锐利和棱角为主要特征的物品没有那些有弯曲特征的物品受喜爱（比如一把有尖角轮廓的吉他比不上有弯曲轮廓的吉他）。这个预测的基本原理在于，轮廓中锐利的转角可能会在人的有意识或无意识层面带来威胁感，并激发一个负性偏差。又或者说，是因为大脑处理曲线更容易吗？

人类很容易对形状进行审美判断。理查德·拉托（Richard Latto）创造了"原始审美"这个概念，以此说明一个形状或外形符合审美是因为它更符合人类视觉系统的处理属性，从而更容易被有效加工。为了证明自己的观点，拉托调查了一种叫"倾斜效应"的现象。约瑟夫·贾斯特罗（Joseph Jastrow）在1892年首次发现了这种现象：比起倾斜的线，拥有正常视力的观察者更擅于知觉、分辨及操纵水平线和垂直线。拉托想，如果人们更擅长知觉水平线和垂直线，那么也会更喜欢它们吗？答案显然是肯定的：拉托发现，人类更喜欢由横线和纵线而不是倾斜角组成的图案。

人们识别与背景对比强烈的物体时速度更快，对比可以让辨识更加简单，对比强烈的物体更容易被加工。人们同样更喜欢对比度高的图片。这是因为人们加工它们更容易呢，还是因为对比本身呢？如果刺激被快速地呈现，人们会喜欢高对比度；但如果给他们更多时间去做决定的话，这种偏好就会减弱。雷伯、施瓦茨和温克尔曼发现，对比只有在刺激短时间呈现时才会影响审美。如果给人更多时间去加工图片的话，加工难度就不再是决策的因素之一了，所以物体的对比并不是导致更快决策的原因，加工流畅度才是。

HUMAN▶
认识
人类

人似乎还对自然风景有天生的喜好。在对比城市风景时，人们更喜欢那些有植被的景象。在医院里，比起只能看到墙的患者，可以看到树木的患者会感觉更好、痊愈更快、需要更少的止痛药物。有趣的是，我们喜爱的是一些特殊种类的地形。人们总是喜欢风景里面有水，但当没有水的时候，人们又会有其他偏好。当看到关于五种自然风景（热带雨林、温带落叶林、针叶林、草原以及沙漠）的一系列照片时，年轻的受试者（小学 3 年级和 5 年级）最偏爱草原，年长的受试者则对自己熟悉的景色与草原同等偏爱。人们在看到有树的景色时比看到静物时更开心，而比起圆形树冠和柱状树冠，人们更喜欢展开形树冠，跟非洲大草原上的那些树一样，即使是在以圆形树冠或柱状树冠树木为主的区域长大的人也有这样的喜好。

戈登·奥里恩斯（Gordon Orians）是华盛顿大学的生态学名誉教授，他提出了一个草原假设。他认为，人类对展开形树冠的审美反应可能是基于人类的先天知识，与丰饶的古老人类栖息地，也就是我们祖先的栖息地里树的形状有关。

大脑是被自然风景中的什么东西吸引了呢？是它的不规则吗？自然的景象可不是我们在几何课上学到的那些简单形状。树不是三角形，云也不是长方形。我们学习算出正方形、圆形、三角形的面积，以及立方体、圆柱体、球体的体积。这是欧几里得几何，自然则完全是另外一回事。我们没有学会去计算树枝的面积或是云的体积（真幸运），自然的形状更加复杂。

许多自然物体都有分形[①]几何，由越来越大的重复图形组成。山、云、海岸、河流和支流、枝繁叶茂的树木中都包含分形几何，正如人体的循环系统和肺一样。打个比方，我们可以看到叶片上的叶脉，叶片组成树叶，树枝上的树叶和树枝一起组成树木。如果我给你一张白纸，让你画一棵枝繁叶茂的树，你会怎么描绘出你所画的树的枝丫密度呢？这里涉及一个叫分形值的变量。白纸的分形值为 1，一张完全涂黑的纸的分形值为 2。你画出来的枝丫密度在这两者之间。当你给人看分形和非分形图案时，95% 的人会更喜欢分形图案。人类通常更喜欢分形值为 1.3 且复杂程度低的场景，而且在看这些场景时人们的压力反应水平更低。这也许解释了为什么医院里的患者在“有景色的房间”中恢复得更快。他们看向外面，看到了分形值为 1.3 的自然分形图案。这种对分形值为 1.3 的图案的偏好不仅适用于自然景色，也适用于艺术和摄影，且与性别和文化背景无关。

HUMAN ▸
认识人类

理查德·泰勒（Richard Taylor）是俄勒冈大学的一位物理学家，他想知道眼睛是否被审美“调频”至自然环境中围绕着我们的分形了。是视觉系统中的一些属性使我们更喜欢特定规格的分形吗？视觉系统是如何在复杂情景中区分它们的？泰勒知道眼睛的两个特点。第一，在打量一个情景时，眼睛会主要注视物体的边缘；第二，轮廓在知觉分形时是最重要的因素。根据这两个特点，他认为“调频”也许是通过剪影来完成的。他的研究小组发现，人们喜欢分形值为 1.3 的天际线。他认为

① 分形的自然（非数学的）定义是，一个融合了下列一些特性的几何图像或是自然物体：（A）它的部分有跟整体一样的形式或结构，只有比例不一样且可能有一些变形；（B）它的形式非常不规则或是呈碎片状，且不论大小如何一直如此；（C）它包含一些“明显的元素”，其大小差别很大，且覆盖了很大一个范围。

这可能不仅是因为人们喜欢自然情景，也因为人们喜欢所有有正确分形值的情景。杰勒德·曼利·霍普金斯所说的“被差异所调节的相似性”实际上有一个特定的分形值。如果真的是这样，那么按照这个分形值来设计建筑和物品，可以让它们愉悦人类的心理，从而建造出给人压力更小的城市景观。

有许多证据表明，人的喜好和内脏反应是被一些与生俱来的程序所影响的。但我们都知道，一些审美偏好会随着年龄增长或是在学习某种形式的艺术后产生变化。我以前不喜欢歌剧，但现在喜欢了；以前不喜欢亚洲艺术，但现在喜欢了；以前不喜欢安迪·沃霍尔（Andy Warhol），现在还是不喜欢；曾经喜欢某一时期的家具，现在不喜欢了。偏好会随时间而变化，但是什么改变了它们呢？

雷伯和他的同事们提出的流畅度理论认为，上述各种偏好是大脑可以快速加工的东西，而当我们能迅速加工某些东西时，大脑就会获得一个正性反应。我们加工分形值为 1.3 的分形速度很快，所以大脑会获得正性反应。雷伯及其同事测量了这个现象。正性情绪反应会增加脸上颧大肌（也叫微笑肌）的活动，这种反应可以通过肌电来测量。当我们看到大脑能以高流畅度加工的东西时，这些地方的肌肉会在做出关于该物的判断之前就变得更活跃。我们马上要做的判断会因此获得一个小小的正性启动。研究者发现，这种正性情绪反应会影响审美：“对，这很好，我喜欢。”所以，审美的基础不仅是流畅度，还有与流畅度相结合的、能在某物被快速加工时让人有所感受的正性反应。这意味着我们喜欢的是加工过程，而不是刺激。柏拉图错了，美并不是独立于观察者的。流畅度理论还解释了为什么在你加工一项东西之前，如果有人告诉你“你不会喜欢它的”，负性偏差会淹没那种你在独自感受时原本可能感受到的正性情绪。

我们喜欢熟悉的东西。我们都有过在第一次看到或听到时不喜欢某样东西，但过一阵子又喜欢它了的这种经历。我们通过增加与该事物的接触来增加加工流畅度。喜欢熟悉的事物、对新事物保持谨慎，显然是适应性的。暴露在不熟悉的环境中时，我们的记忆、学习以及文化会开始起作用。它们会提供有关这个物品的信息，或是产生新的神经连接来适应新的信息，或是加快对新异刺激的加工速度。这是除了知觉以外的另一种流畅度——概念流畅度，也就是刺激的意义。有时，更复杂的刺激对表达含义是必要的，这就是唐纳德·诺曼所认为的在意义和实质上更有深度的美——反思美。

HUMAN ▶
认识人类

当观察到符合审美的景象时，大脑的内部活动是怎样的呢？伦敦大学学院的川端英明（Hideaki Kawabata）和泽米尔·泽基（Semir Zeki）招募了一些没有接受过特殊艺术教育的大学生，让他们看 300 幅不同的画作，然后从 1 到 10 打分，评价这些画作是丑、中性还是美。不同的受试者选择了不同的画作，有些画作被一些人归类为美，被另一些人归类为丑。几天以后，每个学生都在观看这些他们所评定出的最美、最丑以及中性的图片时接受了功能性磁共振成像扫描。通过让学生自己决定美丑分组，川端和泽基得以在知道受试者是否认为画作符合自己的审美的情况下进行扫描研究。

他们推测，因为美丑是一种评定标准里的两个极端，所以大脑中应该不是有两个不同的区域负责做出这两种判断，而可能是同一区域的激活程度不同。他们发现，当受试者在看画作时，眶额皮层（也就是与知觉奖赏刺激有关的脑区）会被激活，且在看到美的画作时被激活得更强。运动皮层同样也会被激活，且在看到丑的画作时被激活得更强，跟看到其他令人厌恶的刺激（如违背社会常理）、令人恐惧的刺激（如可怕的声音和面孔）以及愤怒时一样。如果你还记得，我们天生就能最好最快地回避那些被情绪分类为讨厌或负性的危险。

然而，在川端和泽基的实验里，审美判断早就已经做出了。他们所看到的似乎更有可能是在审美判断之后激活的脑区。卡米洛·塞拉-孔德和他的研究小组想知道前额叶皮层——进化上最先进的人类大脑脑区的一部分是否会在实际审美中被激活。他们好奇的是，3.5 万年前艺术的大量出现是否与前额叶皮层中产生的变化有关。他们设计的实验与川端和泽基设计的不一样。他们让一些人看不同风格的艺术画作以及自然和城市的地理风貌照片，同时扫描他们的大脑。如果受试者觉得图片美，就抬起手指。在这种实验设置中，受试者也在做审美判断，但在判断的同时接受了扫描。

通过观察在一段时间里哪些脑区被使用过，塞拉-孔德和他的同事们得以追踪来自视觉系统的输入去了哪儿。很酷吧？他们确认了前人对视觉系统的发现，即形状加工是分为不同阶段的，而且视觉系统以外的前额叶皮层也被激活了。背外侧前额叶皮层对于监测工作记忆里的事件很重要，而扣带回则会在决策中被激活。在这个实验中，扣带回在做出美或不美的判断时会被激活，而背外侧前额叶皮层则只在做出这个东西“美”的判断时才会被激活。他们还发现，当某物被评定为美的时候，左脑要更为活跃一些。这种前额叶皮层在决定某物为美时的激活支持了这个假设：前额叶皮层的变化使解剖学意义上的现代智人创造丰富的艺术成为可能，同时也影响了尼安德特人有限的艺术产量。

他们还认为，因为左脑在审美中被激活得更强，所以大脑半球偏侧化在审美中也许也起到了一定的作用。

看起来，当某些东西被认为美的时候，我们不仅仅会有一个情绪反应。大脑的其他部分也会启动，那些部分在我们这儿进化得比其他物种更先进。我们应该为我们的狗没有审美意识感到高兴，如果它们会被美所影响，可能就不会有无条件的爱了。我们也许需要脱下沾满油漆的牛仔裤、做个发型或者给它们的尾巴化个妆，可能还需要瘦个身。

我们都是音乐家

哈佛大学的马克·豪泽和麻省理工学院的乔希·麦克德莫特（Josh McDermott）与许多人一样，将音乐归类为人类独有的一种能力。只有人类会作曲、学习演奏乐器，然后以合奏、组成乐队以及管弦乐团的形式合作（通常来说）演奏它们。没有任何一只大猿能创作音乐或唱歌。真糟糕，不然《泰山王子》（*Greystoke:the Legend of Tarzan*）还能是部音乐剧。这意味着我们共同的祖先不会唱歌。

那么鸟叫呢？它们听起来肯定像音乐。豪泽和麦克德莫特称，鸟鸣声是另外一回事。鸟只在特定情境下才会鸣叫：寻求配偶和防卫领地。歌唱主要是由雄性完成的，其唯一的功能是交流。鲸鱼也是一样，它们的“歌声”不是为了纯粹的享受。显然，鸟不会在洗澡的时候独自歌唱，鸟也不会改变它们歌唱的乐谱或是音符，鸟的世界里没有电话线路中的鸟叫四重奏。你看到一只峡谷鹪鹩，听到它降调的鸣叫，峡谷鹪鹩是不会马上把自己的鸣叫从 C 大调改成降 A 小调并在结尾加上点儿伦巴鼓点的。

鸣禽的变化则更多一些。有些鸣禽物种可以模仿并学习其他物种的叫声，并拼接不同叫声，虽然它们还是更喜欢自己所属物种的叫声。然而，不同种类的鸟有着各种不同的局限，没有一种鸟在其生命中的所有时间里都能以相同的学习能力学到新的鸣声。在一些敏感的时间段里，它们能更好地去学习鸣叫。

然而有趣的是，正如鸟类的听觉系统是有限制的，它们何时唱、唱什么、何时学、如何学、如何记忆鸣叫都是有限制的，我们的听觉系统、我们喜欢的音乐、我们何时以及如何学习并记忆音乐也是有限制的，而且有些限制可能是我们与其他动物共有的。关于这些限制的比较研究才刚刚开始。

然而，我们的大脑中有些独特的东西加速了我们在音乐上的成就。我们创作、演奏并聆听新的音乐，并不是为了吸引女孩儿，付账单，或是给朋友一个好印象。我们会在独自一人的时候，仅仅是为了享受音乐就拿起小提琴奏上一曲。每个学过乐器的人都知道，创作和演奏音乐需要用到我们所有的认知能力，这不是一件简单的事。知觉、学习和记忆、注意、运动、情绪、抽象概念以及心理理论全都在这个行为中得以体现。音乐是另一个人类文明通用的东西。在现今和过去的所有文化中，音乐总是以某种形式存在着。人们喜欢摆动身体。当今发现的世界上最古老的乐器也许当属一支骨笛的碎片，它可能是用如今已经灭绝的欧洲熊的股骨做成的。1995 年，古生物学家伊万・特克（Ivan Turk）在斯洛文尼亚的一处名为迪维宝贝（Divje Babe）的尼安德特古坟中挖掘出了这一碎片。它被鉴定为大约被制作于 50 000 年前，是否是一支笛子仍有争议。很可能的是，比这更早期的时候还有用未能留存下来的材料做成的鼓。而对于认为八度音阶是近代西方音乐成果的人来说，在中国贾湖发现的距今 9 000 年的仍能演奏的骨笛，应当能够有力地反驳他们。这些笛子听起来是有音阶的，其中之一正是八度音阶。

音乐是最早的语言吗

音乐适应理论对音乐的解释跟我们刚才提到的对视觉艺术的解释差不多。几年前，史蒂芬・平克做了一件只有他才做得出的事情：他怀疑音乐可能是没有适应作用的听觉芝士蛋糕，是其他功能的副产品，结果激怒了许多人。芝士蛋糕？许多人不同意他的结论，认为音乐是有适应性功能的。性选择理论的倡导者杰弗里・米勒认为，音乐正如其他艺术一样，可能可以在性选择中吸引配偶（可以称为米克・贾格尔的适应性效应）并彰显配偶质量。又或者，音乐可能是一个跟语言一样的社会连接系统，可以将群组成员的心境同步化，为共同行动做好准备，从而将联盟和群组联合起来。但如果真的是这样，为什么会有人在独自一人时演奏音乐呢？对于这一主题的研究仍处于婴儿期，没有能被广泛接受的概念。

这一次，达尔文同样有话要说。他认为音乐最初可能是具有适应性功能的一种交流形式，一种原始语言，随后被语言所取代。如果这是真的，那么音乐就是以往适应性功能的“化石”了。特库姆塞·菲奇（Tecumseh Fitch）是英国圣安德鲁斯大学的语言学家，他沿用达尔文的逻辑，提出音乐应该被归入曾经的适应性功能中的一个小分类里。这个分类里的元素位于以生物学为基础的认知领域，如今的功能与最初的功能不再一致，但也不是完全不一样。

言语、音乐和灵长类动物的发声有许多一致的特征，比如音高、音色、节奏以及音量和频率的变化。即使我们没有经过音乐训练，也能很好地分辨出这些特征。你也许会认为你对音乐的这些特征一无所知，但如果让你唱一首最喜欢的歌，你也能唱得很不错。前摇滚乐制作人丹·列维京（Dan Levitin）教授是加拿大麦吉尔大学的一位神经科学家，他要求学生们唱自己最喜欢的歌，而学生们很容易就还原了歌曲的音高和节拍。你能够分辨出用钢琴和小提琴演奏同一个音符时的区别，这意味着你可以认出音符的音色。事实上，你在还是婴儿的时候就已经知道这些了。

HUMAN ▸
认识人类

桑德拉·特雷胡布（Sandra Trehub）在多伦多大学研究音乐在婴儿中的发展起源。根据她对研究的总结，6 个月以上的婴儿拥有相对音高：即使一段旋律是用另一个音调演奏出来的，婴儿们也可以识别出这是同一段旋律。而其他哺乳动物唯一一次表现出相对音高是在一项只有两只恒河猴作为受试者的实验里。这两只猴子没有婴儿厉害：它们和人类婴儿一样能够识别用八度音阶弹奏出的旋律，但如果用不同音调或无调音阶演奏的话，它们就识别不了了。婴儿们还能识别用不同节拍演奏出的旋律，事实上他们对分辨快慢很在行。他们可以区分音阶里的半音程、音色、节拍、韵律、音符组合以及音符长度的变化。在两个月大的时候他们就能区分协调和不协调的音乐，并且更喜欢协调、和谐的音乐。[①]这些能力似乎与文化无关，但是这一点很难证明。从来没有听过任何形式的音乐的婴儿很少见，就连胎儿也会在听到音乐时出现心跳变化的反应。

音乐是一个很难研究的主题，因为我之前提到的那些因素——音高、音色、韵律、节奏、协调、旋律、响度以及节拍，这些都太过复杂。这些因素是音乐的语法，同时也是言语的语法的一部分。

你有没有试过说外语呢？在一个雨天里，我曾经试图在意大利跟一个巴士司机闲聊。我简短地问道："Dov'e il sole?"（太阳在哪里？）他疑惑地看着我。我想：我知道这些词肯定说得没错，他装作没听懂肯定是故意跟我作对。但紧接着我又想到有些人用外语节奏跟我说英语的时候，我也没办法听懂他在说什么。我说的词确实没错，但重音可能放在了错误的音节上，或者重读了句子里不该重读的词，再或者词语组合的方式不对。我意识到自己重读了 sole 的第二个音节，而不是第一个音节，听起来好像是在说法语词 soleil。如果想说"周日是个出海的好日子"，却说成了"周，日是个出，海的好日，子"，你的同伴也会满头雾水的。

韵律（prosody）是语言的音乐线索：旋律、节拍、节奏以及音色。韵律可以为词和短语描绘出边界。有一些语言非常旋律化，比如意大利语。而如中文一类的语言则更加音调化，也就是说同一个词的不同音高就可以代表不同的意思。有一些研究者认为，至少在人类童年时期，大脑是把语言当作一种特殊的音乐来对待的。

我们知道音乐是可以表达情绪的，正如动物的叫声一样。然而除了情绪

---

① 研究者认为，婴儿在更早的时候就有这些偏好了，但目前对此还无法测量。

之外，音乐还可以表达其他意思。它可以提示你的大脑去识别文字。

有一种方法可以用脑电图测量大脑如何识别单词的语义有多相似。正如当一个人看到一个句子“天空是蓝的”之后，会认为“颜色”这个词比“公告牌”在语义上与之关系更紧密，一段特定的音乐也可以提示你，使你在识别一些特定词语时认为它们的语义比起其他词语而言与音乐更接近。打个比方，在听过像是一声惊雷的旋律后，你会觉得词语“雷声”比起“铅笔”来说更接近这个声音。事实上，当作曲者自己说出想表达的词（比如缝合）时，这些词往往也是听众认为与其音乐相关的词。许多音乐是全人类通用来表达特定意思的。

跟语言一样，音乐也有短语结构和循环结构。通过把不同的音符和音节进行组合，你可以创作出无限多个音乐片段。正如人类能很容易地将短语组合成无限多个有意义的句子一样，我们也能构建并加工多个音乐短句。人类似乎是唯一可以构建并加工言语和音乐短句的物种。

HUMAN ▸
认识人类

音乐和语言还会激活一些同样的神经脑区。丹·列维京和斯坦福大学的维诺德·梅农（Vinod Menon）发现，前额叶区域的两个部分[①]与加工语言紧密相关，同时也会在听没有伴奏的古典音乐时被激活。他们推测，这个脑区用于加工随时间变化的刺激，不光是字词，还有音符。其他研究者发现，如果听到一个“不对”的和弦，也就是大脑没有预期会听到的东西，右侧前额叶皮层的一个区域[②]会被激活，同时激活的还有左侧的相应脑区，也就是可能负责语言网络的脑区[③]。左脑的这个

① 左侧额下回框部（布罗德曼 47 区）及其在右脑的对应部分。

② 布罗德曼 44 区，位于外侧皮层下部。

③ 布罗卡区和后颞区。

对应脑区还会在你听到一个错误的短语结构时被激活，比如“狗遛公园他”。这个脑区似乎对违反预期的结构很敏感，且在左脑中，加工音乐和语言所激活的脑区有重叠。

听音乐带来好心情

正如我们喜欢听好故事或是看满天繁星一样，我们演奏音乐是因为我们喜欢听。我们喜欢听什么呢？我之前提到过，我们喜欢协调的音乐。而且，虽然我这么说可能会吓到你，但音乐还涉及另一个分形。尺度噪声（scaling noise）是一种音质不会被其播放速度所影响的声音。白噪声就是最简单的例子，它不论以任何速度播放都是没有变化的。它位于尺度噪声音谱的一个极端，由完全随机的频率所组成。另一个极端则是完全可以预测的噪声，比如水龙头漏水。在音谱的中间是被称作 1/f 谱的噪声，一半随机一半可被预测。自然声音的响度和音高变化，如流水、雨、风，通常属于 1/f 谱。也就是说，在自然中，大量、迅速的音高和响度变化比温和、平缓的波动更加少见。很多音乐也属于 1/f 谱，而且，比起音高和响度更快或更慢变化的旋律，人类听众报告说更喜欢属于 1/f 谱的旋律。许多听觉皮层的神经元都是与自然声音环境的动态属性相对应的，这也解释了为什么人类对自然振幅刺激的加工明显好于其他刺激。这又回到了那个加工理论的老调重弹：加工越容易，我们越喜欢。有趣的是，我们的听觉系统和视觉系统都存在这种对自然风景和声音的先天偏好。同样有趣的是，词典上对“艺术”的一种解释正是“人类模仿自然的努力”。

所以我们才会听音乐，这让我们心情不错，至少石器时代的人是这么觉得的。但有些时候音乐会让我们难过。电影《大白鲨》里的那些音乐呢？那会让我们紧张。音乐可以引发情绪，事实上，音乐引发的情绪能强烈到让你产生生理反应，比如脊背发凉以及心跳变化。但更有趣的是，你可以通过注射纳洛酮来阻止这些反应，这种药物会阻塞身体中鸦片剂受体的连接。身体会在我们听到喜欢的音乐时产生一种自然的过瘾感觉。纳洛酮正是治疗因海洛因过量而被送去急诊室的患者的药物，它也会阻碍你身体中自然产生的鸦片剂与受体的结合。研究者在音乐家听让他们感觉很“爽”的音乐时扫描其大脑，从而发现了大脑中所发生的事情的第一个线索。能够引起欢愉的活动，比如进食（脂肪和糖分）、性，再到所谓的毒品等，这些活动所激活的大脑结构[①]在听音乐时也被激活了。

梅农和列维京在非音乐家人群里开展了更细致的扫描，发现下丘脑（调节心跳、呼吸以及“爽”的脑区）这个对奖赏加工很重要的神经脑区也被激活了。他们还发现，多巴胺分泌和对令人愉悦的音乐的反应之间存在相关性，这是一个重大发现。已知多巴胺是用来调节鸦片剂类物质的传输的，增加多巴胺分泌理论上可以正性地影响情绪。多巴胺分泌在人们喝水和进食时也是一种奖赏，同时还可以强化服用成瘾药物的行为。那么音乐是否也是一种与生存相关的刺激，所以也会获得奖赏呢？还是说它只是听觉的芝士蛋糕，跟毒品一样？这个问题尚未获得解答，但有一件事是毋庸置疑的：音乐确实跟一些视觉刺激一样，可以正性地影响情绪。

不论是通过听觉、视觉，还是任何其他感觉体验，增加正性情绪都是一件好事。在好心情中，人们在许多不同场景中对认知灵活性和创造性问题的解决能力都会增强。好心情还能增强言语灵活性。有正性情绪的人可以通过找到物体、人或社会群组之间的更多相似之处来扩大分类组，使得社会性上的组外群组被归类到一个更大的共同组内群组中来：“好吧，我知道他是湖人篮球队的粉丝，但至少他喜欢鱼啊！”这可以减少冲突。正性情绪会让任务变得更加丰富有趣，而有趣的任务会使工作变得值得去做，并使人们在问题解决中寻求更好的结果。一个好的心情会鼓励你去安全地探寻各种变化，让你在约会的时候更独出心裁，它会把你变成一个更讨喜且更灵活的人。这显然是有潜在的适应性的。

① 这些脑区包括腹侧纹状体、中脑、杏仁核、框额皮层以及腹内侧前额叶皮层。

音乐会影响我们的思考能力吗

空间能力可以用来创造、思考、记忆和改变一个人脑中的视觉图像。打个比方，通过空间能力，人们可以看着一张二维地图，将其信息想象为三维，从而在城市里找到该走的路。一些年前，有人说听某些古典音乐可以增强空间能力。这个效应被称为莫扎特效应。然而，这一效应难以得到证实。后续研究发现，不是听古典音乐或是莫扎特让你变得聪明，而是听你喜欢的音乐会让你的心情更好。当你心情好的时候，你的唤醒水平提高，这可以增强你在许多认知能力测试中的表现。唤醒刺激不仅限于音乐，一个人可以通过其他自己喜欢的刺激被唤醒，比如舔手指上的巧克力酱，或是喝咖啡。

HUMAN ▸ 认识人类

听音乐和上音乐课对人脑的作用是两回事。多伦多大学的格伦·舍伦贝格（Glenn Schellenberg）随机分配一组 6 岁儿童接受电子键盘、声乐、戏剧课程，或是不接受任何课程，结果发现，智商与童年时期上音乐课有很小但很持久的正相关（他还无意中发现，戏剧课会增强社会行为，但不能提高智商）。这种增强不会被家庭收入或父母教育影响，同时其他课外活动并没有这种效果。学习音乐会让你变得聪明点儿。可想而知，这些发现激发了很多有趣的研究方向。在一个领域的训练可以被迁移到其他领域的证据是很难找的。

迁移效应是指将在一个情境中获得的知识迁移应用到另一个相似的情境（近迁移）或是不同的情境（远迁移）中的能力。在一篇有关迁移效应的详尽综述中，史蒂夫·切奇（Steve Ceci）和他的同事们在前人几十年的研究中都没能找到远迁移现象的证据。虽然如此，但人们还是广泛相信远迁移是存在的，这种想法植根于西方的教育理念之中。

舍伦贝格指出，正式教育的目标不仅是培养阅读、写作以及算数的能力，还要发展推理和批判性思维的能力。他那些表明音乐课可以增加智商的数据是远迁移存在的稀有范例，且有可能是导致这个现象存在的原因之一。我们是否应该把乐队和音乐课放回学校课程里，而不是为了削减预算而删掉它们呢？音乐训练会对大脑产生什么影响呢？我们知道一些现象，但并不明确地知道为什么它可以提高一个人的智商。

音乐家会在同一时间运用很多技能，他们会边看乐谱上的音符，边把它们翻译成时间线上的一种特定的肌肉运动活动。这要涉及双手，有些时候还有腿、脚、嘴和肺。音乐家会用声调和节奏来表达情绪，他们可以把音乐转换成不同音调，还可以即兴创作旋律与和声，这项技能要大量使用记忆。音乐家还经常边唱边演奏。他们的特定脑区要比非音乐家更大一些。我们尚不知道这是学习演奏乐器的结果，还是因为选择学习乐器的孩子的神经最初就与其他人不一样。但是，有许多证据表明，是学习演奏导致了这些变化。

早期就开始音乐训练的人的特定脑区大小会有更大的差异。打个比方说，小提琴演奏者控制左手手指的脑区会更大，而控制不怎么使用的大拇指的脑区则要小一些，并且从小开始学习的小提琴家的脑区的整体增加要更大。在人的一生中，音乐训练的强度与对应脑区的大小呈正相关。专业音乐人（电子键盘手）在运动、听觉以及视觉 - 空间脑区的灰质比业余音乐人和非音乐人要更多一些。这些研究和其他一些相似的研究表明，音乐训练可以增加特定神经结构的大小。

还有人认为，除了提高智商以外，音乐训练还可以增强言语记忆（更好地记住一个笑话）、运动能力（跳舞跳得更好）、视觉 - 空间能力（变戏法会更厉害）、复制几何轮廓的能力，还可能增强数学能力。

海伦 · 内维尔在俄勒冈大学的研究小组正在研究那个古老的“先有鸡还是先有蛋”的问题：是音乐导致了认知提升，还是有很强认知技能的人更可能努力去学音乐呢？学习音乐需要专注、抽象思维和关系思维，以及大脑中被称为执行控制能力的功能。是学习音乐的孩子已经具备了这些能力，还是说他们是在学习音乐的过程中发展出这些能力的呢？

HUMAN▶ 认识人类

内维尔和她的同事测试了几组来自“启智计划”（Head Start Program）的 3～5 岁的孩子。初期发现表明，来自音乐或艺术组的孩子在语言和文学技能上的提高要显著大于那些来自普通教育组的孩子。接受音乐或艺术训练的孩子在注意、视觉－空间技能以及数学能力方面的收获也很显著，在参与注意训练治疗的孩子中也有类似的发现。如果这些结果没问题，那么就表明，音乐和艺术训练确实会提高语言、注意力、视觉－空间以及数学能力。

增强注意力也很重要。注意力的一个方面是执行注意，它与认知和情绪的自我调节（比如集中注意力和控制冲动）的机制有关。在恐慌情境下，能够控制情绪冲动足以救人一命。这个功能运作得好坏与否有一部分是由基因决定的，但俄勒冈大学的迈克尔·波斯纳（Michael Posner）和同事们想知道，家庭和学校环境是否也会对此有影响，正如它们会影响其他认知网络一样。

这个研究小组发现，参与注意训练任务的 4～6 岁孩子的情绪控制能力会得到提高。这种提高与在发展过程中所获得的提高是等价的。研究者认为，未成熟的系统可以被训练为能够成熟运作的系统，且注意训练的效果可以被拓展到更多的一般技能中，比如在智力测验中所测量的那些技能。①

① 主动控制（effortful control）是一种高度遗传的属性，与 DAT1 基因相关。DAT1 有一个长版本和一个短版本。在这个研究中，研究者还发现有两份长版本 DAT1 基因的孩子表现出更多的主动控制，能更好地解决冲突，且更内向。而既有长版本也有短版本 DAT1 基因的孩子通过训练能够使注意力获得更大的提升，这表明训练可能是有益的。

HUMAN▶
认识人类

波士顿的一个研究小组正在就大脑大小的“先有鸡还是先有蛋”问题进行一项长期实验。选择参加音乐训练（钢琴或弦乐器）的孩子与控制组里选择不参加音乐课的孩子相比，是否存在神经差异呢？研究者们还测试了音乐学生是否天生就有更好的视觉－空间、言语或运动技能。他们的第三个目标是了解在训练之前所测量出的音乐知觉是否与音乐训练所导致的认知、运动或神经变化有关。最初的脑成像显示，孩子们在接受音乐训练之前没有差异。经过 14 个月的学习，5 ～ 7 岁孩子的初步结果表明，乐器训练具有改变认知和大脑的效应。目前为止，这些效应还很小，且只发生在控制精细运动技能和旋律分辨的脑区之中。

密歇根大学的约翰·乔奈德（John Jonides）一直在测试音乐家们的记忆力是否更好。事实似乎确实如此。音乐家们确实在视觉和言语测试中表现出了更好的长时以及短时记忆力。目前，研究者正在研究音乐训练、音乐技能以及记忆之间是否有密切的联系。

多年来，许多人都认为音乐家有更好的数学能力。我敢打赌，如果你在街上问人们演奏音乐可以给人带来什么认知优势，这肯定是很普遍的回答。然而，关于这方面研究的证据很粗略。伊丽莎白·史培克（Elizabeth Spelke）正在测试不同年龄组中受试者的数学能力和音乐训练的关系。她的研究中有四个不同的年龄组：5 ～ 10 岁、8 ～ 13 岁、13 ～ 18 岁、成年人。8 ～ 13 岁年龄组的初步结果显示，接受音乐训练的孩子表现出显著的几何表征优势。其他年龄组的结果尚未得出。

HUMAN ▸

图比和科斯米德斯认为，孩子们应该被浸泡在符合审美的环境中，这个观点看来是对的。但孩子不是唯一的获益者。你坐在山地牧场上，沿着塞纳河欣赏阿尔卑斯山的美景，观看波纳尔的画作或你最新的手工艺品，倾听贝多芬或尼尔·杨的乐曲，观看《天鹅湖》或教你的孩子跳探戈，阅读狄更斯的小说或讲你自己的奇闻轶事，艺术总能使你的脸上绽放出微笑。我们微笑也许是因为我们自大的大脑在为自己感到高兴，因为它流畅地加工了一个刺激，但你无须这样告诉艺术家。正性情绪对个体和社会的好处表明，如果这个世界是美的，那么它就会更令人愉快。我觉得法国人很早就弄明白这件事儿了。

艺术创作对动物世界而言是一件新鲜事。现在，我们知道这件只有人类能够做的事情是基于人类的生物学基础的。人类与其他动物有一些共同的知觉加工能力，所以可能甚至有一些与它们一致的审美偏好。但人类大脑里还有独有的东西——一些可以让我们进入假装状态的能力。如艾伦·莱斯利所说，一些神经连接的变化使我们可以分辨现实和虚构；而如图比和科斯米德斯所说，这使我们可以有选择地使用正确信息。这一人类独有的能力使我们可以非常灵活地适应不同环境，打破了其他动物需要严格服从的行为模式。人类的想象能力让几千年前的一个人看向法国某洞穴里的一堵墙，并决定用壁画来装饰它；让一个人去讲尤利西斯的史诗；让一个人看着一堆大理石，发现了被困在里面的大卫[①]；让一个人看着海湾前的地产，想象在这里建造悉尼歌剧院。我们还不知道是什么导致了这些神经连接发生变化。这是因为一些微小的基因突变导致的前额叶皮层变化吗，还是说这是一个渐变的过程？没有人知道。是不是因为我们将要在第 8 章中讲到的大脑功能偏侧化优势的增加导致了这一切呢？也许吧。

① 此处指米开朗琪罗的石雕作品大卫。——译者注

07

我们都是二元论者

> 我们无法理解大脑最深层的加工过程，也就是那些被假定与意识有关的过程。它们远远超越了我们的理解能力，以至于我认识的任何人都无法想象它们的性质。
>
> 罗杰·斯佩里
> Roger Sperry
>
> 引自丹尼斯·布赖恩（Denis Brian）的
> 《天才说：与诺贝尔奖科学家和其他杰出人才的对话》

在个人征婚广告中，当人们描述自己或自己想要找的人时，可能会有一个简明的关于身体外貌的描述，比如“棕眼棕发，又高又瘦，身材健美”，但随后会有“幽默、机灵、聪明，并且令人愉快的男性寻求诙谐、有魅力、聪明、慷慨、会照顾人的女性”之类的描述。这种描述一点儿也不奇怪。如果不提任何一方的性格或品质，接下来还是如下有关生理方面的描述，那才奇怪呢：“我的灰质比一般人多 5%，左颞平面比大多数人要大。我花费了多年时间来增加我的双脑连合，有一次磁共振成像扫描把放射治疗师都吓到了。我在寻找一位小脑和海马很大、杏仁核连接良好的人。如果你有任何前额叶损伤的话，请不要回复。”

虽然专家们也许可以猜到这样的大脑会对人的品质有什么影响，但这并不是我们评判他人的方式。如果你在跟一个朋友谈论自己的儿子，是不会从他的外貌描述开始的。你也许会说他是一个多么好的孩子，他的兴趣是什么，他喜欢学习还是运动。当然，你可能还会拿出他的照片，但没有照片这段对话也能进行。你在谈论的是让他成为“他”的东西。如果你只是说：“来，看看，他的头发是金色的，现在身高大概 150 厘米，而且他还很容易被晒伤。”这基本上除了说明他需要防晒以外就没有其他了，而且你还会收到异样的目光。

一个人似乎有两个部分：身体的部分（包括大脑在内的躯体），以及另一个使你成为你、我成为我的部分——本质。有些人说这是灵魂或心灵，也有人称之为思想。这两个部分一起组成了经典的思想—身体二人组。几千年来，哲学家们一直在探讨并争论思想和身体到底是同一个存在还是彼此分开的，其中笛卡尔就是坚持后者的领袖人物。二元论指的是认为人们不仅有身体的观点。这个观点来得十分自然，我们甚至会认为其他动物也是如此，特别是我们的宠物以及任何我们觉得可爱的动物。

但我们并不打算在此讨论思想和身体究竟是不是分开的。我们要讨论的是为什么大多数人认为它们是分开的，以及为什么不相信它们是分开的人的行为举止也跟认为它们是分开的人一样。我们为什么会认为一个人不仅有身体而已呢？也许用清醒而学术的方式去思考的话，你会知道自己不过是一堆原子及其产生的化学反应，但在日常生活里，这不是你与别人交流的方式。如果在高速路上有人超了你的车，你不会想：“天哪，我前面的那堆细胞里有好大一团儿茶酚胺[①]在流动！”你会这样想：“他有什么重要的事非要超我的车？这人真讨厌！”如果你站在大峡谷的边上向下看去，身体里产生了

---

① 指人体内的去甲肾上腺素、肾上腺素和多巴胺，可让人进入应激状态。——译者注

一堆儿茶酚胺，你不会说："哇，我的心在颤动，这真是很好的儿茶酚胺浪潮啊！"不，这种化学变化会产生一种感觉，而你的大脑会根据情况来解释它。在解释过程中，大脑会计算所有的输入信息，然后解释感觉并给出结论：站在这个崖边让我感到紧张。

在人类生命的不同情境中都会发生什么呢？不知为何，我们能够反射性地将未加工的信息输入（比如我们的所见、所闻和所感）转换成另一层面的组织结构。用物理学术语来说，这就好比是形态变化，从固体到液体再到气体。每个形态都有自身的规则、参照物以及现实状态。大脑的工作也一样。不论你是否想要，大脑都会产生心理状态。我们的转换器会处理信息输入并将其送到新的组织里。我们在本章和下一章的任务就是试图去理解这个让我们成为二元论者的转换器系统的功能。

当然，我们立刻就会想知道：我们是唯一的二元论动物吗？你的猫是二元论者吗？你的猫会觉得你不仅是喂它的人吗？它是否会将它所见、闻、听、舔、抓、咬的你和那个灵魂的你区分开来呢？

我们将会看看人类大脑是如何建立信念的，以及为什么人类如此容易相信自己的思想与身体是分离的。大脑用于建立信念的系统，以及大脑如何建立思想和身体是分离的这个信念，这两者是理解是什么让人类独一无二的重中之重。

正如我们研究过的其他系统一样，信念的形成有两种不同的系统。神经心理学家贾斯廷·巴雷特（Justin Barrett）把这两个系统分别称为反思性的和非反思性的。非反思性的信念快速且自动。听起来很熟悉吧？这些是你甚至都不会归类为信念的一些平常想法。你正坐在厨房的桌子边吃早餐，睡眼惺忪，把餐刀掉到了地板上。你认为刀会感到疼痛吗？刀会不会同样容易掉到天花板上或是穿透地板掉到房子下面去呢？地板会流血吗？在你捡起刀、洗干净，然后把它放进抽屉以后，你认为它会与其他刀具交配吗？几天以后抽屉里的刀具会不会翻倍？不，你不会这样认为的，你甚至想都不想就能回答我，虽然你从未思考过这些问题。

不戴眼镜吃早饭的时候，你看向窗外，看到一个大约垒球大小的东西从天空中降落到树枝上，发出一些吱吱呀呀的噪声。你认为那东西可以呼吸吗？你认为它会饿吗？你认为它会交配吗？你认为它有一天会死吗？你当然会这样认为，你的大脑把这两种东西分进了两个不同的种类：一种是“死物”，而另一种是“活物”。然后你的大脑会自动推断属于每个种类的一整串属性，首先就是“死物”或“活物”。这大大简化了我们的生活。

你不会想要在每次遇到没见过的东西时都需要有意识地对照整个属性清单来学习它们，那样你永远都出不了家得宝商场[①]了。我们任何人都不会存在了，因为我们的祖先会目瞪口呆地盯着狮子，对着一整列清单试图分辨清楚是什么东西正在破空而来刺向自己的喉咙。大脑会使用探测装置来分辨你知觉到的东西属于哪个种类。你的大脑里有一整套探测代理在为你工作，其中有物品探测装置、动物鉴别器、人工制品鉴别器，以及一个“面孔探测器”。这些探测器都被用于回答这样一个问题：这是什么？你还有一个代理探测装置用来回答：谁做了这件事？你还有一个侧写器。一旦探测装置发现嫌疑人，侧写器就会推断有关他的信息并将之描述出来。巴雷特称这些侧写器为动物描述器、物品描述器、活物描述器以及代理描述器（也就是心理理论）。这几个探测器和侧写器中都有一些固有的知识，而且当你在学习和获得经验的时候，这些知识会随之增加。这些装置全都是转换功能的一部分，而转换功能使我们可以把东西从现实的层面或状态转换到个人的心理状态中去。这样一些装置究竟是怎样工作的目前尚不明晰，我们会在第 8 章更仔细地进行讨论。现在，我们来看看固有的那些东西是什么吧。

---

① 美国常见的家居建材用品连锁店。——译者注

人类是天生的分类学家

人类是天生的分类学家，我们喜欢命名并将身边所有的东西分类，而我们的大脑会自动进行这项工作。有一个很好的经验法则：如果一种想法很容易出现在我们的脑海里，那么可能是有一些已经建立好的认知机制让我们这样想的。来自密歇根大学的认知人类学家斯科特·阿特兰（Scott Atran）提出证据表明，在所有人类社会里，人们直觉地思考植物和动物的方式都是相同的，且与我们对其他物品，比如石头、星星或是椅子的思考方式不一样。如史蒂芬·平克优美的比喻，有生命的物体有“一种内在的、可以更新的吸引力”。我们会将植物和动物分类为不同的物种群组，并推断每个物种都有某种潜在的属性或本质，也就是决定其外表和行为的东西。

狼即使披着羊皮也还是狼，正是因为这种本质不是知觉特质，外表不总是真的。即使你给一匹马涂上斑马条纹，它也还是马。这种信念或直觉在学前班的孩子身上就已经有所表现了。这些孩子会告诉你，如果改变了狗的内部结构，也就是那些看不见的部分，它就不再是一条狗了；但如果改变狗的外貌，它就还是狗。而你生下来是什么（比如一头牛），你就会发展出那种动物的天性和习惯，即使你被猪养大且从未见过其他牛也一样。这些分类系统有一个层级结构，组里包含着组：野鸭是鸭子的一种，而鸭子又是鸟类的一种。分类给我们提供了一个对种类中的属性做出推断的框架。有一些推断是天生的，有一些是习得的。你告诉我那是只鸟，我就会推断它有羽毛且会飞。你告诉我那是只鸭子，我就会推断它有羽毛、会飞、会嘎嘎叫、还会游泳。你告诉我它是只野鸭，我会推断上述所有东西，再加上它可能会在三月里光临我家后院。直觉生物学（intuitive biology）指的正是人类大脑分类活物的这种方式。

哈佛大学的研究者阿方索·卡拉马扎（Alfonso Caramazza）和珍妮弗·谢尔顿（Jennifer Shelton）声称，这些直觉是针对活物和非活物的特定领域知识系统，这两种系统有着显著不同的神经机制。有些脑损伤患者很难识别动物，却能很好地识别手工艺品，相反情况的患者也存在。如果你在一个点有损伤，就无法分辨狗和老虎；如果另一个点有损伤，电话就会变成一个神秘物品。更有甚者，有些患者的脑损伤使他们单单无法识别水果。

这些系统是如何产生和工作的呢？如果一个生物体不停地遇到同样的情况，那么进化出对这种情况的结果进行理解或预测的机制就会获得生存优势。这些特定领域的知识系统不是知识本身，而是一种使你注意情况的特定方面从而增加特定知识的系统。每个系统所编码的信息详细程度和种类不同，人们对它是如何分化的也有不同看法。

克拉克·巴雷特（Clark Barrett）和帕斯卡尔·博耶认为，动物识别系统可能比物品识别系统要更详细一些，特别是对猎物和捕猎者的相互区分。活物可能对那些在许多环境中都很常见的特殊种类的危险动物，比如蛇或者大型猫科动物，有相当详细的探测器。大脑可能编码了一套稳定的视觉线索来让你注意诸如尖牙、双眼向前、体积和体型以及生物动作的各个方面等信息输入，从而识别这些危险动物。你不需要天生就知道老虎是老虎，但你也许在注意到一个双眼向前、具备尖牙的大型动物在跟踪你时，就会知道它是捕猎者。一旦看到老虎，你会把它和其他你已经加入捕猎者行列的动物放在一起，归为捕猎者种类。

这种对捕猎者的领域特异性不是只有人类才有的特性。加州大学戴维斯分校的理查德·科斯（Richard Coss）和他的同事研究了一些在没有见过蛇的隔离环境下长大的松鼠。当这些松鼠第一次见到蛇的时候，它们选择了逃离；但它们却没有逃离其他新异物体。研究者总结说，这些松鼠对蛇有一种天生的警惕性。事实上，这些研究者可以证明，要让这种“蛇模板”在松鼠中消失需要一万年的无蛇生存环境。我很肯定我的“蛇模板”就非常强大。

HUMAN ▸
认识人类

加州大学洛杉矶分校的丹·布卢姆斯坦（Dan Blumstein）和他的同事们研究了一组生活在袋鼠岛上的尤金袋鼠（tammar wallaby）。这个岛位于澳大利亚南海岸边，在这里生活的袋鼠在过去的 9 500 年中都被自然所隔离，没有任何捕猎者。研究者在这些袋鼠面前放置了一些标本或模型，包括对它们的进化过程而言很新异的捕食者（它们的祖先从未见过的，比如狐狸或猫），以及它们的祖先曾经遇到过但现在灭绝了的捕食者。这些袋鼠对两者的凝视都有回应，停止觅食并变得更加警觉。而它们对控制组物品则没有这些反应。它们是在对这些捕食者标本和模型所共有的视觉线索做出反应，而不是对某种行为。所以，不需要以往经验或是社会情境就可以工作的高度领域特异化的机制是可能存在的，比如这个情况中的识别。这些机制是天生装置在人类身体中的。其中有些是人类与其他动物共有的，有些是其他动物有而人类没有的，还有一些是人类独有的。

研究婴儿可以帮助我们识别哪些知识是人类天生就有的。在前一章里，我们知道了婴儿有特殊的神经通路来识别人脸和记录生物运动。运动的一些特征会吸引大约 9 个月大的婴儿，帮助他们识别有生命的运动。当客体对远处的事件做出反应时，婴儿们就能理解这一点。打个比方说，如果某个东西掉落，其他任何它没有碰到但移动了的东西就是活的。他们还预期活物会理性地向目标靠近。所以如果一个客体曾经跳过障碍来到达目标，婴儿们会预期它在障碍被移除以后不会再跳起来。婴儿甚至还对被追逐或被躲避的客体会怎么移动有特定的预期。这些研究全是婴儿天生就有能力去区分活物和非活物的证据。所以，一旦一个被观察到的客体有这些知觉特性，探测器就会推测它是活的，而大脑就会自动将其放在活物组并推断它的一系列属性。你拥有越多的经验，就可以往自己的推断名单里加入越多的信息。如果上述任何属性都没有出现，那么该客体就会被放置在非活物组里，你会推断它的另一组属性。这就是侧写器开始工作的时候了。

推断属性？没错，大脑会自动授予活物一些通常都会有的属性，然后进一步将这个客体分类为动物，或更详细地分类为人类或捕猎者，甚至推断出更多属性。巴雷特和博耶总结了这些推断系统的特征。

1. 每个不同的区域处理不同种类的问题，且各有特殊的处理信息的方式。每个区域都有特殊的输入格式，特殊的推断信息的方式，以及特殊的输出格式。打个比方，大多数心理学家同意人类有一个识别人类面孔的特殊系统。面孔识别的输入格式与总体面部排列以及面部各部分之间的关系有关，而不是与单个的特定部分有关。你的大脑自动寻求这样一种输入模式：有两个对比明显的点（眼睛），在其下方正中有一个开口（嘴）。当输入格式不是这样的时候，比如把图片倒过来看，识别面部就会变得更难。

2. 仅仅因为特定问题由特定区域负责并不代表这个区域与现实有关。我们认为面部是人的重要部分是因为我们有一个对面部付出特别注意的系统。但它们真的重要吗？不是所有动物都有这个系统，都认为人脸是重要的。无论是现在还是在以前的进化环境中，黑斑羚都不需要知道追逐它们的是皮埃尔、查克、文尼，还是根本不是人，它只需要知道追它的是捕猎者就行了。

    它也许需要识别 14 种不同的捕猎者，但可能只会将它们识别为一个物种：会跑动且双眼向前的动物。我们原本可能会进化出脚部识别系统，那样我们就会满怀深情地注视着双脚，觉得它很重要，而你只需要穿双靴子就可以隐姓埋名了。识别系统不一定会把客体作为整体来识别，而是注意到客体的各个方面。对于脸来说，我们有一个识人系统以及另一个识别情绪的系统。

    有一个问题在于，如果客体有模糊的一面，那么系统可能会推断出错误的信息。在黑暗中有两个模糊的对比点和一个中央开口。“呀！那些灌木里有人！”不，那里其实不过是一个有洞的轮毂盖而已。另一个问题是，虽然推断系统之所以被进化所选择就是因为它得出的信息大多数是正确且好用的，但它还是可能会科学地推断出错误的信息。识别植物的系统假设植物不会自己移动。有些植物会自己移动，但这样的植物很少，所以这并不太影响准确率。然而我们需要注意的是，人类大脑在分类活物和死物时的方式跟科学家基于可验证的信息来分类的方式是不一样的。

3. 特定的系统是被进化选择的过程所选中的，所以我们需要记住它最初设计的功能是什么，原因在于下一条。

4. 我们可能会以一种与这个系统的原始功能不一样的方式来使用它。举个例子：我们进化出耳朵是因为它可以捕捉声波来提高听力，但现在我们还用它来架眼镜。我们进化出两足行走的运动方式是因为它给了我们一些寻找食物和住所的生存优势，但现在我们还用双脚跳萨尔萨舞。进化中原本的功能可能与当前的用法大不相同。

5. 你（和其他所有动物）只能学习和推断自己的大脑能够完成的事情。我们不能学习如何听到高于自己听力范围的声音频率，因为系统做不到。我们可以学习语言，是因为我们有一个已经准备好学习语言的区域。我们无法有意识地感受到大脑在运行无意识进程时都在做些什么。即使一个二维图案落在视网膜上，我们也可以看到三维画面，是因为我们有一个可以填补视觉空白的特殊视觉系统。因为我们有一个预置的基于物种特异性的分类法，所以在识别动物时，我们可以使用形状、色彩、声音、动作、行为这些输入信息来推断相似和相异之处。

6. 不同区域学习的方式不同，且有不同的发展时间表，所以最好的学习是发生在发展期的特定时间的。我们见过语言学习在发展期中的最佳时间。在下文中，我们将会讨论我们对物理的直觉知识。这些知识在我们还没有发展出完整的直觉心理学的婴儿时期就已经发展起来了。它的发展要早于孩子可以说话的时间，所以我们需要了解清楚如何不使用语言手段来研究这段发展过程。

7. 基因影响在生物体的整个生命历程中都存在，它不会在出生的时候停止。而且基因还编码了一些为发展提供的特殊通路。虽然有个体差异，但所有地方的所有孩子都遵从大约一致的发展时间表。即使你异常聪明，还是不可能在三个月大的时候就学会说话。

8. 为了发展这些系统，我们需要一个正常的环境来输入正确的刺激。为了学习如何说话，孩子需要听他人说话，正如鸣禽需要听到其他鸣禽唱歌以后才会唱歌。为了发展正常的视觉，孩子需要视觉刺激的输入，不能在黑暗中长大。

9. 这些推断生存和适应性信息的系统很可能是互相连接的，所以在使用它们的时候，大脑中被激活的脑区不止一个。

孩子从 3 岁起就已经可以推断，被归入活物种类的东西有一些使它成为它自己，且不会改变的特质。当给他们看动物逐渐变形的图片，比如豪猪转化成仙人掌时，孩子们在某种情况下会坚定立场，告诉你不论你做什么，它都还是一只豪猪。密歇根大学的苏珊·格尔曼（Susan Gelman）和她的学生想弄清楚，这究竟是别人解释给孩子们听的信息，还是他们与生俱来的知识。他们分析了来自多个家庭几千段母子之间有关“动物”和“东西”的对话，时间跨度长达几个月。结果发现，事物的本质、运转的原因及其来源都很少被提及，即使被提及了，这种讨论也通常都是与东西而不是动物有关。

孩子是天生就相信本质的，这不是谁教给他们的知识。9 个月大的婴儿就已经相信客体的本质了，如果你给他们看一个碰触特定位置就会发出声音的小盒子，婴儿们会预期所有同样的小盒子都会跟这个小盒子有一样的功能。3 岁大的孩子则会更进一步推断，即使不是完全一样，相似的盒子也会有跟这个小盒子一样的属性。

耶鲁大学的心理学家保罗·布卢姆在他的著作《笛卡尔的孩子》(*Descartes' Baby*)中运用这些例子告诉我们，孩子是本质主义(essentialism)的天生拥护者。本质主义是一个哲学理论，它认为能被感官所知觉到的东西可以有一个真实存在的、附着在该事物上且无法被看到的本质。布卢姆说，本质主义以不同形式存在于所有文化中。这种本质可能以DNA、上天赐予或星座等形式存在。布卢姆认为，本质是人类思考自然界时的一种适应性方式。从生物学上来说，动物之间的相似性是因为它们有共同的进化历史。虽然外表跟一个动物属于哪一群组有所关联，但更可靠的群组指示来自深层。所以“即使动物的物理特征变化了也不会改变其本质”这个推断是很有效的，认可了孩子天生的二元论。转换器在这里起了作用。

其他动物有本质的概念吗？珍妮弗·冯克和丹尼尔·波维内利不这么认为。在回顾了动物如何根据相同或不同对实体进行分类的研究后，他们总结说，目前为止的所有发现都可以用动物使用了单一的知觉特征来解释，这些特征包括外表、行为模式、气味、声音以及触觉。对于其他动物来说，外表即真实。

当你试图设计将可知觉的关系和看不见的关系区分开来的实验时，会发现要这样做是很难的，而且你会开始理解可知觉的关系在多数时候都很好用。事实上，二者被证明是非常难以区分的，而且冯克和波维内利不认为有什么动物会使用可知觉属性以外的证据。他们对当前发现的解释是，鸽子和猴子可以知觉一级关系：它们具备“两个拥有同样知觉特征的东西是一样的”这个概念。研究者强调说，这里的重点在于“知觉”，正如袋鼠岛上的尤金袋鼠知觉到狐狸和猫的标本是它们需要注意的动物，其共有的可被知觉到的特征使得狐狸和猫被归类到了“需要回避”的那一组里。袋鼠会被披着羊皮的狐狸和猫骗到吗？如果所有可以知觉到的线索都被清除了，比如气味、移动方式和行为习惯、声音，而且狐狸闭上嘴并戴上面具，那也许还有可能。也许你会被骗，但狐狸是不会真的披上羊皮的。

只要不是面对人类，识别外表在动物世界里已经足够了。我们来看一件轶事吧。美洲狮显然是会被骗到的！以下是来自美国加利福尼亚州渔猎局网站的信息：在一次事件中，一位火鸡猎人伪装成火鸡并模仿其叫声来吸引火鸡，此时一头美洲狮从其背后接近。当发现自己面对的不是火鸡而是猎人时，美洲狮立刻就逃跑了。我们不认为这是攻击人类的行为。所有迹象都表明，如果这个猎人没有伪装并学火鸡叫的话，那头美洲狮其实并不会接近他。

理解二级关系意味着理解两者之间的关系相同。还记得高中统考语言考试中的那个类比部分吗，你考得怎么样？有证据证明大猿可以理解一些二级关系，但目前还没有证据证明它们可以理解用知觉以外的信息构成的关系。甚至于在黑猩猩的社会关系中，比如统治，或是诸如爱或依恋的情绪关系，也都可以用可被观察到的现象来解释。如果你还不懂，那么解释一下你怎么知道有人爱你吧。“他每个早上都会跟我吻别。”这是可知觉的。“他每天都在工作的时候给我打电话。”这也是可知觉的。“她总是对我特别好。”还是可知觉的。“她告诉我说她爱我。”还是一样。冯克和波维内利指出，我们也许会将爱定义为一种感受、一种内在表现，但我们会将它描述成可以看到的外部表现。你无法真的感受到另一个人的感觉，你只是通过知觉，也就是你观察到的他的行为和面部表情，来推断他的感觉。我们建议那些在迷恋中沉沦的朋友：“说不如做。”你的狗所效忠的是那个可以被听到、看到、闻到的你，而不是你的本质。

无师自通的物理学

虽然你的物理成绩也许并没有反映出你对物理学的直觉知识，但我们确实拥有这些知识。还记得那个让我们对有助于生存的东西给予特别注意的直觉系统吗？为了生存，你并不需要一个帮助你理解量子力学，或是知道地球实际上已经几十亿岁了的直觉系统。掌握这些概念并不是一件简单的事，而我们之中的一些人永远也不会掌握它们。然而，当你吃早餐时把刀从桌子上碰掉的时候，你也许会无意识地运用一些物理学的知识。你知道它会掉在地上，你知道当你弯腰捡它的时候它还在那儿，你知道它会掉在你的正下方而不是飞进客厅，你知道它还是一把刀，不会变成一把勺子或是一坨金属，你还知道它不会穿过实心的地板掉到房子下面。这些知识是通过经验获得的还是天生的呢？正如你理解这些东西一样，很小的婴儿也同样已经理解了这些物理世界的知识。

我们是怎么知道的？如果那把刀没有掉在地板上，而是飞向了天花板，会怎么样？你会很惊讶。事实上，你会盯着那把刀看。婴儿也会在看到预料之外的事情时有同样的举措，他们会盯着看。

HUMAN ▸
认识人类

婴儿预期客体会遵从一系列规律，当它们没有遵从的时候，婴儿就会盯着它们看。5 个月大的时候，婴儿预期客体是永久性的——它们不会因为你把它们拿走就消失。多年来，哈佛大学的伊丽莎白・史培克和美国伊利诺伊大学的勒妮・巴亚尔容（Renée Baillargeon）用许多实验研究了婴儿懂得哪些物理知识。她们发现，婴儿预期客体有结合力——如果你拉一个客体，它不会突然被拆开。他们还预期客体从屏风后穿过并再度出现时会保持同样的形状，打个比方，一个球不会变成一个茶杯。他们也预期客体会沿着连续的路线运动，不会穿越空间裂缝突然出现。他们会对被遮挡了一部分的形状做出假设。他们还会预期客体在不与其他东西接触时不会自己动起来，而且客体是固体，不会穿过另一个客体。

我们怎么知道这不是习得的知识呢？因为不论处于什么样的生活环境，所有地方的孩子都在同一个年龄学到了同样的东西。

然而，婴儿并不能理解物理客体的所有属性，他们要经过一段时间才能理解重力的含义。他们知道一个客体不会悬浮在半空中，但直到一岁左右他们才会理解，一个客体必须有东西撑住其重心才不会掉下去，这也就是为什么我们会发明鸭嘴杯。当然，不是所有物理知识都是天生的，婴儿们还有许多知识要学习，甚至有一些知识就连成年人也学不会，咳，你的物理成绩就是很好的证明。其他动物有多少跟人类共有的直觉物理知识还不清楚。正如马克·豪泽在他的著作《野生的思想》(*Wild Minds*)中说，动物不理解客体恒常性似乎是不太可能的。如果猎物不能理解走进灌木的捕食者并没有凭空消失的话，就不会有任何猎物还能幸存了。然而，人类和其他动物在所理解的物理知识以及如何使用这些信息之间还是有一些很重要的区别的。

波维内利和冯克在回顾了有关非人类灵长类动物的物理知识的发现后提出，它们虽然可以通过观察到的事件推理出结果，但并不能理解导致某一现象的因果关系的力量。比如说，如果这些动物理解重力，而不只是通过看到水果掉在地上才知道它会掉在地上，那么它们也应该知道，如果伸手去拉某物，当物体行进的路线上有一个坑时，这个东西会掉进坑里。然而事实上它们无法理解这一现象，它们并不理解力。它们知道客体会互相触碰，因为这是一个可以观察到的现象，但它们无法理解使一个客体移动另一个客体需要力的转移：在桌布被拉走时，杯子必须要在桌布上面才会随之移动，而不能只是与那块桌布有接触。它们就是无法理解这一点。而两三岁的人类婴儿就能够理解。孩子们会觉得一个简单事件的首要原因是一个无法被观察到的属性（力的转移），而不是一个可观察的属性（比如接近性）。有人提出，对导致现象发生的力进行推理的能力是人类所独有的。当然，有一些动物能够理解苹果会从树上掉下，但只有人类这种动物才能推理出无法看见的原因——重力，以及它是如何作用的。当然，也不是所有人都可以做到这一点。

我们对物理客体，特别是人造物品的分类方式与我们对生物分类的方式不一样。人造物品多数是根据功能或意向功能来分类的，且不像植物和动物那样有等级分类。当一个东西被归类为人造物品时，对它的推断会跟对活物的推断完全不同，它会有一个不一样的侧写。事实上，识别和侧写系统可以更具特异性。大脑的运动区域会在客体是工具以及人造物品可以被操纵时被激活，但并不是在面对所有人造物品时都会被激活。我们会推断上述的所有物理性质，但除非在特殊情况下，我们不会推断它们有活物的性质。

在探测器回答了“那是什么”或是“谁做了那件事”以后，这些信息会被发送给描述器，也就是那个通过已经识别出来的东西推断剩余信息的设备。

让我们回到吃早餐的情境：你看向窗外时发现了一个高速运动、垒球大小的东西（或人），你的客体探测器会将其识别为一个有着固定边缘而不是没有形状的物理客体，而且……等一下，那个客体自己动了起来，是一种生物形式的运动，所以探测器就会发出信号：“那是活的！”动物识别器则会叫道：“啊，那是只鸟。”一旦它被识别了，动物描述器就会推断它所在分类的所有属性：它可能具有一个存在于空间中的客体的所有物理属性，加上动物以及鸟类的属性。即使你从来都没有见到过那种动物，这些也全都会自动发生。

如果探测器说这是一个“谁”而不是“什么”的问题，并识别出了那个猎物，那么代理描述器，也就是心理理论，就会开始工作。这是另一个领域的直觉知识，被称为直觉心理学，它也是我们的非反思信念的一部分。

对非人类使用心理理论

我们会使用心理理论是指我们对他人具有看不见的状态——信念、欲望、意图以及目标，并且这些状态可以导致不同的行为和事件的直觉理解。通过使用心理理论系统，我们会认为，不仅其他人类拥有这些特性，而且一般活物也都具有，虽然它们拥有这些特性的程度与人类不一样（有时候这种推断甚至会延伸到物品上）。这就是我们很容易认为自己的宠物和其他动物有着跟我们相似的思想和信念，以及拟人论会如此自然地出现在我们的脑海里的原因。这也是要人类接受自己的心理是独特的会非常困难的原因。我们已经被设定成拥有另一种想法了，我们被设定为认为活物都有心理理论。我们认为其他动物，特别是跟我们最像的那些，会像我们一样思考。我们的直觉心理学不会限制其他动物拥有的心理理论的上限。事实上，当看到影片中的几何图形的移动方式显示出意图或者目标导向行为（也就是动物式的移动模式）时，人们甚至会给这些几何图形赋予欲望和意图。是的，其他动物确实有欲望和目标，但是它们的身体和大脑应付生存和适应性问题的方式与我们不一样。我们并不相同。

拟人论并不是唯一一个植根于心理理论的常见思维方式。如果你的生物老师因为这个批评你的话，那你肯定也要因为目的论思维——将自然现象解释为智能设计或是特定目的的结果，而被打上一个大红叉了。如果你说长颈鹿有长脖子是为了吃高大树木上的叶子，也就是说它们的长脖子是因为要吃高处的叶子而设计出来的，那你在生物课上就要有麻烦了。[①] 然而，这也许是人类四五岁时就已经发展成熟了的默认思维模式。

成年人和孩子都会用目的论来解释生物过程，比如说肺部是用来呼吸的，而孩子会比成年人更多地用目的论思维来解释遇到的不同情况。他们有一种将客体和各种行为的存在都归于特定目的的偏好。他们会将这个推理过程推广到自然客体上，说云在天上是为了下雨，山在那儿是为了你可以去登山，而老虎的存在是为了动物园。

---

① 因为人们很容易用目的论来思考，所以掌握自然选择的本质可能不会很容易。长脖子不是为了高处的叶子而设计的。只是因为有更长脖子的古代长颈鹿能够吃到更多的食物，从而增强了它们的适应能力、生存能力以及繁衍能力，所以有更长脖子的长颈鹿在竞争中击败了那些短脖子的长颈鹿。

目的论思维的起源尚不明晰，当前有三种假设。它可能是天生的，或者来源于对人造物品具有设计目的的理解，再或者来自对婴儿所表现出的理性行为的理解，也就是说它是心理理论的前身。

目的论思考以有意的设计来解释现象。然而，单单是我们希望解释某种影响是由某物所导致的这种尝试本身也很可能是一种独特的能力。其他动物也能理解一些特定的事情与其他东西有因果关系。你的狗也许会学到啃你的名牌皮鞋会导致挨打或者挨骂，而啃骨头不会带来和啃鞋子同样的后果。然而，正如我们在讨论物理直觉时所说的，我们并没有明确的证据证明其他动物能够建立有关无法知觉的东西的概念。你的狗不能理解导致它挨打的那个无法被知觉到的原因，即鞋的价值或是你对狗的服从的要求。冯克和波维内利提出，人类对无法被观察到的存在和过程的推论能力不仅包括物理上的力的因果关系，也包括心理世界。对无法被观察到的东西的推理能力可以被用于预测并解释事件或是心理状况。所以，一旦心理理论发展完善了，它将会让我们预测行为的能力超越可观察现象的范畴，达到可以通过推断心理状态来预测行为的阶段。

HUMAN ▸ 认识人类

人类和其他动物都会使用可以观察到的东西来进行预测，但只有人类才会试图去解释现象。目前暂时只有一个实验提及了这个概念。实验者给黑猩猩和学前班的孩子看一些竖立在一个被不规则的垫子覆盖着的平台上的玩具块。在第一个实验中，玩具块中有一个假玩具块，它的尾端是倾斜的，无法被竖起来。在第二个实验中，这些玩具块的外形和重量都是一样的，但假玩具块立不起来。在第一个实验中，孩子和黑猩猩都会去检查那个看起来不一样的玩具块。然而，在玩具块之间没有可以用视觉知觉到的区别时，61% 的孩子去检查了假玩具块，试图弄清楚它为什么立不起来，而没有一只黑猩猩这样做。

有些时候，用目的论思维来解释事情或行为的原因会使结果变得乱七八糟。其中的原因之一在于代理探测器的狂热，巴雷特称之为“超级活跃”。代理探测器特别喜欢招揽业务，所以有时即使没有活物，它也会找出“活物”来。当你在午夜听到一个声音的时候，你脑海里想到的第一个问题是“是谁”而不是“是什么东西”。当你看到一条什么东西在黑暗中飘荡的时候，“是谁”立刻从你脑海里蹦出来，因为你的探测器并没有及时更新，这个探测器诞生于几千年前，在那时还没有非生物能自己移动或者发出声音。首先考虑潜在的危险来自活物显然是可以提高适应性的，这个准则在大部分时间里都很好用。那些因为这样做而活下来的人把这样的基因遗留给了我们。[①]有些时候这确实会铸成一些错误，但通常并不是什么大问题。我们后来意识到那条东西是某人丢在大树上的一条毛巾，而那些声音则是房子因为低温而发出的嘎吱声。

这个超级活跃的探测器和人类对解释以及目的论思维的需求是神创论的基础。为了解释人类为什么存在，这个极度活跃的探测器认为一定有一个“谁”与人类的存在相关。目的论推理认为，人类的存在一定是一种有意图的设计，而起因一定是这个“谁”的欲望、意图以及行为，所以人类一定是被“谁”所设计出来的。

所有这些让我们想起，左脑解释器在其他情境下也会做这些事情。在下一章，我们会看到它在神经疾病中变得极度活跃，根据接收到的劣质信息来编造因果关系看上去很奇怪的故事。这个解释器和心理理论模块似乎是近亲。

---

① 这来自错误管理理论（error-management theory，简称 EMT）：“从自然或性选择中产生的决策适应带来了预期错误。不论何时，当一个时间段里两种错误总是造成不对等的代价时，选择会偏向于犯代价更低的错误。因为两种错误所造成的代价绝不可能完全一致，EMT 预测人类心理会包含倾向于犯其中一种错误的决策规则。”

波维内利认为，存在一个用于推理可知觉的行为的认知系统，心理理论是被嫁接在这个认知系统上的。人类由此获得了思考心理状态的能力，并用这种能力去重新解释早就存在的复杂社会行为。心理理论并没有替代已经存在的系统，且不是总会被使用。这个想法的重点在于，它预期人类及其近亲大猿，特别是黑猩猩的行为很相似，因为能够通过观察来预测行为的能力在心理理论出现之前就已经存在了。这些有关行为的推理系统已经高度精细复杂，且与心理理论系统紧密相连。然而，仅仅因为其他动物可能具有一些跟我们相同的行为，就推断它们跟我们的认知系统相同，可能并不正确。而且，仅仅因为我们有一个寻找看不见的事情发生的原因的系统，并不意味着我们每时每刻都在使用它。我们尚不知道有关无法被观察到的东西的概念在什么时候会被激活，以及它们是怎样影响人类行为的。很有可能在许多情境中，它们根本不会被激活。而且显然不是所有人使用心理理论的程度都相同。

我们马上将会看到，不论是否使用心理理论，我们通常都会得出同样的结论。

心理理论是必需的吗

功能更精细化的领域会在描述器无法提供足够信息的特殊情境中发挥作用，而许多这样的领域都与社会交互有关。有些这样的系统还会跟统计学家一样，预测人类行为，或是在特定情况下操纵人类行为。我们已经提及这些系统是如何被社会交换、预警交换以及我们所拥有的许多道德直觉激活的。我们很可能有无数这样的系统，包括针对数学的一个。婴儿们会在看到一只老鼠接着另一只老鼠走到屏风后面时，预测屏风后面有两只老鼠。我们还有记忆和过往经验可以使用，所以我们现有的信息挺多的。

当你在吃早餐时看向窗外，你看到了一个向你移动、弯曲再伸直、然后远离你的客体。你的探测器识别出那是一个人，然后又更准确地识别出那是你的邻居路易吉。你的动物描述器将路易吉的所有属性都告诉了你，包括心理理论。你和你的狗可以在没有心理理论的情况下预测路易吉的行为吗？如果路易吉已经和你做了几个月的邻居了，那么在你看到他的时候，你会回想起他昨天早上出门拿了报纸，前天早上也做了同样的事情。事实上，你甚至不需要心理理论就可以预测到他的行为。你的狗也在每天早上看到路易吉出门并弯腰拿报纸。所有事情都跟昨天一样，你的狗也会预测同样的行为。现在试着用你的心理理论设想同一个情境，你和你的狗都看到了报纸，也看到了路易吉打开前门的那一刹那。现在你比狗有些优势了，你的侧写器推测路易吉有心理理论。你知道他有欲望，而且你可以使用自己的直觉心理学来预测（假想如果你是他的话）这些欲望之一是读报纸。对的，就是这样，但这同你和你的狗不用心理理论所预测出来的东西没什么不同。心理理论是一种主要在人类社交中被使用的装饰性装置，有些时候我们会用它来预测行为，但它最重要的功能则是使你可以理解那边的一大堆细胞跟你一样，有着激励着它们的一些无法被观察到的信念和欲望。这些信息会被自动转换，使路易吉获得另一个形态或状态。

直觉心理学是一个与生物直觉和物理直觉相分离的领域。之所以如此，是因为欲望或信念并不会被物理属性（“有重力”或“是固体”）或生物属性（“吃”“交配”，以及最重要的“死亡”）打上标签。当路易吉出来拿报纸的时候，你是否认为他的欲望是紫色的？你是否认为这个欲望会在他弯腰捡报纸的时候从他的脑袋里掉出来？你是否认为他的欲望想吃早餐？不，你不会这样想的。你是否认为他的欲望可以穿过墙壁？你是否认为他的欲望会凭空消失？你是否认为他的欲望会死亡？所谓死亡是指它会停止呼吸吗？现在你可能不会立刻做出肯定的回答，因为你的直觉机制开始慌乱了。

缺乏直觉心理学的孤独症患者

孤独症患者在各领域的分歧很明显，其主要症状是缺乏社会理解，同时也会有想象和交流上的问题。有孤独症的孩子很少参与想象性的玩耍，而很多这样的孩子根本就不说话。患有孤独症的个体被认为是在经受“思想失明”的折磨。他们无法理解他人有欲望、信念、目标以及意图，也就是无法理解他人有思想。孤独症患儿没有心理理论，也没有直觉心理学，而缺乏直觉心理学正是导致社交困难的原因。他们无法自动知道你微笑是因为开心，或者你皱眉是因为不高兴；反之，他们需要学习并记忆这些表情所指代的情绪，并在每次看到这些表情时有意识地去使用这些知识。缺乏社会理解同样也解释了孤独症患儿的其他特征，比如不会指东西，或不会向父母寻求指导。如果他们不理解其他人也有思想，那么也就没有理由给他们看东西或是向他们寻求建议了。你不会把你的扫帚指给灰尘看，也不会向你的字典寻求建议。

当孤独症受试者观看了前文中那些具有有意图行为的几何图形的电影之后，他们只会给出一个物理描述，而不会为图形赋予意图。研究者给出了一个表明患儿与正常人之间的差异的绝佳例子，我会在这里阐述。

正常发展的青少年的第一个反应是描述影片中的那些图形：“那个更大一些的三角形，就是那个像个大孩子或者恶霸的，将自己与其他东西隔离开来了，直到两个新孩子过来，那个小孩子有一点儿害羞、害怕，而那个更小的三角形好像是在保护自己和那个小三角形。大三角形很嫉妒他们，走了出来，然后开始欺负小三角形。小三角形很生气，好像是在说：‘你做什么？为什么要这么做？’”

对比一下孤独症青少年的回答：“大三角形进入了长方形。那里有一个小三角形和一个圆。大三角形出来了。几个图形互相碰撞。小圆进入了那个长方形。大三角形跟那个圆在一个盒子里。小三角形和圆互相绕着对方转了几次，好像是一种交互振动，有可能是因为磁场的缘故。之后它们离开了屏幕。大三角形变成了星星的形状，跟六芒星一样，然后打破了那个长方形。”

孤独症患儿没有给影片里的几何图形赋予社会关系，仅仅描述了物理关系。多个磁共振成像研究试图理解孤独症患者的大脑跟普通人有何不同。对我们的讨论来说很重要的一点是，当孤独症患者看向人脸的时候，他们大脑梭状回的激活水平显著低于正常人，这一区域被认为是专门用来知觉面部的。而与梭状回邻近的颞叶皮层（通常与知觉物体相关）会在此时表现出更高的激活程度。孤独症患儿确实通常会把他人当作物体来对待。其他人可能会吓到孤独症患者，因为他们的行为不像物体，他们会移动，还会出现一些对孤独症患者而言无法预测的行为，这些行为违背了他们对物体应有行为的非反思性直觉信念。

我们是唯一的二元论生物吗

保罗·布卢姆认为人的二元性是天生的。他声明说，在未患孤独症的个体中，对物体的理解过程与社会理解和心理理解是分开的，这也就给了我们“经历的二元性”。我们对存在于物质世界中的东西，与对无法看到的心理，即目标、信念、意图以及欲望，是区别对待的。对这两者，我们有不同的推断。世界的物理部分是你可以俯视的：你的身体，就是那个有实体的、会吃会睡会走、会交配、会死亡的生物体。但心理部分则无法被看到：它没有明显的实体，而是从属于不同的加工过程和推断。对它的推断与对一个拥有实体的生物体的推断是不一样的。你有一个非反思信念，认为身体和意识是分离的。

这种直觉信念的分离感使你可以考虑很多情况，而不会像听我解释量子物理学时那样感到头疼。当苏茜说：“要是我可以趴在那个办公室的墙上当一个小时的苍蝇就好了！”你立刻知道她是想要苍蝇的身体，但保留自己的思想。这只苍蝇不仅要有欲望和意图，而且必须是她的欲望、目标以及意图，即聆听办公室里说了些什么。你可以很容易地将她的身体和思想分开，并将其思想放入苍蝇中。一只真正的苍蝇不会有这样的状态，但这种想法很容易理解。你也不会听到谁说：“如果我能变成墙一个小时就好了！”因为直觉心理学很少会将拥有欲望和目标的能力赋予一个没有生命的物体——墙。

因为你可以从心理上区分人的身体和看不见的本质，所以你也可以想到这两者都能够独立存在。没有思想本质的身体是丧尸、机器人，而看不见的思想本质如果没有身体的话就是灵魂或精神。我们也可以想象没有身体的其他本质或看不见的媒介拥有欲望或意图，比如幽灵、魔鬼或神灵。根据波维内利的理论推断，如果动物无法建立对无法知觉到的存在或过程的概念，没有完整的心理理论，那么它们就既不是二元论生物，也没有任何灵魂之类的概念。这些都是人类独有的特性。但那些大象去看望它们死去的亲属的故事又是怎么一回事呢？这难道不是意味着它们有一些对灵魂本质的概念吗？

对动物世界存在二元论的证据的搜寻围绕在一个物种如何对待自己的死亡上。人类对尸体非常重视，他们有关亡者的仪式行为就是人类拥有二元论的可视化证据。尼安德特人只是偶尔埋葬死者，但克罗马农人（约 4 万年前出现在欧洲的第一批解剖学意义上的现代智人）每次都会精心地埋葬死者，并同时埋下一些物品。这表明他们相信存在死后生活，并认为陪葬品会对死者有用。对死后生活的信念表明被埋葬的身体和继续活着的东西是有区别的。克罗马农人就是二元论生物。

其他动物是否也对它们死去的亲属或同伴有这样精心的反应呢？大多数动物都没有。狮子就表现得很实在。它们会短暂地嗅闻或舔舐刚死去的伙伴的尸体，然后把它作为一顿便餐吃掉。黑猩猩与死去的社会伴侣有更长时间的交流，但它们也会在尸体开始发出腐臭时将其抛弃。

然而，大象则有很不一样的行为。在肯尼亚安博塞利国家公园发起安博塞利大象研究项目的辛西娅·莫斯（Cynthia Moss）研究了非洲大象的家庭结构、生命周期以及行为。她在《大象的记忆》（*Elephant Memories*）一书中写道：

> 与其他动物不同，大象能够认出其他大象的尸体或骨架……当它们经过一头大象的尸体时，会停住并安静下来，带有一种我从未在其他情况下看到过的紧张。首先，它们会将象鼻伸向尸体嗅闻，然后开始缓慢接近并警惕地碰触骨头……它们接着会用鼻尖触摸象牙和下颌，然后触摸头骨中所有的裂缝和空洞。我觉得它们是在试图识别这是谁。

虽然有关大象墓地的报告已经被揭露出是虚构的了，但莫斯和其他研究者认为大象确实会给自己亲属的尸骨“上坟”。

HUMAN ▸
认识人类

但它们是在“上坟”吗？它们是在拜访或识别死者吗？英国萨塞克斯大学的卡伦·麦库姆（Karen McComb）和露西·贝克（Lucy Baker）加入了莫斯对这个问题的实验研究。在一项实验中，他们展示了一个大象头骨、一支象牙以及一片木头，结果发现大象对象牙特别感兴趣，对大象头骨有一些兴趣，但对木头完全没兴趣。在另一项实验中，研究者发现大象对大象头骨的兴趣比对水牛或犀牛头骨的兴趣要更大一些。在最后一个实验中，他们发现大象对自己群落成员和其他群落成员的头骨的偏好是一样的。这说明了什么呢？这说明大象对象牙非常感兴趣，且大象对自己所属族类的骨头的兴趣比对其他族类骨头的兴趣要大，但它们并不是只对自己亲属的骨头感兴趣。我们还不知道这种偏好在进化和行为上有什么意义，但它不能作为大象对自己的同类有除了身体以外的兴趣的证据。而是否有其他物种有相同的行为还有待考证。

深思熟虑，理性思考

所有来自感觉的信息都会被有选择地分开，由不同的直觉系统和你的记忆进行加工，其中一些跑进了意识里。这些过程依然是未解之谜。一旦信息进入意识，把所有信息整合在一起并解释出一个理由的解释器——“什么都知道”先生就会开始工作了。这些探测、侧写以及预测过程都是自动完成的。它们发生得非常迅速，且通常都是正确的。当然，并不总是正确的。有些时候，探测器会出错，比如你听到灌木丛中沙沙作响就跳了起来，因为你的“谁干的”探测器被骗了，告诉你那是一只动物而不是风造成的噪声。这样也好，“总是很快但偶尔犯错”总比“总是很慢但几乎都对”要好。又或者，你的探测器被你的电脑所骗，将其识别为活物，因为它自己做了一些事情（且不可能是你造成的），所以你的侧写器就认为它有心理理论。现在你相信它的欲望导致了它的行为，而解释器需要让这件事合理化，所以它就告诉你：“你的电脑要来抓你了！”这些都是自动化的非反思信念系统在获得不同领域的信息以后发挥作用的结果。

但你可以想象一些东西并不代表它们就是真的，你可以想象独角兽、半羊怪和会说话的老鼠。你相信什么东西也不意味它就是真的，你相信或想象思想和身体是分离的，并不意味着它们就是分离的。所以，在我向你提出一个挑战你的非反思信念的问题时，又会发生些什么呢？如果你相信身心是分离的，相信自己拥有一个超越脑细胞和身体化学物质的灵魂，你要如何解释性格改变、意识改变或是任何其他因为脑损伤而导致的变化呢？在脑损伤后变得判若两人的菲尼亚斯·盖奇的经历又要怎么解释呢？他的本质仅仅因为大脑的物理变化就变得不一样了。现在，你得好好想清楚再决定自己要不要改变想法了。

反思信念则不一样，它可能才是大多数人在声称自己相信什么东西时所指的信念。反思信念会产生观点和偏好。它们并不自动，也不迅速，但它们处于意识之中，需要时间去形成，可能与非反思信念相同，也可能相左。在你权衡了信息、察看了证据、思考了正反方观点以后，你会做出一个是否相信某事的决定。没错，我们在第 4 章就讲到了大多数人会在这上面花费多少努力，产生理性判断到底有多难。反思信念也一样。正如道德判断一样，它们通常伴随着最低限度的反思。反思和非反思信念都可以是对的也可以是错的，可以是有道理、可被证实的，也可以是没道理、不可被证实的。

这两种信念系统之间有一个有趣的差别，它们起作用的表现方式是不同的。通常，如果自动的非反思、无意识信念系统在起作用，你可以通过一个人的行为来知道；而有意识的信念系统在起作用的最佳证据就是言语，言语与行为可能一致，也可能不一致。即使你说自己不相信鬼魂，你还是会在晚上经过墓地的时候加快脚步。即使你知道大脑和思想、身体和灵魂之间并没有什么区别，你说话时还是会像在对着一个有思维的活物说话，而不是对着一堆细胞和化合物。

巴雷特向我们揭示了非反思信念是如何影响反思信念的。首先，非反思信念是默认模式。如果你从未遇见过必须质疑自己的非反思信念的情况，那么它就会是你所相信的东西。直到见到了捕蝇草，你才会改变自己对“植物不吃肉”的直觉信念；直到见到了含羞草，你才会改变自己对“植物不会动”的信念。你的直觉信念只是最佳猜测。这两种植物都很少见，所以你对“植物不吃肉”和“植物不会动”的最佳猜测都很好用。这比你在见到每株新植物时都要用一片火腿肉来试试它是不是肉食性的要简单多了。

其次，反思信念与非反思信念融合得越好，它看起来就越令人信服，越具有直觉性，越容易被接受和习得。如果我告诉你桌子是一个不会动的固态物品，这些属性是符合你对非生物客体的直觉信念的，很容易被你相信。然而，如果一个物理学家告诉你没有客体是固态的，它们只不过是一堆移动的原子，那么这就难以置信了。正如在做道德判断时，如果反思信念了解清楚了你是如何看待这个世界的，那么这个判断就更容易被接受。另一种非反思信念影响反思信念的方式是塑造记忆和经历。当产生一段记忆时，你首先需要知觉某些东西。知觉会进入你的探测器和侧写器，由它们挑选并编辑信息。解释器把编辑好的东西放在一起，整合成一个说得通的简介并归档进记忆。这份简介已经被你的非反思信念系统编辑过了，而你现在会将其作为真实信息，以其为基础来建立一个反思信念。这些信息可能是完全错误的，与根据道听途说来做出道德判断没什么区别，你很可能弄错了事情发生的原因。不仅如此，一旦你基于这些信息建立了反思信念，且这个反思信念与其他反思信念结合，它就会变得更强，或是让另一个反思信念变得更强。

一个朋友告诉我她恐高，问我是不是也恐高。为了回答这个问题，我可能需要回忆起站在大峡谷边缘时儿茶酚胺在体内奔涌让我产生的恐惧。大脑解释说，这种感觉是站在大峡谷边缘造成的，但其真实原因是儿茶酚胺的奔涌。事实上，可能根本不是站在大峡谷边缘导致了这股儿茶酚胺的浪潮，而是因为我在峡谷前探出身子时想起了自己从梯子上掉下来的经历。我可能根本没有意识到产生恐惧的真实原因，意识到的只是大脑解释出来的原因。它可能不是正确的解释，但会符合情境。现在我有一个错误的信念了。我认为感到恐惧是因为站在大峡谷边缘。这个错误的信念将会被用在未来我有意识地思考高处的时候。我会记得自己站在高处时很害怕，而这个记忆可能会使我远离高处，并产生自己恐高的反思信念。

反思信念需要更多的时间。如果我逼迫你在几秒内回答一个问题，那么你更可能会用非反思信念来回答。

所以在少数某些事件中，我们开始“深度”思考，是因为默认的非反思信念没有启用，或者是因为某些原因导致了对自动信念的质疑，于是我们花费时间仔细思考，建立了一个被我们轻率地认为很完备的信念。这个信念运用了被非反思信念高度浸染过的记忆和过往经验，其中还可能存在错误的信息。要区分直觉和可证实的信念是很难的，即使我们认为这正是自己在做的事情。这就好比在做需要许多步骤的数学题时你弄错了第一步，却坚信它是对的，并根据它来完成剩下的问题。另外，不要忘记情绪也会来插一脚，太混乱了！

幸运的是，整个加工过程经过了精炼，专门被用于加强适应性和生存能力。因此通常它做的事情都足够正确，但并不总是正确。或者，我该说它在进化环境中做的是对的。区分可证实与不可证实的内容需要一个有意识的冗长加工过程，大多数人都不想也没有能力做到。这种加工耗费能量，需要毅力和训练，并且有可能会是违反直觉的，它被称为分析思维。分析思维并不常见，很难做到，甚至代价昂贵。它正是科学的基础，也是人类所独有的。

所以说，我们有一个大体上运转良好的系统，它偶尔会犯错，而这些错误会导致错误的信念。老话说得好："行为比言语更有说服力。"我们的行为反映了自动的直觉思维或信念。大脑加工过程在时间长河中选择了将世界整理成许多特定的分类，并赋予这些分类不同的属性。我们自己刚好落在两个有着不同属性的不同分类中，所以我们就成了二元论者。我们是生物，遵从生物的物理法则；但我们还有无法知觉到的、不遵从物理法则的心理属性。没问题！我们就拿点儿这个再拿点儿那个，瞧，一具身躯和一个无法被看到的心理本质，合二为一。正如笛卡尔会说的："没问题！"①

HUMAN ▸

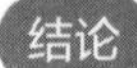

结论

我们看到了人类和其他动物都有高度领域特异性的能力，比如对蛇的恐惧以及对其他捕食者的识别。我们还与其他动物共享着一些物理直觉，比如客体恒常性和重力，以及我们在前一章看到的一些基础的直觉心理学（心理理论）。然而，不同物种的领域分化各有不同。与

① 原文为法语。——译者注

其他动物不同，人类对物理的理解超越了物理直觉。我们能理解看不见的力的存在。目前的证据表明，我们是唯一可以推理出看不见的力的动物。我们也是唯一建立有关不可知觉的事物的概念，并试图去解释现象发生的原因的动物。我们还将推理并解释不可知觉的事物的能力使用在生物学和心理学领域里。我们理解其他生物有独立于其外表的看不见的本质，虽然我们还没完全了解清楚这种本质是什么。这种对不可知觉的力的质疑和推理具有重大的意义。在与有意识的分析思维相结合后，它所产生的好奇会成为科学的基石，而同样的好奇也会导致不那么严格的解释不可知觉力量的方式，比如神话、伪科学以及都市传说。

08

与大脑中的“小人儿”对话

正如大脑的变化是持续性的，所有意识也如同渐隐画面一样相互交融。也许它们就是一条绵延的意识，一条完整的溪流。

威廉·詹姆斯
William James
《心理学原理》，1890 年

自从大学时代起，我就一直被意识觉知的问题所困扰。这不是一个在大学里闲聊生命意义的故事，这是我被自己在大学里结交的伙伴们所吸引的故事。你看，我曾是达特茅斯学院动物屋的一员，外号“长颈鹿”。多好的经历啊！

事实上，直到大三，我都还是很守规矩的。我跟父亲做了一个交易，只要我 21 岁之前不喝酒，他就会给我一张 500 美元的支票。但兄弟会的兄弟们告诉我伏特加兑葡萄汁非常好喝，这样的想法让我一时脑热，喝下了人生中的第一杯酒。那天很热，在喝了五杯酒以后，我觉得喝酒并没有什么，然后从沙发上站起来，接着就不省人事了。

当然，我得到的真正教训是，作为一个 20 岁的人，我改变了自己正常的意识状态。为什么我们喜欢改变自己的意识状态以及对周围世界的评价和感觉呢？我们喝酒、喝拿铁、吃止痛药，甚至跑步也能让我们上瘾。我们总是去干涉自身的存在中一个目前还无法定义的方面：感官意识体验。

意识有很多种。任何在大学里教过概论课程的人，或是在周五早晨 8 点上过这样的课的人都应该见过意识的各种形态。在后排可能有两个昨晚开派对时玩得太疯的兄弟会成员，正在因为熬通宵庆祝即将到来的周末而小睡，他们完全失去了意识。再前面两排是一个花花公子，正在打量走道另一边的漂亮女孩，想着自己是不是可以跟她约个会，他很清醒，但没有意识到你。最边上那三个互相传递纸条并压低声音嬉闹的女孩也同样对你视而不见。另一个人则边用磁带录音机录音边写另一门课的论文，他在晚些时候会注意到你的。前排的孩子们在啜饮咖啡、迅速记笔记并偶尔点点头对你所讲的内容表示赞同，至少他们注意到你了。虽然多数人不会无所事事地仔细考虑意识的问题，但他们会经常谈论到它。在上完课以后，你可能会听到有人说："我终于发现（意识到）他有多坏了，他简直都不注意我说的话，只盯着体育节目看。如果你也喜欢看橄榄球统计数据的话还好，但如果你想让他记住（意识到）你的生日，简直不可能。我肯定要甩了他。"

我们在大脑功能的两个方面上用了不少篇幅：无意识和有意识的活动。后者被俄勒冈大学的研究者迈克尔·波斯纳称为警觉。许多加工过程（有人甚至可能会说是大多数的加工过程）是在我们没有意识到的情况下发生的，它们属于秘密活动。要搞清楚所有已被阐明的无意识活动的内容绝非易事，因为它不会进入我们的意识中。研究者们精心设计了一些实验来揭露它们的存在。

这也许会让我们认为，研究意识可能要更简单一点。然而，正如法国神经科学家斯坦·德阿纳（Stan Dehaene）和利昂内尔·纳卡什（Lionel Naccache）指出的，人们现在的研究目标是内省的，而不是可以客观测量的反应。说来也怪，受试者的内省报告给了我们一些线索。我所做的有关裂脑患者的研究揭示了内省可能是错误的，我们实际上是在不知不觉地编造适用于自己所观察到的现象的故事。而这个事实也同样是一条线索，我们后面会仔细说。人类天生的二元论属性也是解锁意识机制的道路上的绊脚石。有些人觉得我们无法从物理上解释意识本质，因为它实在太奇妙了，不可能用分子、神经元、突触以及神经递质来解释。没有这样的解释，我们也能继续坚持活下去。还有些人认为可以对意识给出物理解释。我觉得，能够用分子、神经元、突触以及神经递质来解释意识，是一件更加奇妙且令人神往的事情。它也许不是魅力无比或惊世绝伦的，但绝对是令人着迷的。

关于意识的未解之谜

关于意识的谜团之一是：知觉或信息是如何从无意识的深渊进入到意识中的？是否有一个守门员，只允许某些信息通过？哪些信息可以通过呢？是什么决定了它们可以通过呢？之后又会怎样？新想法是如何产生的？意识是由哪些过程产生的？所有动物都有同样的意识，还是说存在不同程度的意识呢？人类的意识是独一无二的吗？意识的问题就好像神经科学的终极追求。如果你告诉我，你对在自己意识到某物（一朵花、一个想法、一首歌）时究竟是哪个脑区被激活了感兴趣，那么你实际上是在问意识的神经相关物是什么。你可不是这条求索之路上唯一的孤狼，没有人知道到底是怎么回事，但还是有许多可能的解释。所以，让我们来看看这些问题被回答了多少，以及对尚未被回答的问题又有哪些理论假设吧。

许多研究者都对不同水平的意识提出了定义和标准，令人有点困惑。当前对意识水平分类的共识通常包括无意识、意识、自我觉知以及元自我觉知，也就是你知道自己有自我觉知。

安东尼奥·达马西奥拿出他的解剖刀，进一步把意识切分成两个部分：

核心意识和延展意识。核心意识是指在“开关”打开的时候，生物体是清醒的，并能够觉知一个瞬间——现在，以及一个地点——这里。这是一种警觉状态，与未来或过去无关。这种意识既不是对自我的觉知，也不是人类所独有的。然而，它是搭建更复杂水平意识的基础，这个更复杂的水平也就是达马西奥所称的延展意识。延展意识指的是我们通常所说的意识。延展意识很复杂，且由许多层面组成。比如说，一个意识层面是觉知自己周围的环境以及桌上的巧克力蛋糕，另一个层面则是觉知到它们并知道它们跟昨天不一样，而且明天它们可能又不一样。（蛋糕昨天不在这里，而明天它可能就不见了，所以现在就吃吧！）这些层面的意识与“内容”，也就是意识体验的组成部分有关。最高层的意识是知道自己在觉知自己周围的环境，而且还知道蛋糕会对自己的腰围带来什么影响，并且在乎这个结果，而狗肯定是不在乎自己的腰围的。这就涉及“自传体自我”（autobiographical self）这个概念了。

我们想知道的是，是否有一个系统的途径令信息加工得以进入意识。如果有，它是什么，怎么工作，这个系统的哪些方面可能是人类独有的。为了弄清楚这个问题，我们将从一些比较难懂的神经解剖学开始说起，其中包括从受到不同大脑损伤的人身上以及神经成像研究中得到的一些研究结果，然后我将会提到一些相关的理论。

意识体验的生理基础

首先，我们需要知道核心意识需要使用哪些脑区，即开关中的“开”按钮在哪里。它始于脑干。脑干[①]在大脑的下部，与脊髓相连，是通往大脑皮层的第一站，它是较早进化出来的一个结构。所有脊椎动物都有脑干，但它们不全是由同一种类的神经元构成的。脑干是一个很复杂的地方，它就好比

① 脑干在以下机制或活动中起作用：调节自动活动、饥饿感和体重控制、神经内分泌功能、繁殖行为、攻击性以及自杀活动、注意和学习机制、动机背后的运动控制和奖赏机制，以及鸦片剂的奖赏效应。它对综合内稳态控制非常重要。

摩天大厦的地下二层，装满了各种连通到整个建筑的管道、通风口、线路以及计量表等。它们维持着所有东西的正常工作，但一个处在 34 楼的人根本不会想到它们。如果你断开一些线路的连接，那么 34 楼的人会知道有些东西出了问题，可能是灯、空调或者电话。如果你断掉所有线路，那么所有东西都会停止工作。

正如在 34 楼的人一样，你不知道脑干里发生了什么。不同组的神经元，也叫作“核”，以神经冲动的形式发送并接收信号，将来自整个身体，包括肠道、心脏、肺部、内稳态系统以及肌肉骨骼等的当前状态信号向上传输到大脑，而你对此是没有意识的。这些脑干核的主要工作是调节身体和大脑的内稳态平衡，它们是心脏、呼吸以及肠道控制的基础。对于任何哺乳动物来说，切断脑干连接，身体就会死亡。

这些神经元的树突通往许多地方。有一些是为意识准备的，与丘脑的髓板内核（ILN）相连。其他的则是调节意识所需的，正如变阻器一样，它们组成了唤醒系统的一部分，连接到基底前脑[①]、下丘脑，直达皮层。上文中那些喜欢派对的小伙子并不总是没有意识的，我们可以掐他们或是给他们泼冷水，这样他们就会醒过来了。他们的意识是被通过基底前脑和下丘脑连接的唤醒系统所调节的。

核心意识是通往延展意识的第一步。如果连接到核心意识的线路被切断，那么无论是掐身体还是泼冷水都叫不醒任何人。这就是连接脑干和丘脑髓板内核的神经元大放光彩的地方。丘脑中有两个髓板内核，一个在右边，一个在左边。丘脑本身则是一个大约核桃大小的组织，跨越中线，恰好位于

① 基底前脑的位置如其名所示：它是一组位于大脑前部基底附近的结构。这些结构对一种化学物质在大脑中的产生至关重要，这种物质叫作乙酰胆碱，在大脑中分布广泛，可以影响脑细胞对信息的传输。使用乙酰胆碱作为突触神经递质的基底前脑神经元（类胆碱神经元）对注意和记忆很重要。对类胆碱神经元的抑制是导致睡眠的机制之一。近期发现表明，后下丘脑在唤醒和睡眠中非常重要，且包含跟开关同样作用的神经元。

大脑中央。一侧的髓板内核损伤不会让人失去意识，但如果双侧特定位置都受到损伤，意识将会被永远地关闭。如果丘脑的髓板内核没有获得来自脑干的输入，它们也同样会发生故障。所以我们现在就知道了通向意识的第一步：从脑干到丘脑的连接必须是活跃的，而且至少有一个髓板内核能够正常工作。

来自脑干的通路在经过髓板内核之后又是什么样的呢？不论它们通往哪里，总有一些是与意识有关的。目前看来，丘脑是一个连接得很好的部位。神经通路将其连接到大脑皮层的各个特殊脑区，而这些脑区又发出直接回到丘脑的连接，这构成了连接回路。髓板内核本身则连接到扣带回的前部，从脑干到扣带回之间的任何损伤都会破坏核心意识。

扣带回似乎就是核心意识和延展意识重合的地方了。扣带回位于胼胝体上方，胼胝体就是一大束连接左右脑的神经元。达马西奥报告说，扣带回受损的受试者的核心意识和延展意识都会被破坏，但他们偶尔可以恢复核心意识。

如果扣带回与延展意识有关，它是否也连接得很好呢？在执行意识任务时，从扣带回到其他脑区的连接会被激活，这些脑区支持着 5 个神经网络，包括记忆、知觉、运动、评估以及注意。同时，还发生了另一些事情。当面对一个需要不同种类大脑活动的复杂意识任务时，大脑的另一个区域，背外侧前额叶也会跟前扣带回一起被激活。这两个区域之间的相互连接并不是巧合，这就构成了更多的连接回路。而且，在前扣带回中有一种特殊类型的长距梭形细胞，这种细胞只在大猿身上才会出现。另外，正如你可能已经猜到的，背外侧前额叶也产生了许多通往上述 5 个神经网络的连接。① 这些长距神经元大多源自皮层第二层和第三层的锥体细胞。实际上，这几层在背外侧前额叶和顶叶下回处是最厚的。

---

① 背外侧前额叶通过扣带回后部、顶叶下回以及颞上回（全部与注意有关），还有海马旁回（记忆）、新纹状体皮层（感觉加工）以及前运动皮层与 5 个神经网络相连。

延展意识和模块化

我们马上要讲到更加特化的脑区了。如果它们被损伤，我们会失去一种特定能力，而不是意识本身。在本书里，我们用了相当多的篇幅讨论大脑中的模块以及它们各自的特殊贡献。一个模块的神经元有诸如互惠或探测欺骗者这样的特定职责，这种想法是很吸引人的，而且损伤不同大脑中的同样区域会导致同样的缺陷，例如无法识别熟悉的面孔，这使得大脑模块化的观点更有说服力了。奇怪的是，我们并不觉得自己被分成了那么多模块，这就是为什么我们觉得这些模块如此吸引人，也是为什么大脑模块化如此令人难以置信。“我的大脑在做这个？疯了吧！”不，你对此一无所知，因为这些模块都是自动地、隐秘地隐藏在意识之下工作的。比如说，如果特定刺激欺骗了你的视觉，使其产生一个错觉，意识到你被骗了并不会消除错觉。那个部分的视觉系统不受意识的控制。我们需要牢记，所有非意识的加工也在为构建进入意识表层的信息做贡献。另一件需要记住的事情是，有一些东西就是无法被非意识处理的。不幸的是，你高中的三角函数考试可能就是一件这样的事。

如果意识需要不同模块的输入，那么另一个我们需要记住的问题就是连接性。我们在第 1 章中学到，每个神经元的连接都是有限的，而模块越多，它们之间的相互连接就越少。你甚至还需要记住这一点，神经元及其连接的绝对数量会阻碍思维。人类大脑有大约 1 000 亿个神经元，而每个神经元都平均连接到 1 000 个其他神经元上。迅速做一下有意识的乘法，你就会发现脑中大约有 100 兆个突触连接。所有这些输入是如何被拼接并整合到一个完整的包裹里来的呢？拟人一点儿来说，一个模块是怎么知道其他模块在做什么的？或者它真的知道吗？我们是如何从这么混乱的连接中找出规律来的？虽然看起来可能并非如此，但是在你思考这些轰炸大脑的输入以及正在发生的加工过程的时候，我们的意识反而在平静地休息。事实上，我们的意识就好像是一个大公司的首席执行官在外上高尔夫球课，而其他下属正在工作。它偶尔听点儿唠叨，做个决定，然后就去晒太阳了。这就是为什么有人将某些大脑加工过程称作执行功能[①]吗？

模块的打包整合

大脑模块化的倡导者意识到，不是所有心理活动都可以用模块来解释。有些时候，你需要踏出那个模块，与其他模块交流。在加工线路的某个点上，来自模块的输入需要被同步、合并到一起并打包，或者需要被忽略、抑制并阻止。有一个大谜团，这一切是怎么发生的？必然有一些控制过程在起作用，肯定还有一个机制可以支持这些加工模块之间的灵活连接。人们提出了很多有关这个机制的理论模型，包括中央执行系统、监督注意系统、前注意系统、全局工作空间以及动态核心。

有哪些加工过程需要被整合到一起呢？人类意识有一些特定的成分，只要想一想我们正在使用哪些一般心理工具就知道它们是什么了。这样做让我们可以进入自己的意识并识别我们意识到了什么。假设我还没有导致你的唤醒开关关闭，你读到这段的时候还是有意识的。又或者你已经开始走神，想着下一个暑假该去哪儿过，或是该给厨房刷什么颜色的油漆。你的有意识思考需要某种形式的注意，不论是对这些文字还是对蔚蓝海岸。你也许会使用短时记忆（工作记忆）来记录你所读到的东西，或用长时记忆来回忆过去的假期或朋友家厨房的颜色。你在读这本书时还在使用视知觉和语言能力，或者更可能的是，你正在想象自己在阳光普照的下午啜饮法国茴香酒，这也需要使用这些能力。你可能会无声地自言自语（也就是内部言语），列出这个假期是个好主意的原因。这不仅是你的意识在起作用，情绪和欲望也在出力。一旦这些机制都在工作，你就可以对我所写的东西进行推理，并将其填充到你已经知道的知识里去，或者弄清楚如何说服你的爱人去租下那栋别墅。好消息是，你至少没在思考你的个人所得税或是去取你的干洗衣服……啊哦，现在你开始想这两件事了。这就是自上而下的注意的例子。

---

① 本词由艾伦·巴德利（Alan Baddeley）在《工作记忆》（*Working Memory*）一书中最先使用。

我们需要解释两种现象。其一，我们觉得自己的思想运行流畅、连贯，我们可以控制自己的思想。我们通常不会觉得自己像从四面八方接到成百上千个出警要求的警力分配员一样，需要决定什么重要或有用，什么不重要或没用；我们也不会跟分诊护士一样排列信息来决定其重要性。但是不知为何，这些过程在我们的大脑里发生了。看看你所处的房间四周，然后闭上眼睛。这个房间里的灰尘多吗？桌子上有几支铅笔和钢笔？窗外有鸟或花吗？屏幕上有灰尘吗？房间里有多少本书？是谁写的？所有这些信息都进入了你的眼睛，被无意识地知觉并加工分类过，但它们没有上升到意识层面（幸好如此），直到你注意到它们。其二，我们还需要解释我们如何产生对自我的感觉，以及为什么虽然意识每分每秒都会改变，但我们对自我的意识感却不会变化。信息以某种方式被整合在一起了。

意识的守门员：注意

只有特定信息才能进入意识。研究表明，要使一个刺激到达意识，它需要被呈现一定时间，还需要一定程度的清晰度。然而这依然不太够。这个刺激需要与观察者的注意状态有交互作用。这种交互作用可以经由两种方式发生，也就是自上而下的加工或自下而上的加工。我们还不知道这儿究竟发生了什么，但斯坦·德阿纳、来自巴黎巴斯德研究所（Past-eur Institute）的神经科学家让-保罗·尚热（Jean-Paul Changeux）以及许多合作者认为，当你有意识地使用注意时，这种自上而下的注意模式可能是丘脑皮层神经元回路活动的结果。而在自下而上的模式中，研究者认为，来自非意识活动的感觉信号强度非常高，从而使得自上而下的系统转向它们。这就是为什么你的注意可能会在没有意识控制的时候突然被抓住。打个比方，你的注意可能正集中在一个正在做的项目上，突然间你意识到自己听到了火警警报。

这里应该注意的重点是：注意和意识是两只不同的动物。首先，皮层处理器控制注意的方向。虽然存在自上而下的自主控制，但还是可能有一些强度足够高的自下而上的非意识信号，得以调整注意。我们每时每刻都会经历这些，你正有意识地想着正在做的那个项目，思想却像是无法控制般转向了其他地方。其次，即使注意被分配给了某物，也可能还不足以让刺激到达意识层面。你正在读有关弦理论的文章，你的眼睛聚焦在文章上，你亲口读出了那些文字，而那些文字一点儿也没进入你的意识，可能永远也进不去。

顶叶损伤不仅影响注意，还会影响意识。在因为脑损伤而导致注意和空间意识受损（通常是因为右顶叶受到撞击）的患者身上可以看到非常戏剧化的表现。这些人通常会表现得好像他们左半部分的世界，包括左半边身体，都不存在一样。如果你去拜访这样的人，并从房间左边进入，他不会意识到你在那儿。如果你给他做晚饭，他会只吃放在盘子右侧的东西！他会只刮右边的胡子（如果是女人的话则只化右半张脸的妆），只给你读书或报纸的右边，而且还会只画出钟的右边或是半辆自行车。但真正奇怪的是，他们不认为这有什么错！他们意识不到自己的问题。

HUMAN ▸ 认识人类

这种综合征被称为单侧忽略。它的症状包括失去对脑损伤对侧的感觉事件的觉知能力（比如，右脑损伤会导致左侧功能缺失），以及失去其他可能原本通常是对这一侧做出的行为。有一些患者会忽视半边身体，试图不移动左臂或左腿就爬下床，即使他们的左边身体没有任何运动缺陷。这种忽视还可能表现在记忆和想象中。当要求一名患者描述记忆中的广场，并假设其站在广场的一侧开始描述时，他只描述了自身位置的右半边；但当要求他站在广场的另一侧描述时，他描述了另外半边广场，而完全没有提及刚才从另一个方向描述的东西。这种现象表明，自传体自我来源于意识的反思。如果我们没有意识到它，它就不存在。

许多单侧忽略的患者意识不到自己错过了什么信息，这种表现被称作病感失认。如果脑损伤导致了瘫痪，他们也不会觉察到。他们会告诉你他们那只无力的胳膊是别人的。他们可以觉察到自己被诊断为有缺陷，但拒绝相信。一个患者这样说道：“我知道‘忽略’是一个在身体上哪儿有问题时才会使用的医学名词，但这个词让我很困扰，因为你只能忽略掉实际存在的东西，不是吗？如果它根本不存在，你怎么能忽略它？对我来说，‘忽略’这个词不能正确描述我的症状。我认为‘集中注意’比‘忽略’更恰当。绝对是‘集中注意’。假设我走路的时候有东西挡住我了，如果我把注意集中到正在做的事情上，就会看到障碍并躲开它。而只要稍有干扰，我就看不到它。”

正如这名患者所说，单侧忽略的奇怪之处在于，虽然它会发生在一个人的感觉或运动系统真正出现损伤的时候，但也会发生在所有感觉通道和肌肉骨骼系统都正常工作的情况下。忽略似乎只是失去了对这些刺激的有意识觉察。如果你同时给左右视野呈现一个视觉刺激，有左侧忽略的患者会报告只看到了右边的刺激，并没有意识到左边的刺激。然而，如果你单独在其左视野呈现同样的刺激，使它落在视网膜的同一位置，但并不呈现右边的刺激，那么左边的刺激就会被正常知觉到。如果没有来自正常一侧的竞争，被忽略的一侧就会重获注意。

HUMAN ▸
认识人类

40年前，我们是第一个在严格控制的实验中研究这个现象的研究小组。我和布鲁斯·沃尔普（Bruce Volpe）、约瑟夫·勒杜一同问出了这样一个问题：“被忽略的区域的信息是否可以在非意识层面被使用呢？”我们在视野各处呈现图片或文字。单侧忽略的患者只需说出两个词或图片是否一样。现在请记住，因为他们的忽略，当刺激被呈现在视野各处时，他们总是报告只能有意识地看到一个刺激，即那个被呈现到（负责语言加工的）左脑可以知觉到的地方的刺激。然而，当要求他们判断文字或图片是否一致时，他们回答得非常好。也就是说，信息以某种方式在大脑某处被整合，并使得受试者在无法说出呈现给右脑的不同刺激是什么的情况下也可以做出正确的决策。不用说，如果他们猜到了刺激是“相同”的，意识就会如同“事后诸葛亮”般得出结论：刺激是相同的。

这个实验引发了一系列小型实验，去探索什么样的加工过程可以在潜意识里进行。例如，文字提示研究同样表明，将文字呈现在被患者忽略的区域时，患者会否认文字的存在，但这些信息仍会被无意识地加工，并被用于文字识别。

因此，即使信息已经处于非意识水平，为了使其进入意识，或者说为了让人意识到信息的存在，注意必须指向该信息。此外，忽略最常见于竞争性的情境，此时位于或最接近“好”的一侧的信息会占据优势，压制“不好”的一侧的信息。

另一件怪事是，在被问到有关瘫软的胳膊的问题时，患者不会说自己感觉不到它，而是会说它属于另一个人。这是怎么回事呢？如果要求患者用双手做某事，他不会说自己做不到，而会说他不想做。而且，为什么这些患者不抱怨自己的这些问题呢？如果你无法看到一个房间的左半部分，你不会发牢骚吗？

裂脑患者可以帮助我们解释这个现象，并加深对意识的理解。大脑中最大的神经束被称作胼胝体，它和另一束小一些的神经元，位于大脑前部的前连合一起连接着两个大脑半球。胼胝体中有大约两亿个神经元，这些神经元源自哪个皮质层呢？你猜对了，第二层和第三层，大部分长距神经元都发源于这两个皮质层。在第 1 章就提到过的胼胝体以往并没有获得许多注意，但随着大脑模块化和偏侧化的显著性日益增加，这个连接处终于被进化之灯照亮了。

让左脑和右脑说再见

切断胼胝体的手术是帮助严重癫痫患者的最后手段，其他手段对他们来说已经难以奏效。接受这个手术的患者非常少，而因为药物和其他治疗手段的进步，现在做这种手术的人更少了。事实上，只有 10 名裂脑患者接受过完整的测试。威廉·范瓦格纳（William Van Wagenen）是纽约州罗切斯特市的一位神经外科医生，他观察到自己的一个严重癫痫患者在胼胝体长了肿瘤以后病情就减轻了，于是该患者在 1940 年第一次进行了这个手术。

癫痫发作是由人脑中的非正常放电从一个半球传导到另一个半球造成的。人们曾经认为，如果两个半球间的连接被切断了，那么电脉冲导致的癫痫发作就不会从大脑的一边传递到另一边。可怕的是这个手术的后遗症是什么。它会使得一个头颅里出现两个分裂的大脑，从而造成人格分裂吗？事实上，这个治疗手段非常成功。大部分患者的发病率减少了 60%～70%，而且他们感觉自己没什么问题，没有人格分裂，也没有意识分裂。许多人看起来完全没有觉察到自己的心理过程有什么变化。这很好，但也很奇怪。为什么裂脑患者没有产生双重意识呢？为什么两个大脑半球没有为“谁来掌权”而产生冲突呢？是其中一个半球在掌权吗？意识和关于自我的感觉实际上只存在于一个脑半球里吗？

分手并没有那么难

裂脑患者会做一些微妙的工作来补偿他们所失去的大脑连接。他们也许会不断转头来让视觉信息进入双侧半球、大声自言自语（出于同样的目的）或做出象征性的手势。只有在排除了交叉线索的实验条件下，两个半球的失联才变得明显，我们从而得以验证两个半球的不同能力。

在看到什么功能会因为这个手术而分离之前，我们需要理解还有哪些功能是两个半球共享的。皮层下通路仍然完好，裂脑患者的两个半球仍然连接到同一个脑干，所以两边接收到的感觉和本体感受信息是一样的，这些信息会自动编码身体在空间中的位置。两个半球都可以发起眼部运动，而脑干会提供相似的唤醒水平，所以两边会在同一时间睡着和醒来。完整的注意系统似乎也只有一个，在大脑被分开后也是唯一的。注意不能被分配到两个不同的空间位置上去。右脑在看坐在旁边那排的帅哥时，左脑并不会看黑板。呈现给一侧半球的情绪刺激也会影响另一侧半球的判断。

你可能在解剖课上学到过，右脑控制左侧身体，而左脑控制右侧身体。当然，事情没那么简单。比方说，双侧半球都可以引导面部和近端肌群（如上臂和大腿），而远端肌群（那些距离身体中心最远的肌肉）则由不同的半球分别控制，例如左半球控制右手。虽然两个半球都可以产生自发的面部表情，但只有占优势的左脑才能产生自主的面部表情。[①] 因为一半的视觉神经经由视交叉从大脑的一边跨越到了另一边，双眼中注意右侧视野的部分都是由左脑加工的，反之亦然。信息不会从断开连接的一个半球传递到另一个半球。如果左侧视野看到了一些右边没有的东西，那么只有右侧大脑才能接触到这些信息。这就是为什么裂脑患者要不断转头来给双侧半球输入视觉信息。

自从保罗·布罗卡[②] 最初的研究开始，我们就知道语言区通常是位于左

① 当左脑给出一个微笑或皱眉的指令时，右边脸的反应会比左边脸快大约 180 毫秒。这个发现与胼胝体参与执行自主面部指令的观点相一致。

② 保罗·布罗卡（Paul Broca），法国神经解剖学家，因 1865 年发现左脑中的语言中枢而名声大噪，该脑区现在被称为布罗卡区。然而，法国神经学家马克·达克斯（Marc Dax）在 1837 年已经就该发现在法国科学院做过报告，并于 1863 年其死后发表。有些研究者认为“左脑语言优势理论的功劳应该平等地归于达克斯和布罗卡，所以它应该被称作达克斯 - 布罗卡理论”。R. Cubelli and C. G. Montagna, “A reappraisal of the controversy of Dax and Broca,” *Journal of the History of Neuroscience* 3 (1994): 215–26.

半球的（少数左撇子除外），而裂脑患者大脑的左半球和语言中枢无法获得右脑所获得的信息。根据这些知识，我们设计了一些测试裂脑患者的方法，来更好地理解两个分离的半球里到底发生了什么。我们已经证实了左半球是负责语言以及智力行为的，而右半球则负责面部识别、集中注意以及分辨知觉差异等任务。

在注意方面，两个半球控制反射性注意和自主注意加工的方式很不一样。注意的总量是有限的。证据表明，反射性（自下而上）注意定向会独立地发生在两个半球中；而自主注意定向则需要两个半球进行竞争，左半球对于注意控制更占优势。右脑会注意整个视觉区域，左半球则只注意右侧区域。这可以解释单侧忽略症患者的一些问题。当右侧下顶叶损伤后，左侧顶叶还是完好的。然而，左侧顶叶只会把视觉注意指向身体右侧，没有脑区去注意左侧视野。剩下的问题是，为什么这不会让患者感到困扰呢？我马上就会讲到。

假装“什么都知道”的左脑

左脑是专门负责智力行为的，不带它就别出门！

两个大脑半球断开连接后，患者的言语智力和问题解决能力都还是完整的，在自由回忆能力以及其他表现方面可能会有一些缺陷，但把一半皮层同优势的左半球分离开并不会对认知功能产生重大影响。左半球依然保有手术前的那些能力，而同样大小的右脑在断开连接后则会严重缺乏完成认知任务的能力。虽然右脑的某些知觉[①]和注意能力（也许还有情绪上的能力）仍然比左脑要强，但它在问题解决和其他心理活动上的表现非常差。拥有大约同样数量神经元的大脑系统，一个（左脑）可以轻易思考，另一个（右脑）却

① 右脑在空间能力测试中的表现比左脑好，比如判断线段分布和朝向的任务。有些加工过程是只由右脑进行的，比如推断隐藏的轮廓或是推测与时间和空间有关的物体碰撞的原因。

无法进行高级认知，这是皮层细胞数量不能完全解释人类智能的有力证据。

HUMAN▶
认识
人类

我们在一项猜测概率的实验中发现了两个半球在问题解决能力上的差异。我们让受试者猜测两种事件之中的哪一种会在接下来发生：是亮红灯还是亮绿灯？每种事件的发生概率不同（比如，75% 的时间会亮红灯，而 25% 的时间会亮绿灯），但事件发生的顺序则是完全随机的。一个人可能会使用的策略有两种：概率匹配或是最大化。概率匹配就是 75% 的次数猜红，25% 的次数猜绿。这个策略的问题在于，虽然它确实可能得出 100% 正确的答案，但因为事件出现的顺序是完全随机的，这个策略可能会带来很多错误，受试者通常只有大约 50% 的时候能够答对，它完全是依靠运气的。第二个策略是最大化，也就是每次都猜红。这保证了 75% 的正确率，因为红灯会在 75% 的时间中出现。老鼠和金鱼等动物会使用第二种策略，而人类则会使用匹配策略。结果是，非人类动物在这个任务上的表现比人类要好。

人类使用这种次优策略，是因为我们有着试图在一系列事件中找到规律的嗜好，即使我们已经被告知事件序列是随机的了。我和乔治·沃尔福德（George Wolford）、迈克尔·米勒（Michael Miller）一起测试了裂脑患者的两个半球所使用的策略是否相同。我们发现，左脑会使用概率匹配策略，而右脑则会使用最大化策略！我们对右脑正确率高于左脑的解释是，右脑会通过最简单的方式来解决任务，而不是试图为任务建立复杂的假设。

然而，后来的测试发现了更多有趣的结果。右脑在面对它专门负责的刺激时会使用概率匹配策略，比如面部识别，而不负责这些任务的左半球则会随机地反应。这意味着如果一个半球专门负责某种任务，那么另一个半球就会放弃对它的控制权。而左半球与人类在混乱中寻求秩序的偏好有关，即使当证据表明根本没有规律存在的时候，左脑仍然坚持对事件的序列建立假设，例如，在玩老虎机时就会这样。在可能对适应性没有帮助的情况下，左脑为什么还要做这种事呢？

HUMAN ▸ 认识人类

几年前，我们在左脑中发现了一些很有意思的事情：在没有来自右脑的信息的情况下，左脑会如何解释与它分离的右脑做出的行为呢？我们给裂脑患者展示了两张图片：给他的右侧视野展示鸡爪，只让左脑看到；再给左侧视野呈现雪景，只让右脑看到。然后，要求这名患者从呈现在其完整视野内的一系列图片中进行选择。在这些图片中，他的左手选择了铲子，右手选择了鸡。当被问到为什么选择这两样东西时，他左脑的言语中枢回答道：“哦，这简单。鸡爪跟鸡配对嘛，然后你需要用铲子打扫鸡舍。”左脑看到了左手的反应，但并不知道产生这一反应的原因，却又需要对此进行解释。它不会说：“我不知道。”它在与它已知的内容相一致的情境下解释了这个反应，而它唯一知道的就只有鸡爪。它对雪景一无所知，但又需要解释左手指向铲子的反应。它需要为这个行为找些理由。我们将左脑的这个加工过程称作解释器。

我们还针对情绪变化进行了类似的测试。我们给右脑一个笑的指令。患者开始笑，当我们问她为什么笑时，左脑的言语中枢并不知道自己为什么笑，但它无论如何还是会给出一个回答：“你们太好笑了！”当我们通过视觉刺激让右脑产生一个负性情绪时，患者否认看到了任何东西，但突然说她很难过，而且是实验者在让她难过。她感受到了刺激的情绪反应，包括所有的自动产生的结果，却不知道是什么导致的。缺乏知识并不重要，左脑总会找到答案的！它必须建立秩序。只要有一个能说得通的解释就可以了："是实验者干的！"左脑的解释器会将所有的加工过程都合理化。它会把所有的输入信息都拿过来，整合成一个说得通的故事，即使这个故事可能是完全错误的。

活在解释器编织的世界

现在我们回到本章的主要问题：既然我们是由这么多模块所组成的，为什么却感到自己是一体的呢？几十年来的裂脑研究揭露了大脑两个半球的功能特异性，以及每个半球各自负责的特定功能。我们强大的人类大脑有着数不清的能力。如果我们的大脑只是一大堆特殊模块，那种强大的几乎不言自明的同一性感觉又是从哪儿来的呢？答案也许就埋藏在左脑的解释器及其寻找事件发生原因的驱动力之中。

HUMAN ▶ 认识人类

1962 年，哥伦比亚大学的斯坦利・斯坎特和杰里・辛格（Jerry Singer）给参与一个研究实验的受试者们注射了肾上腺素。肾上腺素会激活交感神经系统，导致心率加快、手抖以及脸红。之后，受试者会跟一个假扮的受试者接触，而这个假受试者会表现得很欢欣或是很愤怒。被告知了肾上腺素作用的受试者会把这些症状（比如心跳加速）归因于药物；而没有被告知这一点的受试者则把自身的自动唤起归因于环境。与欢欣的假受试者在一起的受试者报告说自己很兴奋，而与愤怒的假受试者在一起的受试者则报告说自己生气了。这个发现说明，人类具有需要对事件做出解释的倾向。当情绪被唤起时，我们会去解释为什么。如果有一个显而易见的解释，我们就会接受它，正如被告知了肾上腺素效果的受试者的表现一样。而当没有明显解释的时候，我们就会自己找一个。受试者意识到自己的情绪被唤起了，于是立刻给它找了个原因。我们在上一章提到从大峡谷上往下看的时候讲过这件事。这是一个强有力的机制，发现它之后，人们会不禁思考，有多少次我们成了情绪与认知间虚假相关关系的受害者。（“我感觉很好，我肯定很喜欢那名男士！”而对方却在想：“啊哈，巧克力起作用了！”）裂脑研究告诉我们，这种制造解释和假设的倾向来源于左脑。

左脑似乎具有解释事件的驱动力，而右脑则没有这样的倾向。对半球间记忆差异的重新审视也许能够解释为什么这样的二元分工是有利于适应性的。当被要求判断一系列物品是否曾在实验中出现过的时候，右脑能够正确识别之前出现过的物品和新的物品。“是的，之前出现过塑料叉子、铅笔、开罐器，还有橙子。”然而左脑则倾向于将与之前出现过的物品很像的新物品认作是出现过的东西，这很有可能是因为它们符合左脑建立的图式。“是的，叉子（但这个是银叉子而不是塑料叉子）、铅笔（虽然这支是自动铅笔而出现过的那支不是）、开罐器以及橙子。”这个发现与“左脑解释器会建立理论，来将知觉到的信息吸纳进一个可以被理解的整体中”这个假设一致。大脑不只是简单地观察事件，还要询问其为什么会发生，这样就可以在下一次事件发生时更有效率地处理它。然而，这种阐释（编故事）的过程会给知觉识别的准确性带来有害的影响，正如它对言语和视觉材料所做的那样。但准确性在右脑中仍然很高，因为右脑不会参与这些解释性的加工。拥有这样的双重系统的优势显而易见。右脑仍然可以保持对事件的准确记录，而左脑则可以自由地对呈现的材料进行精细加工并做出推断。在完整的大脑中，这两个系统会相互补充，让人能够对信息进行不失准确的精细化加工。

猜测概率范式还解释了为什么一个半球中的解释器是适应性的，而另一个的不是。大脑的两个半球解决问题的方式不同。右脑的判断基于简单频率信息，左脑则依赖于建立精细的假设。有时这只是一个随机的巧合，在随机事件中下，右脑的策略显然更有优势，而左脑为随机序列建立毫无意义的理论的倾向对行为表现来说则是不利的。这就是根据道听途说的情况来建立一个理论的危害。“我整晚都吐。肯定是因为昨晚在那家新餐厅吃晚饭。”如果吃了你吃过的那些食物的所有人都生病了的话，这就是一个很好的假设，但只有你一个人生病的话则不然。你生病可能是因为流感，或是因为你的午餐。然而，许多情况都有着潜在的规律，而在这些情况下让左脑从明显的混乱中创造秩序是最佳策略。巧合时有发生，但阴谋有时也确实存在。在一个完整的大脑中，大脑可以根据实际情况选择两种认知风格中的任意一种来使用。

两个大脑半球对待世界的方式不同可以被认为是适应性的。这些不同还可以提供给我们一些有关人类意识本质的线索。在媒体中，裂脑患者被描述成有两个头脑。然而，患者却在手术后声称自己与以前并没有什么不同，他们没有因为有两个头脑就产生双重意识。这两个独立的半球是如何产生一个单一的意识的呢？左脑的解释器可能就是答案。解释器受到驱动，无论什么情况下都会产生解释和假设。裂脑患者的左脑在解释右脑做出的行为时不会有任何迟疑。在神经系统完好的个体中，解释器在伪造交感神经系统被唤起的理由时也不会迟疑。所以，左脑的解释器可能可以在所有人身上都产生让我们觉得自己是一个完整统一的个体的感觉。

在劳伦斯·达雷尔（Lawrence Durrell）的大作《亚历山大四重奏》（*Alexandria Quartet*）中，他用《贾斯汀》《巴萨泽》《芒特奥利夫》《克丽》这四本书讲了同一个故事。前三本书都是以不同角色的角度讲述第二次世界大战爆发前住在埃及亚历山大的一群人的故事。如果你只读了第一本书《贾斯汀》，你对故事的观点是扭曲的。第二本书《巴萨泽》会给你更多信息，而第三本给的信息更多。然而，读者在这三本书里都只是跟随着叙述者。你对故事的理解完全取决于叙述者告诉了你什么，你的解释完全取决于提供给你的信息。对大脑里的解释系统来说也是一样，解释系统的结论只能根据其接收到的信息来产生。

现在，终于可以回到我们那些单侧忽略的患者身上了。首先，让我们先看一个简单的案例。如果一个人的负责将视觉信息传输到视觉皮层的视觉神经损坏了，那么损坏的神经就会停止传输信息，患者会抱怨他在相关的视觉区域中失明了。举例来说，这样的患者可能在他视野中心的左边有一个巨大的盲点，怪不得他要抱怨。

然而，如果另一名患者的视觉皮层（处理接收到的视觉信息的地方）而不是视觉通路受损了，而且在同样的位置产生了同样的盲点，他通常根本不会抱怨。原因是这个受损的皮层区域表征着视觉世界中的一个具体位置，该区域通常会询问：“左边的视觉中心点怎么样了？”如果视觉神经受损，这个脑区还是在运转的，当它没有从神经中接收到任何信息时，就会抗议：“出什么错了吧，我没有收到任何信息！”但当这个脑区本身被损坏，不再工作的时候，患者的大脑就不再有负责那个视觉区域的脑区了，对于那个患者来说，那个视觉区域不再存在了，所以也就不会产生任何抗议了。中枢神经系统损伤的患者不会抱怨，因为这个可能会抱怨的大脑脑区已经丧失能力了，而且没有其他脑区会来接替它。

继续深入到大脑的处理中枢，我们会看到同样的模式，但现在问题在于解释功能。顶叶皮层会不断在三维空间中寻找手臂位置的信息，并监控胳膊相对于其他所有物体的存在。如果把手臂的位置，手中有什么东西或是疼痛冷暖等信息带给大脑的感觉神经受损了，大脑会说有哪里不对劲儿：“我没接收到信息！左手呢？我啥都感觉不到了！”但如果损伤是在顶叶皮层上，监控功能就会不声不响地消失，因为抗议者受损了。拿我们病感失认并失去对左手的控制的患者为例，一个右顶叶损伤的患者，其大脑表征身体左半部分的区域受损，这就好像身体不知不觉中失去了在大脑中的表征，没有留下半点痕迹。没有脑区知道任何有关左半身以及它是否还在工作的信息。当一个神经学家把患者的左手举到他面前时，患者会给出一个自认为说得通的解释：“那不是我的手。”正常工作的解释器无法从顶叶获取信息，事实上，它甚至都不知道顶叶是否应该给它任何信息，因为损伤已经阻断了来自那儿的信息流。对于只基于自身所获得的信息来做判断的解释器来说，左手不再存在了，正如看到脑袋后面的东西以及摇尾巴不是解释器应该考虑的事情。如果是这样，那么他面前的左手就不可能是他自己的。这样的话，患者的话就比较说得通了。

HUMAN ▸

认识人类

二重性记忆错误（reduplicative paramnesia）是一种奇怪的综合征，患者会出现妄想信念，认为有一个地方被复制了，或是它会同时在不止一个地方出现，又或是它被迁移到了另一个位置。我收治过一个这样的女患者。虽然她是在纽约医院我的诊室中接受检查的，却声称我们身处她位于缅因州弗里波特市的家中。对这种综合征的标准解释是，她给一个地方（或人）幻想出了一份拷贝，并坚称有两个这个地方（或人）存在。

这个女人很聪明，在面谈之前她一直在读《纽约时报》打发时间。我首先问："你在哪儿？"回答是："我在缅因州的弗里波特。我知道你不相信。波斯纳医生今天早上来看我的时候，告诉我说我在医院里，如果有住院医生来查房就这么告诉他们。好吧，无所谓，但我知道我是在缅因州弗里波特市的家里！"

我问道："好吧，如果你在弗里波特的家里，那门外怎么会有电梯呢？"这位庄重的妇人凝视着我，平静地回答道："医生，您知道我花了多少钱才装上这电梯的吗？"

这名患者的解释器在试图解释她所知道、感受到以及做过的事情。因为大脑损伤，所以她表征位置的这部分脑区变得过于活跃，大量传输有关她位置的信息。解释器只会基于其接收到的信息来判断，而在这个案例中，它接收到了一份奇怪的信息，然而解释器仍然需要解释问题并弄清楚其他输入的信息——对于解释器来说这些信息是不证自明的。结果呢？结果就是它编出了许多想象出来的故事。

在卡普格拉综合征中，患者可以认出一个熟悉的人，却坚称这个人是假冒的，被一个完全一样的替身所取代了。比方说，一个女人会说杰克（她的丈夫）看起来像是她的丈夫，但实际上不是，而是一个替身，或是外星人。在这种综合征中，患者对熟悉的人的情绪感受与对那个人的表征分离，她在看到这个熟悉的人时感受不到情绪。解释器需要解释这个现象。它接收到来自面部识别模块的信息：“这是杰克。”然而，它没有接收到任何情绪信息。为了解释这种情况，解释器就会给出一个解决方法：“这肯定不是真的杰克，因为如果这是杰克的话，我肯定会感受到情绪的，所以他是假冒的！”

我只要做我自己就好了

解释器还有其他职责。这个系统最初用于解释轰炸我们大脑的众多信息，解释我们对环境中遇到的东西的认知和情绪反应，询问两件事之间的关联，建立假设，从混乱中找出秩序。此外，这个系统还建立了一个关于我们的行为、情绪、想法以及梦想的即时旁白。解释器是胶水，让我们的故事保持一致，创造出一种完整理性的自我感觉。将解释器嵌入大脑其他功能会产生许多副产品。一个最初用于追问两件事之间的关联，追问无限多的事情，并对遇到的问题给出回答的装置，也会不由自主地创造出自我概念。这个装置当然会问一个大问题：“谁在解决这些问题呢？嗯……我们就叫它‘我’吧”，然后自我的概念就形成了[①]。

① 其他大问题还包括：人类为什么存在？生命的意义是什么？人类是如何变成现在这样的？人类为什么是独一无二的？

——所以我的自我感觉是个副产品？

——不好意思，就是这样。现在我们可以开始讨论哲学或是弗洛伊德理论中的自我或者“我”都是什么了，但我们要说的不是这些，而是认知心理学。

学界基本都同意自我认知是由多个独立的过程组成的，而且人们还针对哪些加工过程组成了自我认知提出了多个不同的假设。加州大学圣巴巴拉分校的约翰·凯尔斯德姆（John Kihlstrom）和我的同事斯坦·克莱因（Stan Klein）强调说自我是一个知识结构，而不是神秘的存在。他们认为自我知识包含四个种类，以不同格式分类储存在大脑中。

1. 概念自我，也就是一套关于特定情境中的自我的模糊概念，由“我们如何成为我们”的理论结合起来。“我是一个慷慨（或小气）、快乐（或寡言）、很棒（或很蠢）的人，因为我的父母（或所处的社会、所有的信念）教我做（或让我成为）这样的人。”根据帕斯卡尔·博耶和他的同事的观点，这可能会涉及社会系统领域，自我概念包括社会身份或道德地位的概念，也包括心理理论和共情能力。
2. 自我叙述，也就是我们建立、对自己复述并告诉他人的有关过去、现在和未来的事情。“我出生在一个农场，驯马长大，竞技表演就是我的生命。”
3. 自我表象，也就是把自己看作是一张图像，包含面孔、身体以及姿势的细节。“我苗条、优雅而且引人注目。你一定得看看我跳探戈！”
4. 一个拥有人格特质、记忆以及经历信息的联合网络，分别储存在情景记忆和语义记忆中。“我是一个自信、外向、肤色健康的人。我在塔希提岛出生，移居夏威夷，在那儿过得很开心，还在一个特别不适合冲浪的天气赢得了州冲浪冠军。女孩儿都喜欢我。”

这听起来很耳熟。我认为这正是左脑解释器所想出的理论、叙述和自我表象，它从不同输入端（包括“神经工作空间”和知识结构）收集信息，将这些混乱的输入黏合到一起，组成了自我，写出了这份自传。

这些有关自我的知识结构与其他知识结构一样吗？一些神经心理学家不这么认为。宾夕法尼亚大学的詹姆斯·吉利根（James Gilligan）和玛莎·法拉（Martha Farah）认为大多数结构可能并不会同与人相关的加工过程有太大区别。这确实很符合大脑经济学。我认为，左脑解释器是人类独有的。它从动物也会接触到的大量来源接收信息，却可以通过独特的方式综合这些信息，从而形成具有自我意识的自我。这是一种形态转换。人类自我觉知的程度是我们独有的。

然而，也许有些特殊的知识结构能够使我们的解释器获得优势。首先，让我们先学习一些有关记忆的知识，然后再回到因脑损伤而影响了自我感的患者身上来，看看能不能多学点儿东西。记住，解释器只能使用它可以接触到的信息。

想想到蔚蓝海岸的旅途吧。在提议要进行一次这样的旅行时，你使用了有关自己的知识来表明你会享受这趟旅行。这些信息是从哪儿来的呢？至于你的旅行伙伴，有关另一个人的信息跟关于你自己的信息是一样的吗？它们是存储在同一个记忆区域的吗？几年前有一个关于记忆的有趣发现：比起问一个人词的一般含义，如果你问他这个词是否是描述自我的，他会把这个词记得更牢。打个比方，比起问他“宽容是什么意思”，如果你问他“你宽容吗”，他对“宽容”这个词的记忆效果会更好。这让研究者们相信，自我知识的存储方式可能与其他信息不同。

记忆存储着两种基本类型的信息：程序性的和陈述性的。程序性记忆使人可以获得知觉、运动以及认知技能，它们的表达是无意识的，比如开车、骑车、系鞋带、编辫子，甚至是弹钢琴。陈述性记忆则是由有关世界的事实和信念组成的，比如沙漠在夏天很热，橙花很香等。神经科学家恩德尔·塔尔文（Endel Tulving）是多伦多大学的名誉教授，他提出陈述性记忆有两种类型：语义性的和情景性的。

语义记忆是一般性的："只说事实，女士，我只说事实而已。"它并不一定与我们获得它的来源、地点和时间相关。开罗是埃及的首都，12 的平方是 144，大多数红酒都是用葡萄酿的。语义记忆不会以自己作为主观参照，虽然它也可以是有关自己的真相："我有绿色的眼睛。我出生在廷巴克图。"语义记忆提供给我们的知识来自世界观察者的角度，而不是参与者的角度。

情景记忆则是自己在特定地点和特定时间经历过的记忆："我昨晚在派对上玩得很开心，而且那儿的食物也很棒！"随着对情景记忆的了解增多，塔尔文一直在不断打磨它的定义。因为他认为情景记忆是人类独有的，而且它对我们之后关于动物意识的讨论很重要，所以我引用一下他的打磨成果。

> 情景记忆是一个大脑或思维（神经认知）记忆系统，在近期进化中出现，发展时间晚，衰退时间早。它指向过去，比任何其他记忆系统都更容易受到神经功能紊乱的影响，且可能是人类所独有的能力。它使得在心理上穿越主观的时间（过去、现在以及未来）成为可能。这种心理上的时间旅行让人可以作为情景记忆的"拥有者"（自己），通过自我觉知（autonoetic awareness）[①] 来记住自己之前想过的经历，并想象之后可能会遇到的经历。情景记忆的运作不仅仅需要语义记忆系统。要从情景记忆中获得信息（回忆），必须建立并维持一种被称作情景"提取模式"的特殊心理定式。情景记忆的神经成分包括一个分布很广的皮层和皮层下脑区组成的神经网络，这些脑区与支持其他记忆系统的神经网络有所重合，但范围更广。情景记忆的本质在于三个概念的结合：自我、自我觉知以及主观时间。

① 直接将注意力聚焦到自身的主观经历上的能力。

从定义上来说，情景记忆总是会将自己作为某种行为的代理或是接受者。当一个人（我们就叫她莎拉吧）记起一件事的时候，她是在知道这件事曾经发生在自己身上的情况下重新体验了这件事：“我记得去年去看了滚石乐队的演唱会，他们太棒了！”情景和语义记忆的主要区别不是编码的信息类型，而是在系统编码和检索记忆时伴随着的主观体验。莎拉会将自己所说的“我去年看了滚石乐队的演唱会”视为事实，即使她醉到根本记不清自己是否真的看过。情景记忆植根于自我觉知和“现在拥有这个经验的自己与之前的自己是一样的”这个信念之中。语义记忆只需要理性觉知就够了，也就是一个人客观地去想他所知道的某个东西。塔尔文强调：“对自身的理性觉知是可能的，包括自己的身体在空间中的位置、特质与性格，甚至不伴有重新体验过去的感觉的自传体事实。”

语义记忆似乎比情景记忆在成长发展过程中要出现得早一些。虽然很小的孩子似乎也可以记得事实并思考不是实体的东西（也就是说他们有语义记忆），但他们是否能有意识地使用发展完善的情景系统来回忆过去还不明了。两岁大的孩子就已经可以回忆他们在 13 个月大时看到的东西了。然而，许多证据支持这样一个观点：孩子们要到至少 18 个月大的时候才能真正将自己归入记忆中，而且这种能力在三四岁时才变得比较可靠。事实上，小于四岁的孩子没有时间概念，所以告诉他们“两周之后咱们会去迪士尼乐园”从来都不会是个好主意。情景记忆发展较晚解释了为什么我们早期的自传体记忆是空白的。

然而，进化心理学理论并不认为只有情景记忆才能完成自传体工作。当你需要简单粗暴的回答时，这个系统的反应时间太长了。我们的祖先在面对是否追赶猎物的问题时需要一个对自己能力的迅速回答。他来不及记起自己追过的所有疣猪和瞪羚，回忆自身的速度和耐力是否能追上它们，再计算追上眼前这只猎物的概率。他需要预先计算并储存答案：“我跑得快，身体强壮，耐力又好，去追吧！”或者：“我跑得慢，还容易累，而且疣猪还很恶心。我还是干脆把它的位置告诉克罗诺斯吧。”

猜猜后来怎么样了？那个“我只说事实，女士”的语义系统中似乎存在一个性格特质概略的副系统。斯坦·克莱因和朱迪思·洛夫特斯（Judith Loftus）做了一些测试来找出性格特质概略与情景记忆是否被分别存放在不同的地方。他们给受试者几组成对的任务，第一个任务用来提示第二个任务。第一个任务可能是回答一个特质是否能用来描述自己（你慷慨吗？）、做填空题（定义“桌子”这个词），或是一个控制任务（看空白屏幕或是定义一个特质词：“自私”是什么意思）。然后，如果第一个任务是回答一个特质是否属于自己，那么第二个任务就是回忆起一个自己表现出了那种特质的情境。实验者测量了受试者回忆情境所用的时间。如果受试者只看了空白屏幕，那么他们会看到一个新的特质并需要给出能表现出自己具有这种特质的情境。根据研究者的推理，如果受试者使用了情景记忆来回答一个特质是否属于自己（对，我很慷慨），那么他们应该在看过那个特质以后更快地回忆起情境，因为他们已经在第一个问题中想过这个问题的答案了。然而，结果并非如此。不论之前是否被问到这个特质，受试者用来回忆自己表现出这个特质的情境的时间都是一样长的。实验者总结说，人们在回答关于自身性格特质的问题时会提取特质概略，而不是激活特定情境下的回忆。

克莱因和洛夫特斯的另一项研究发现，情景记忆只有在没有特质概略可用的时候才会被使用，比如当关于某个特质的经历十分有限的时候。这对于判断他人也同样适用。他们详细研究了一位完全性遗忘症的患者，这名患者无法回忆起自己生命中所做过或经历过的任何一件事情。他不仅没有情景记忆，还失去了部分语义记忆。虽然他无法准确地描述自己女儿的性格，但可

以很准确地描述自己的性格。他知道自己生活中的一些事情，但也忘记了不少。他知道历史上一些众所周知的事件，但也有很多不知道的事。这种缺陷的规律强烈地表明自我性格特质的存储和提取是由一个特殊的记忆结构负责的。

关于自我指涉特质的主流研究认为左脑与其有关。那自传体情景记忆呢？可以在大脑中定位它吗？这个问题的答案还很模糊，有一些证据说在这儿，另一些又说在那儿。逐渐浮现的图景表明，自我知识的各个方面是分散在整个皮层的各个位置的，有证据说左侧额叶在提取和重构自传体知识的加工过程中至关重要。

裂脑患者可以帮助我们定位自我在哪儿加工吗？切断人类胼胝体这件事向人们提出了一个有关自我本质的基础问题：被分离的两个半球是否有着各自的自我意识？两个半球是否有着各自的观点和各自的自我指涉系统，它们是否是真正独立且彼此不同的呢？

早期对裂脑患者的观察表明，事实可能当真如此。有些时候，一个半球看起来很活跃，而另一个则很安静。还有些时候，左手（由右脑控制）会在视野外饶有兴趣地玩一个物体，让左脑完全搞不清状况。然而，在这些年里记录下来的几十个案例中，没有任何一个清晰的例子可以让我们断言两个半球各自具有完整的自我感觉。虽然要研究自我很难，但我们还是获得了一些与自我相关的知觉和认知加工的有趣结果。

研究揭示出许多用于识别熟悉的人（比如朋友、家庭成员以及明星）的大脑结构和加工过程。功能性磁共振成像研究和患者个案研究都表明，面部识别主要依赖于右脑的一些结构。比方说，对于裂脑患者来说，如果一张熟悉的面孔被呈现给右脑，其识别表现要显著好于这张面孔被呈现给左脑的时候。与之类似，损伤特定的右脑皮层区域会影响识别他人的能力。

但右脑是否也同样负责自我识别呢？虽然有些证据支持了这个观点，但现有证据尚不足以让我们下定论。神经成像研究显示，高自我相关材料（比如自传体记忆）会激活左脑的一片皮质网络，该区域有可能支持着自我识别以及相关认知功能的加工。所以，识别熟人主要依赖右脑的结构，而自我识别则需要额外的左脑认知加工过程。为了探究这个可能性，戴维·特克（David Turk）和他的同事们测试了一个裂脑患者对自己和熟人面孔的识别。

HUMAN▸
认识人类

患者 J. W. 看了一系列面孔照片，其中包含 0% ～ 100% 的自我图像。作为 J.W. 的长期合作者（即熟人），一张我（加扎尼加）的照片被用来代表 0% 的自我，而 J.W. 的照片则被用于表示 100% 的自我。另外 9 张照片由电脑软件生成，分别代表从加扎尼加变化为 J. W. 的各个阶段，每变化 10% 为一个阶段。在一种条件下（自我识别），J. W. 需要判断呈现的照片是否是自己；在另一种条件下（熟人识别），他需要指出这张照片上的人是否是加扎尼加。两种条件的唯一区别就是判断的要求不同（“这是我吗”和“这是加扎尼加吗”）。

结果中出现了 J. W. 面部识别表现的双分离现象。他的左脑表现出把合成面孔识别成自己的偏好，而右脑则相反，偏好于识别熟人。简单地说，左脑能很快探测出含有部分自我的图像，甚至于对只有一点点像自己的图像也是如此，而右脑则需要获得完整并且完全是自己的图像才会识别出这是自己。对于左脑，自己在图中的分量和探测出自己的概率成线性关系，而右脑则需要图像至少 80% 是自己的时候才能识别出这个图像。左脑凭借较少的自己的信息就能识别出自我，这个发现可能反映了左脑在提取关于自我的知识时所扮演的重要角色，也可能是由于左脑解释器会将所有可用的信息结合并基于此做出决定。这个发现也与右脑更加准确且会最大化信息，而不是建立假设的倾向一致——“等等，这不是我。那个鼻子不太对啊。”而左脑则会匹配概率并做出假设：“对，这就是我！”

总体来说，数据表明自我感觉的来源是分布在两个半球的网络中的。有可能两个半球都有着各自的特异化加工，为自我感觉做出贡献，最终左脑解释器基于这些分散网络中的信息输入建立起了自我感觉。

动物的意识能达到什么程度

这是一个吸引了许多动物研究者的问题，它的答案一直都很模糊。如果动物可以说话的话，这项研究就简单多了。在这儿重述一下史蒂夫·马丁的话：“天哪，这些动物！它们对所有东西的叫法都一样！”[①] 正如我早先提及的，意识有很多层面，且不同研究者也有不同的定义。哺乳动物有一定的意识已经是确定的了，而争议始于它们的延展意识程度到底如何。问题是，要如何设计一个可以展示不能言语的动物的意识程度的实验呢？要是能回答这个问题的话，你就有了一份质量超群的博士论文了。

为了确定动物拥有的延展意识程度，我们需要知道延展意识里包含了什么。延展意识的基础在于某种程度的自我觉知。自我觉知就是将自己作为注意的客体。不同科学家对此有不同的描述，从仅仅能意识到自我知觉或环境刺激的产物（“我听到了一个声音”“我被刺了一下”），到对有关自己的信息进行概念化的抽象能力（“我是个嬉皮士”）。这让动物研究者们关注两个区域：动物的自我觉知以及动物的元认知（对思维的思维）。

---

① 原话为：“天哪，这些法国人！他们对每样东西的叫法都不一样！”

动物的自我觉知

在讨论动物的自我觉知时，马克·豪泽指出，在进化中，当区别对待你自己所属物种中的一些成员与另一些成员会有好处时，识别能力就具备了适应性。所以，能够识别不同性别，或是另一个体的年龄（判断对方是否性成熟，以免浪费时间跟没有成熟的个体调情），又或是你自己的母亲、亲戚与非亲戚，或者你自己所属族群或巢穴里的其他成员是有好处的。豪泽告诉我们："所有社会性的两性繁殖生物都有识别不同性别、成年与否以及亲属或非亲属的神经机制。"

许多不同的系统进化出来，帮助动物识别亲疏。一个许多鸟类都具有的系统是印刻：第一眼见到的个体就是妈妈。印刻系统对于幼体成长而言通常起关键作用，但有时亦会发生一些小事故，这在现在的许多动画片里都有所表现。隧蜂和胡蜂会通过气味来识别自己的集体，地松鼠也会用气味识别，而墨西哥无尾蝙蝠则会通过声音和嗅觉交流从数千幼崽中识别出自己的孩子。这些识别系统都使用了一些感知觉来给识别提供线索，匹配特定的神经模版，但它们的运行不需要任何自我觉知，不需要任何"对自我的知识"。

HUMAN ▸ 认识人类

设计一个证实动物是否具有自我觉知的实验是很难的。在过去，人们通过两种角度解决这个问题。其中之一是镜像自我识别，另一个是模仿。戈登·盖洛普（Gordon Gallup）设计了一个镜像测试来解决这个问题。他首先麻醉了黑猩猩，在其一只耳朵和一条眉毛上画了个红色记号，然后在黑猩猩从麻醉中醒来以后，给它们看一个可以看到全身的镜子。在看到镜子前，黑猩猩不会去触摸红色记号，而一旦有了镜子，它们就开始这么做了。在和镜子待在一起一会儿之后，它们会开始看身体上自己原本看不到的地方。然而，不是所有黑猩猩都具有镜像自我识别能力。之后的实验发现，镜像自我识别只在一些黑猩猩身上有，且在青春期的时候开始发展，而在老一些的黑猩猩身上这种镜像自我识别要少一些。事实上，这个能力会随时间推移而减弱。猩猩也有镜像自我识别，而大猩猩中则只有很少的个体有这种能力。两只海豚（该实验在测试程序上仍存在一些争议）以及两个不同研究中五分之一的亚洲象也通过了这个记号测试。但也就只有这些动物有镜像自我识别了。

我们尚没有在其他动物物种中发现镜像自我识别的存在，这也就是你的狗在你让它看镜子时并不是那么感兴趣的原因。孩子们在两岁时就具有了镜像自我识别能力，可以通过记号测试。盖洛普认为镜像自我识别表明了自我概念和自我觉知的存在。这听起来好像很有道理，直到一个美国东肯塔基大学的心理学家罗伯特·米切尔（Robert Mitchell）插进来问：从镜子里识别自己展现出了什么程度上的自我觉知呢?

米切尔指出，镜像自我识别只需要觉知自己的身体，而不需要任何有关自我的抽象概念。除了将感觉与视知觉相匹配以外，我们并不需要激活其他东西。态度、价值、意图、情绪以及情景记忆都对从镜子中识别自己的身体没有作用。一只黑猩猩往下看到自己的手臂，然后控制它移动。它移动了。黑猩猩看到手臂在镜子中也移动了。这并不需要什么自我概念。

米切尔将自我分为三个水平：

1. 内隐自我，一个针对哺乳动物和鸟类的观点，认为经历和行为是带有情绪和感觉的。一只仓鼠饿了，它会经历并且喜欢吃东西这一过程，但可能不知道自己喜欢吃。
2. 建立在动态视觉匹配上的自我，也就是镜像自我识别的来源，这是通向模仿、假装、计划、自我意识情绪以及想象体验的第一步。

3. 建立在符号、语言以及人造物上的自我，它为共同文化信念、社会规范、内部言语、身心分离、被他人评价以及自我评价提供了支持。

镜像自我识别测试的另一个问题在于一些患有面孔失认症（无法识别脸部）的患者无法从镜子中识别自己。他们认为自己看到的是另一个人。然而，他们却仍有自我感觉，这也就是这个问题对他们来说如此痛苦的原因。镜像自我识别的缺席不一定意味着自我觉知的缺席。所以，虽然镜像自我识别测试可以指代一定的自我觉知，但它在评定动物自我觉知的程度上作用有限。它无法回答动物究竟是只能觉知可以看到的自我，还是也能觉知自己无法看到的特性。波维内利和康特（Cant）认为，生活在树上的大型灵长类动物在穿越树间间隙时面临着挑战，它们的体重会影响路径选择，因此非人类灵长类动物才进化出了对身体的自我觉知。知道自己有身体且只有某些结构才能支撑这个体重，这样的知识为它们提供了生存优势。

如果一个人可以模仿另一个人的行为，那么他一定能够分辨自己和他人的行为。模仿能力在儿童发展研究中被当作自我识别的证据。我们在第 5 章里提到过，动物世界中的模仿证据十分稀少。何塞普·考尔概括了这些研究，总结说多数证据都指向灵长类动物可以重复出动作的结果，而不是模仿动作本身。

被塔尔文认为人类独有的情景记忆在其定义中就包括了自我觉知以及把自己投射到过去或未来的能力，这也是自我觉知的一个关注点。如果一个动物表现出了具有情景记忆的证据，那它肯定也具有对于自我的概念。塔尔文列出了在动物身上鉴别情景记忆的挑战和困难。许多动物记忆研究都聚焦在知觉记忆上，这不需要陈述性记忆。甚至于有些不仅需要知觉记忆的测试，也可以经由陈述性语义记忆来完成，而无须情景记忆。

许多前人研究都假设，当动物展现出一些行为时，就说明它们是有情景记忆的。然而这些研究没有将对事实的记忆与对事件的记忆区分开来，而对事实的记忆可能属于语义记忆。情景记忆测试需要受试者回答对象、地点、时间（多数测试里都没有这一项），以及最后一个最难研究的问题：动物对经历的记忆是带有情绪成分的，还是它只是知道这件事发生过？知道自己出生了和记得自己出生时的经历，或是知道人每天都要吃饭和记得某一餐的经历是两回事。问题在于如何设计实验。在人类实验中，我们可以直接问，虽然因为我们有“什么都知道”的解释器来提供答案，所以信息可能不总是准确的。动物研究则需要聚焦于行为标准。我们花费了好多年才理解，我们所做的很多事情并不是由意识控制的，即使我们觉得好像是自己的意识在起作用。因此，动物具有意识行为这个想法虽然很诱人，但还是需要经过严格的评估。

HUMAN ▶
认识人类

波维内利和他的同事们针对孩子们开展了一项很有趣的研究，揭示了语义记忆和情景记忆在儿童发展中的区别。首先，他偷偷把贴纸贴在正在玩游戏的 2 岁、3 岁和 4 岁大的孩子的前额上。3 分钟后，他给他们看了这个行为的视频或是拍立得照片，试图弄清楚孩子们是否懂得过去的经历可以被整合到当前知识里。大约 75% 的 4 岁孩子会立刻伸向额头并抓下贴纸，只有 25% 的 3 岁孩子会这样做，没有一个 2 岁孩子这样做。然而，当他给 2 岁和 3 岁孩子一面镜子让他们看自己的时候，他们立刻就扯下了贴纸。研究者认为，不同年龄组对实时和延迟反馈的反应区别表明，自我概念和包括时间连续性的自我概念之间存在发展上的延迟。特别地，孩子们可能不会假设自己当前经历的状态是被以前的状态所决定的。2 到 3 岁大的孩子尚无法将自己投射到过去，不能在时间中旅行。这个研究也进一步表明，拥有镜像自我识别能力不代表拥有情景记忆以及完整的自我觉知，而且语义和情景记忆是分别发展起来的。

托马斯·桑登多尔夫（Thomas Suddendorf）是澳大利亚昆士兰大学的一位心理学家，他和新西兰奥克兰大学的迈克尔·科尔巴里（Michael Corballis）一起提出了一个有趣的观点，认为情景记忆和时间旅行需要很多认知能力的参与，而不是只有一个模块在工作。所以，其他物种要想拥有情景记忆，就需要具备所有必需的认知能力。这些能力是什么呢？除了一定程度的自我觉知，它们还必须具有重新建立事件次序的想象能力、对自己知识的元表征能力（能够思考自己的思考），而且必须能够从自己当前的心理状态中分离（“我现在不饿，但以后会饿”）。情景记忆还需要动物理解知觉知识的偶然性，也就是说，看到等于知道：“我知道因为苏珊遮住了自己的眼睛，所以她看不到我。”或者：“我知道因为安不在房间里，所以她看不到萨莉把球放到别处了。”动物还需要能够把过去的心理状态归入早先的自己：“我曾经认为糖放在蓝盒子里，但现在我知道它在红盒子里。”这些系统直到孩子四岁的时候才全部开始工作。这些认知能力中有一个来自比斯科夫－科勒假设（Bischof-Kohler hypothesis）的概念：“除了人类以外的动物无法预测未来的需求或是驱动力状态，所以它们被限制在被其当前动机状态所定义的现在之中。”这意味着如果动物现在不饿，它是不会为涉及吃的未来计划行动的；它无法消除自己当前的动机，也无法从中脱离，为另一种动机状态的结果做打算。

加拿大西安大略大学的心理学家威廉·罗伯茨（William Roberts）在对动物记忆研究的综述中提出了“动物被限制在时间里”这个观点。但想到你的狗“知道”晚上 7 点该去散步了，或是每天下午 5 点半在家门口等你下班回来，或者那些该死的鸟聪明地在冬天飞到南方而你却傻傻地待在布法罗，再或者熊会在夏天大吃特吃而在冬天挖洞冬眠，他的这个观点似乎又有点儿不太靠谱。它们似乎能够理解时间，而且会提前做计划。事实上，这些能力是被生物钟节律的内部线索而不是时间观念所调节的。第一次冬眠的熊无法提前为漫长的寒冬做计划，它甚至都不知道有漫长的凛冬存在。

在动物中寻找情景记忆

最有吸引力的一些在动物身上寻找情景记忆的研究都是剑桥大学教授妮古拉·克莱顿（Nicola Clayton）和安东尼·迪金森（Anthony Dickinson）两人在研究灌丛鸦的时候进行的。这些研究的不同之处在于，通过他们的研究设计，可以弄清楚这些灌丛鸦在面对不同时间和回忆灵活性的多个情境时，能否回答关于对象、地点以及时间的问题。这些灌丛鸦甚至还回答了关于主体的问题。所以它们使用了一个事件的多种成分，而不只是一点儿单独的信息。

当你在打电话或堵车的时候指代一个很烦人的人时，可能会在不经意间使用“鸟脑袋”[①]这个词。当我们之中的大多数人过着正常的日常生活，努力工作、享受假期、忧心税款时，学界对鸟脑袋的研究却产生了革命性的成果。我可没开玩笑！对鸟类大脑的解剖学和神经连接的理解发生了一个重大改变，致使我们对禽类大脑的结构和不同部分的功能有了新的想法。虽然鸟类没有哺乳动物的新皮层结构，但它们的许多脑结构与哺乳动物大脑结构的功能目的是一样的，也具有和哺乳动物一样的丘脑—皮层连接回路。这让我们意识到，一些鸟类物种的脑部比我们以前想象的要更复杂。与让人产生延展意识的连接回路相似的连接回路的存在指向了这样一个假设：这些连接在鸟类身上可能也在执行同样的功能，为它们提供了一定程度的延展意识。如果你曾花费许多时间观察渡鸦、乌鸦、松鸦或是一些种类的鹦鹉，这实际上并不令人惊讶。

HUMAN ▶
认识人类

回到灌丛鸦的话题上来。克莱顿是我以前在加州大学戴维斯分校的同事，他发现佛罗里达灌丛鸦（拉丁学名：Aphelocoma coerulescens）会在不同地点和不同时间储存不

① birdbrain，在美国口语中有“笨蛋”之意。——译者注

同种类的食物，而且还会选择性地取回快要坏掉的食物，在吃其他储存完好的食物之前先吃掉它。她的鸟解决了时间、对象以及地点的问题，而且还很有灵活性。剩下的问题是，这些知识究竟是语义性的还是经验性的。心理学家本内特·施瓦茨（Bennett Schwartz）坚称，所有这些灌丛鸦实际上只证明了它们可以更新自身的知识，那就好像是关于钥匙在哪儿的记忆一样。正因如此，克莱顿将其称为类情景记忆。

另一个有趣的发现是灌丛鸦会调整它们的储藏策略，来尽量减少其他鸟偷自己食物的可能性。如果一只灌丛鸦（我们就叫它巴兹吧）过去从其他鸟的储藏处偷了食物，并且当巴兹储藏自己的食物时被别的鸟看到了，那么当那只鸟走了以后，巴兹就会偷偷把自己的食物重新储藏在其他地方。不仅如此，巴兹的行为还取决于谁在观察它的储藏处。如果对方是一只强大的鸟，那么比起对方是自己的配偶或一只弱小的鸟时，巴兹更可能偷偷重新藏食物。如果有一只从未看过自己储藏食物的新灌丛鸦出现，它也不太会重新藏食物。然而，如果巴兹从未从其他灌丛鸦那儿偷过食物，那么它即使在藏食物的时候被其他鸟看到，也不会重新储藏自己的食物。这些结果表明，重新储藏的行为取决于之前做贼的经历。克莱顿和她的合作者打破传统地指出，灌丛鸦可能知道另一只灌丛鸦知道什么，也就是说它们具有心理理论。

你可能还记得第 2 章中马尔卡希和考尔那些揭示了猩猩和倭黑猩猩的计划行为的研究。这是目前为止证明在想象中进行时间旅行不是人类独有的能力的最好证据。在这些研究中，受试者将工具从一个房间拿到了另一个房间，以备之后（最长达 14 个小时）使用，展现出对未来工具使用的计划。作者最后总结道：

> 因为传统学习机制或特定的生物学倾向并不能解释当前的结果，所以我们提出，它们表现的是一个对未来做计划的真实案例。受试者在不存在装置或奖励的情况下，执行了一个从未在训练中得到过强化的反应（工具转移）。这个反应对当前没有影响，也不能满足任何当前的需求，但对满足未来需要很重要。倭黑猩猩和猩猩中存在对未来做计划的行为表明，这个能力可能在 1 400 万年前的大猿身上就已经进化出来了。加上关于灌丛鸦的研究结果，这些证据共同表明，计划未来并不是人类所独有的能力。

桑登多尔夫觉得这些发现非常有道理，但也指出，研究者没有测量或控制受试者的动机状态。他认为：“虽然数据表明动物对未来需要工具有所预期，但这并不一定意味着对未来心理状态的预期。”看起来，探寻非人类动物情景记忆的征程尚未结束。虽然人们正在缓慢地改进测试方法，但设计出可以找到非人类动物情景记忆的测试仍是当前的障碍。

动物会考虑自己知道什么吗

大多数动物实验聚焦在心理理论问题和动物是否知道其他个体的知识，很少有研究探讨动物对自己所掌握的知识的了解。一种更为新颖的寻找动物自我反思意识的研究方法一直在寻找元认知，或者说对自己思维的思考，也就是觉察自己心理活动的能力。动物会考虑自己知道什么吗？这是另一个很难研究的问题。

HUMAN ▸
认识人类

一种研究方法是不确定性测试。当人类不知道某件事或是对某件事不确定的时候，他们知道自己不知道或不确定。戴维·史密斯（J. David Smith）是美国纽约州立大学布法罗分校的一名心理学家，他认为设计包含不确定性的测试可能可以展示动物的元认知。他设计了一个视觉密度测试，让人类和恒河猴使用游戏操纵杆将光标移动到电脑屏幕上的三个物体中的一个上面。受试者需要判断组成方块的像素是密集的（2 950 个像素）还是稀疏的（少于 2 950 个像素）。他们可以选择“密集”“稀疏”“不确定”三种回答，由屏幕上呈现的星星表示。在选择了一个星星后，他们就会自动进入一个奖励试次。分辨难度会逐渐提升，直到大多数方块都含有大约 2 600 个像素。有趣的是，猴子和人类的反应基本一致。在测试后，人类受试者报告说，当自己在猜组成屏幕所示内容的像素是稀疏还是密集时，回答都是基于视觉刺激，但当自己选择不确定的回答时，这是因为他们自己有不确定和怀疑的感觉：“我不确定。”“我不知道。”“我说不清。”史密斯总结说，人类的“不确定”回答可能不仅揭示了元认知监控，同时也揭示了认知监控器对自己的反思性觉知。

一项类似的研究对雄性宽吻海豚进行了听觉分辨测试。海豚需要在高频音（2 100 赫兹）出现时选择按压一个高处的踏板，其他声音出现则选择按压低处的踏板，如果不确定的话就选择第三个踏板。这个踏板直到声音频率达到 2 085 赫兹或更高时才被选中。在答案确定的时候，海豚会很快地游向踏板，而不确定的时候则会游得很慢，并在几个踏板之间举棋不定。动物具有不确定的反应，且这种反应出现在与人类表现出不确定的情境相似的情境中，这被认为是猴子和海豚具有元认知能力的证据。

研究者们对这一观点的反应各不相同，既有赞同也有怀疑。问题在于一个前提假设，即当人们做出不确定反应的时候，他们是在思考自己的思考。我认为，元认知直到人们开始思考自己的反应时才会出现。这正是左脑解释器加速运转来解释他们的反应的时候。选择取决于对刺激的情绪反应，是一种传统的接近 - 回避反应。问题源自认为人类总会使用高级认知的假设，即使他们实际上并未这么做。新西兰克赖斯特彻奇市坎特伯雷大学的哲学家德雷克·布朗恩（Derek Browne）在讨论海豚研究的结果时有相似的看法。他认为，直到进行实验后调查（或者提问）时，人类受试者才会对自己之前的表现形成心理概念。

还有一些测试是美国佐治亚大学的艾利森·富特（Allison Foote）和乔纳森·克里斯特尔（Jonathon Crystal）使用老鼠完成的。首先，老鼠会听到一个或短或长的声音。然后，老鼠需要选择声音长短来获得奖励。除非它们听到的声音长度是中等的，不然这个任务还挺简单的。如果老鼠选择正确，它会获得一份食物大礼包，而如果错了的话就什么也没有。在做出选择之前，老鼠也可以选择退出测试并获得一份食物小礼包，而另一些时候，它不能退出，必须做出选择。实验中发生了两件有趣的事。首先，声音越是难以分辨，老鼠在可以选择退出时退出测试的概率也越高。其次，正如你所料，测试准确度随时间分辨任务难度的上升而下降，但这种下降在老鼠必须做测试时更显著。这个发现表明，老鼠知道自己在哪些试次中可以通过测试。它们知道自己对声音长度的了解。

何塞普·考尔则从另一个角度来研究元认知。他给受试者提供了不完整的信息，要求他们解决一个问题，以此研究受试者是否会寻找额外的信息：他们知不知道自己的知识不足以解决这个问题呢？他测试了猩猩、大猩猩、黑猩猩、倭黑猩猩，还有两岁和一岁半的人类婴儿。他使用了两个不透明的试管，将好吃的放进其中一个试管里，有时是在受试者看得到他的时候放，有时是躲在屏风后面放。然后他会让受试者选择自己想要的试管，也分为立刻拿或是晚点儿拿两种情况。问题在于，当没有足够的信息知道哪个试管中有吃的时，他们是否会在选择试管之前寻找更多信息呢？他们会！事实上，在许多试次中，在猿类看到一个试管是空的时，不去检查就会选第二个

试管，因为它们推断第二个试管里有好吃的，并且其表现要比人类婴儿好。阻止猿类立刻做出选择会增加它们的观察行为和选到正确试管的成功率。然而，孩子们却还是会保持原有行为。考尔认为，“猿类之所以在延迟情境中表现更好，可能是因为它们不需要抑制由获得奖赏的期望所引发的强烈反应”。正如我们之前讲到过的，抑制并不是黑猩猩行为特质中的重点项目。

考尔对这项研究所揭露的大猿认知模式及其是否涉及元认知能力的结论非常谨慎。相关争论一直都在于它们是使用了天生固定的规则，比如“一直找，直到发现食物为止”，还是从特定经历中学习到的固定规则，比如“遇到障碍物的时候要弯下腰”，再或者是在使用一个以多次经历积累起来的知识为基础的灵活规则，之前的每次经历都与当前情况有所不同，比如“当我的视觉被遮挡了，应该做些什么来看到目标”。考尔目前更倾向于最后这种解释。

解剖学可以帮我们解决这些问题吗？也许吧。如果我们精确地知道哪些神经连接与人类意识相关，就可以看看其他物种身上有没有功能相同的神经连接存在——然而我们并不知道。远程连接回路似乎是意识所必需的。正如我之前说过的，鸟类大脑中存在这些回路，其他灵长类动物也有。虽然还有很多比较解剖学的工作需要完成，但在比较解剖结构的时候也存在问题。这与比较功能不同。分解一只猫可能有很多种方式，也就是说，意识的神经解决方案或是路径可能不仅仅只有人类大脑中的那一种，而意识也就可能会有不同种类。

所以，现在我们只剩下安东尼奥·达马西奥的结论了。有些动物拥有一定程度的延展意识，但什么动物拥有以及拥有到什么程度尚待解答。在很有限的一些物种身上，似乎存在一定程度的身体自我觉知，但即使用来测试这些能力的新方法已经出现了，评估这些测试的许多大脑仍然认为，它们的效度和解释是有问题的。当前证据表明，动物没有情景记忆，也不能进行时间旅行，但我们会继续关注妮古拉·克莱顿和她的灌丛鸦。最新研究在老鼠中发现了动物元认知的诱人证据，但我们在下肯定的结论之前还需要继续精炼这些结果。

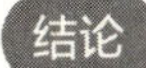

结论

有一位《时代》周刊的记者在采访时问我：“如果我们可以造出能够复制人类意识过程的机器人的话，它会不会真的具有意识呢？”这是一个尖锐而旷日持久的问题，对于试图捕捉不同的动物意识水平，以及寻找人类左右脑中意识的区别的人来说尤其如此。我在这里所写的许多有关裂脑的内容都是以前发生的事情。然而，我发现我们对复杂主题的理解总是在变化的，因为没有任何一个正确答案就在裤兜里唾手可得。我发现自己给这个记者的回答是出乎我意料的。

隐藏在这个问题之下的是一个假设：意识反映了某种把无限多的想法聚集为一种特殊的能量或实体的过程，这种能量或实体也就是我们所说的性格或感官意识。可事实不是这样的。意识是一种涌现的性质，而不是一个独立的过程。打个比方，当一个人尝到盐的时候，对味觉的意识是从感觉系统涌现出来的，而不是由食盐的构成元素组合出来的。我们的认知能力、记忆、梦境等反映了散布在大脑中的各种加工过程，而这些实体中的每一项都会涌现出各自的意识状态。

在本章结束前，请记住这样一个事实。一位裂脑患者，即一个拥有两个断开连接的大脑半球的人类，他的两侧大脑是不会想念对方的。左脑失去了对所有右脑控制的心理过程的意识，反之亦然。这就好像衰老或是局灶性神经疾病一样。我们不会怀念自己不再能够接触到的东西。意识状态会从各种能力中涌现，而且可能是从特定能力的局部神经回路的传输中产生的。如果它们被断开了连接或是被损坏了，那么能够涌现出某种性质的基础也就不复存在了。

我们每个人所拥有的成百上千万的意识时刻反映了我们的神经网络是“恪尽职守”的。这些网络遍布各处，而不是只位于一个特定的地方。当一个过程结束了，另一个就会冒出来。这些管风琴一样的装置整天都在自己演奏。人类意识如此活跃要归功于我们的管风琴有很多可以弹奏的曲谱，而老鼠的则少得多。我们知道得越多，这场演奏会就越精彩。

THE SCIENCE BEHIND
WHAT MAKES US UNIQUE

HUMAN

第四部分

超越生理限制

作为人类肯定是很有趣的，而且似乎越来越有趣了。我们的欲望是否会驱使我们在某一时刻操纵自己的染色体，使我们不再是智人？它是否会让我们变成硅基生物？

09

人类发展还需要肉体吗

> 我们当前发现的大脑工作原理可能会在未来给机器提供我们现在无法预测到的强大能力。
>
> 扬
> J. Z. Young
> 《科学的怀疑和确定：一位生物学家对脑的反思》，1960 年

我是一个半生化机器人，你也是。半生化机器人又被称作功能性机械人，它是使用技术性拓展部件为自己提供功能支持的生物有机体。打个比方：鞋子。穿鞋对多数人来说不是什么难题。事实上，鞋子还解决了很多问题，比如当我们在碎石遍布的地上行走时，鞋子可以避免尖刺扎到脚上，在盛夏的正午走在沥青停车场上时，鞋子可以保护脚不被烫伤。单单上个月，鞋子就让上百万只脚趾免于尖刺的折磨。一般来说，没有人会因为鞋子的存在而不开心。人类心灵手巧地制作出了让生活更简单愉快的工具。在发明家和工程师完成了概念基本设计和产品研发以后，审美部门就会接管工作，发挥一点儿想象力，造出高跟鞋。也许它不是那么实用，但有一个不一样的、更特殊的目的：让你穿过停车场时看起来很性感。

衣服也是被人们所接受的工具之一。衣服为我们提供了对抗寒冷、阳光、尖刺和灌木的保护措施，并遮住了我们身体的不雅之处。钟表是一件方便的工具，使用者众多而抱怨者甚少，现在它通常是由戴在手腕上的微型电脑所驱动的了。普通眼镜和隐形眼镜也很常见，它们出现的时候并没有发生什么革命。手机似乎已经精准地粘在了青少年甚至是大多数人的手上。人类总是会发明让生活变得更简单的时尚工具。亚历山大·基斯连科（Alexander Chislenko）是麻省理工学院的人工智能理论专家、研究者以及软件设计师，“功能性机械人”就是他首先提出的，但其实几千年来，人类一直是功能性机械人。第一个把一片动物皮踩在脚下才肯出门的穴居人，在一定程度上就已经是功能性机械人了。基斯连科为功能性机械化设计了一个自我测试：

- 你对科技有某种程度上的依赖，没有它就无法存活吗？
- 即便可以忍受没有科技存在的生活方式，你也会拒绝这种生活方式吗？
- 如果有人把你的人造覆盖物（衣服）拿走并将你的身体暴露在大庭广众之下，你会觉得尴尬和“非人化”吗？
- 你会认为银行存款是比脂肪更重要的个人资源储备吗？
- 你在定义自己和判断他人的时候，会更多地通过诸如财产、操纵工具的能力，以及在技术和社会系统中的地位这样的指标来下结论，而不是通过原始生理特征吗？
- 你会花费更多时间来思考以及讨论外在的“财富”和“附属物”，而不是内部“部件”吗？

我不知道你怎么样，但我确实更愿意听到我的朋友买了辆新车而不是换了个新的肝脏。请尽管叫我功能性机械人。

改造我们的身体

另一方面，半机械人则是生物和科技结构的生理性结合。这样的人还很少。继制作工具之后，人类开始做起了身体部件的零件市场生意。想要升级你的臀部或是膝盖吗？来这个柜台。断了只手臂？我们看看能怎么给你补上。但当我们进入了植入物的世界以后，事情开始变得有点儿不确定了。更换臀部和膝盖还好，但当讨论胸部植入的时候，你最后可能会陷入有关硅胶升级的热烈的乃至白热化的争论之中。增强性部件让一些人怒气冲天。为什么？身体升级有什么错呢？

当讨论神经植入物的时候，我们进入了更为波涛汹涌的水域。有些人害怕使用神经假体来修补大脑会威胁到一个人作为“人”的身份。什么是神经假体？它是一个用于恢复人所失去的或被改变的神经功能的植入装置。它既可以处在输入端（进入大脑的感觉输入）也可以处在输出端（把神经信号翻译成行动）。当前，最成功的人工神经植入物已经被用于恢复听觉了，它就是人工耳蜗。

不久前，人类所制造的“人造物”或工具都是用于外部世界的。后来，治疗性植入物——比如人造关节、心脏起搏器、药物以及生理增强物，才被用于脖子以下的部位或面部美化（包括植发）的目的。今天，我们已经将治疗性植入物用于脖子以上的部位了，比如大脑。我们还在使用药物影响大脑，以治疗心理疾病、焦虑以及情绪失调。世界瞬息万变，在基因、机械以及电脑科技等领域，技术和科学的进步都将会引发人类从未体验过的变革，改变我们对人类的定义，改善我们的生活质量，让我们的社会和世界变得更好。

雷·库兹韦尔（Ray Kurzweil）[①] 是一位人工智能研究专家，他指出，

---

① 雷·库兹韦尔是 21 世纪极具洞察力的思想家和未来学家，写就了关于人工智能的著作《如何创造思维》《人工智能的未来》，预测在 2045 年人工智能将超越人类智能。这两本书的简体中文版均由湛庐引进，浙江人民出版社出版。——编者注

这些领域的知识正在呈指数级增长，而不是线性增长。这是你理想中的股票走势。指数级增长的经典例子是：我们在数学课中学到，一个聪明的农夫与一个数学不好的国王做了一笔交易，要求国王在棋盘的第一个格子里放一粒米，下一个格子放两倍数量的米，以此类推；当国王填满棋盘最后一个格子的时候，他的王国已经不够他支付交易了。在用来填充棋盘前两排格子的时候，增长速度相对还比较慢，但到达某一节点之后，增幅就会很大了。

1965 年，英特尔的联合创始人之一戈登・摩尔（Gordon Moore）发现，当价格不变时，集成电路上可容纳的元器件数目约每 24 个月就会翻一番。这就意味着，每过 24 个月，他们就可以在不增加成本的情况下使集成电路上的晶体管数量加倍，以提升其性能。这就是指数级增长。卡弗・米德（Carver Mead）是加州理工学院的教授，他把这个现象称为摩尔定律，而这个定律既被看作是对技术产业增长的预测，也是技术产业增长的目标。它不断地被现实验证，我们用每秒所能进行的浮点运算次数（floating point operations per second，简称 FLOPS）来测量计算速度，在过去的 60 年里，这个速度也从 1FLOPS 飙升到了 250 万亿 FLOPS！正如 IBM 蓝脑计划（在下文中我们会讨论这个计划）的项目负责人亨利・马克莱姆（Henry Markram）所说的，这是“人类文明一万年来最大的人造增长率”。指数函数的变化曲线并不像线性函数一样是逐渐增加的，而是在增加到一个关键点后出现近乎垂直的增长。库兹韦尔认为，我们现在正处于这个图像的“膝盖”位置，而这样的变化速度都归功于技术产业的知识积累。他认为，人们没有意识到这一点，也没有为此做什么准备，因为人们之前一直都处于增长曲线的前半部分，进步得很慢，从而误以为变化速度是线性的。

我们没有为之做好准备的大变化是什么呢？它们与作为人类的独特品质有什么关系呢？

人工耳蜗的故事

人工耳蜗已经为无数普通助听器帮助不了的听障人士提供了帮助，因为这些人失去了负责传输和感受声波刺激的内耳毛细胞。事实上，天生失聪的孩子如果在足够早的年龄植入人工耳蜗（18 ～ 24 个月是最佳时间），就可以正常学习说话，虽然他的听力不会是完美的，但功能仍然不会差。虽然这听起来很美好，但在 20 世纪 90 年代，许多听障人群的成员担心的是人工耳蜗会对听障人群文化产生负面影响，他们认为这些装置不是治疗手段，而是医学界用来对听障人群进行文化灭绝的武器。有些人觉得听力是一种增强手段，以人工方式让人处于听障人群的顶端。虽然安装了人工耳蜗的人们仍然使用手语，但他们在群体里显然不如之前受欢迎了。这种反应会不会是我们在第 2 章里说过的理查德·兰厄姆理论的实际表现呢？他认为人类是一种有组内与组外偏见的党派物种。这种态度在缓慢地变化，但至今仍有许多人坚持这种态度。

为了理解人工耳蜗和其他所有神经假体，理解身体是靠电力运转的这个前提很重要。戴维·博达尼斯（David Bodanis）在他的著作《电学发展史》（*Electric Universe*）中栩栩如生地描绘道："我们的整个身体都是由电力驱动的。错综复杂的电缆延展到了我们的大脑深处；密集的电场和磁场渗透进了我们的细胞，使食物或神经递质得以穿过微观的细胞膜屏障；甚至我们的 DNA 也被强有力的电力控制着。"

HUMAN ▶ 认识人类

何塞·德尔加多（José Delgado）是一位神经科学家，也是大脑电刺激的倡导者，他在 1963 年用实际行动证明了自己所言非虚。为了反对 20 世纪 40 年代晚期至 50 年代早期越来越流行的额叶切除术和"精神外科学"，他下定决心找到更保守的治疗精神疾病的方式，并着手研究电刺激。幸运的是，他有技术上的天赋。他发明了第一个电子大脑植入物，并将其放在许多种动物大脑中不同的区域做实验。只要按下控制植入的电刺激器的按钮，他就可以根据不同的植入脑区，获得不同的刺激反应。他对自己的技术和从中获得的信息非常自信。于是，他在 1963 年的一天站在了西班牙科尔多瓦城的一个斗牛场中，只带着一个控制器和一双热切准备按下按钮的手，独自面对向他猛冲而来的公牛。电刺激器被植入了这头公牛的大脑尾状核中。他轻轻地按下按钮，这头公牛就在离他只有两三米时猛地停下了。他的理论成功了！他用这个按钮关掉了公牛的攻击性，使其平静地站在他前面。通过这次展示，德尔加多让神经植入物名扬天下。

到目前为止，人工耳蜗是最成功的一项神经植入物发明。它的外形是一个如徽章般大小的麦克风，通常戴在耳朵后面。这个外部装置利用磁铁吸附作用与手术植入颅骨内部的接收器相对。手术时医生会在头骨上钻出一个连通到耳蜗的小孔，把语言处理器上的一条导线穿过小孔，放进长得像螺旋贝壳一样的耳蜗中。用塑料托盘支撑着的金属制麦克风的功能如鼓膜一般，当金属因为输入的声波而震动时便会产生电荷，将声音转换成电力。电荷顺着线路传输到一个微型电脑，即语言处理器中，处理器会将电荷转换为数字信息形式的编码信号。通过一个仍在不断微调和改进的软件，使用者可以根据个人的喜好调整所听声音的频率范围和音量。

这种非常复杂的软件是科学家多年研究声波和频率，研究如何对它们进行编码及人类耳蜗生理功能的成果。被语言处理器加工过的信号之后会被传入另一个外部装置，即无线电传输器，它可以把信号以无线电波的形式传到植入的内部接收器中，这个接收器用二极管将信号重新转换回电荷。在这个接收器中有多达 22 个电极对应不同的声音频率。这些电极根据软件编码的信息以不同组合的形式将电信号发射出去，使得信号最终传入耳蜗，并刺激听觉神经。整个过程只需要 4 毫秒！[①] 遗憾的是它无法提供完美的听觉，由它形成的声音听起来很机械化。某些声音可能与以前听到的不一样了，大脑需要适应这一点。同时，在适应了一种声音后，日后的软件升级可能又会改变这种声音，使其更加贴近现实，而佩戴者又需要重新适应这种声音的独特性。

我为什么要告诉你这些？因为现在已经有了第一个成功接受神经假体的患者了：他植入了一团硅碳混合物，成了第一个真正的机械化生物体。

曼弗雷德·克莱因斯（Manfred Clynes）和内森·克莱因（Nathan Cline）杜撰了“半机械人”这个词来描述人工和生物部件交互组合成的“机械化生物体”，他们的目的是设想出一种可以适应太空旅行的生命体。太空是人类尚未适应的环境，抱着这样的观点，他们提出：“如果人类有更多可以平衡内在功能的知识的话，那么适应任何环境的任务都会变得更加简单。而我们才刚开始理解和研究半机械化。在过去，人类的身体功能在不断进化以适应环境，而从现在开始，我们将可以不改变遗传特征，而是通过生物化学、生理学以及电子学方面的改良，来改变人类的生活方式。”

这些话是他们在 1960 年所说的，而现在这些都正在发生着。从某种程度上来说，我们可以改变一个人的存在状态而不改变他的遗传特征。我们一直在通过药物来修复我们在适应环境的过程中受损的生理和心理状态，而现在则开始使用复杂的物理装置来弥补缺陷了。即使你是先天性失聪，也是可以改变的。有些研究者预测在不远的未来，先天性精神发育迟缓、智力障碍、身体缺陷等都可以被改变。甚至先天性精神变态者也是可以被治愈的。

① 从 18 世纪人类开始摆弄电荷起，人们逐渐积累起来的科学知识使得人造耳蜗成为现实。它将来自物理学、计算机工程学、神经生理学、化学、医学等领域的知识全都整合到了一起。同时，许多勇敢的志愿者在知道它还没有被测试过，且对自身几乎没有好处的时候，就去佩戴使用它，使它得到了很好的校正。

关注焦点在于，我们以后可以修补多少类似的疾病，以及这些方法对人的生理和心理状态的改变会有多深入。

作为一个机械装置，人工耳蜗可以代替人脑的一部分功能，硅被用于代替碳的功能。人工耳蜗跟刺激心肌收缩的心脏起搏器有些不一样，它是直接连接到大脑的装置，并且由软件控制人听到些什么。阴谋论者可能会有点儿激动了，因为软件开发人员可以决定你听到些什么。人工耳蜗的使用符合道德准则吗？多数人不觉得有什么问题。虽然佩戴者可能需要电脑来辅助他的大脑加工信息，但迈克尔·考罗斯特（Michael Chorost）写到，虽然他现在是一个半机械人，但人工耳蜗却让他具备了更多人的功能，让他能够更加社会化并参与到更多的社交活动中。有正常听力的人不认为人工耳蜗是增强物，他们认为这是一种治疗手段。有一个道德问题：如果未来这样的植入物或者其他类似的设备让你能够拥有超人的听觉，那么这样的听觉增强装置会不会有问题？如果这样的植入物能让你听到人耳听不到的频率呢？这也没问题吗？听到更多频段的声音会是一种生存优势吗？如果你身边的人都有这种装置，只有你没有，你会觉得自己不那么像人类吗？你会为了生存而不得不将碳升级成硅吗？这些问题都是人类将要面对的，而且这些问题不仅仅存在于感觉增强装置中。

人造视网膜仍需努力

人造视网膜植入的进展要慢不少。至今有两个问题尚待解答：第一，人造视网膜需要多少电极才足够为一个人提供可用的视力？第二，人们需要它们产生什么程度的视力才够用？是足够辨别方向，还是足够阅读呢？目前植入人体的实验性视网膜只有 16 个电极，其所能提供的视力也只有一点点光线。尚未准备好进行人体测试的第二个植入物有 64 个电极。没有人知道究竟需要多少个电极才能够为一个人提供合适的视力。可能对于视力来说，成百上千个电极也不够用，而它们的发展取决于不断进步的纳米科技和微缩电极阵列技术。罗德尼·布鲁克斯是机器人领域的一位领军人物，他认为人造视网膜可以适用于夜视、红外视觉或是紫外视觉。或许有一天，你可以用一只完好的眼睛换取这些植入物来增强你的视觉，使之超越普通人类的眼睛。

让意念控物成为现实

在活着的前提下，一个人能承受的大脑损伤极限是脑干上的腹侧脑桥损伤。这些人意识清醒且能思考，但无法移动任何骨骼肌。这也就意味着他们无法说话、吃饭和喝水。这被称作闭锁综合征。这还算幸运的了，最起码他们可以自由眨眼或移动眼球，这是他们与外界交流的方式。肌萎缩侧索硬化也会导致这种综合征发作。菲尔·肯尼迪（Phil kennedy）是埃默里大学的一位神经学家，他发明了一种也许可以帮助这些患者的技术，在老鼠和猴子身上实验成功后，他获得了在人体上进行实验的许可。

HUMAN ▸
认识人类

1998年，菲尔·肯尼迪首次将一个由两根金线连接的空心微玻璃锥体电极植入了人体。这个电极被神经营养因子包裹着，这样大脑细胞就可以在其管道中生长并将其固定在大脑中。这个电极被植入到患者大脑的运动区域，接收大脑产生的电脉冲。患者想移动左手时，电极就会接收到这个念头产生的电脉冲。电脉冲经过两根导线被传输至头皮内的信号扩大器和调频传输器中。传输器会向头皮外的接收器输出信号，这些信号会被传输至患者的电脑中，利用软件进行解码和转换，然后控制电脑屏幕上光标的移动！这至今仍然令人感到震惊。肯尼迪抓取了通过想象一个动作而产生的电脉冲，然后将其转换成了电脑光标的移动这一动作。这需要大量的计算。想要移除噪声，他需要将无数的神经信号分类，剩下的电流活动需要被数字化，而解码算法又必须在几毫秒内将神经活动加工成命令信号。这样的结果才是电脑可以回应的指令。

这一系列动作全都是基于一个可以在人体内这种含盐量较高的类海洋环境中存活的植入物实现的。在这个环境中，这个植入物不能被腐蚀，要在不产生有毒副产品的前提下传输电信号，并保持冷却以避免烤熟附近的神经元。这不是一项简单的任务。虽然不是事实上的第一步，但它是在成百上千步的努力和尝试后最令人震惊的第一步。这样一个电极无法提供太多信息，患者花费了好几个月来学习如何使用它，而光标也只能进行水平移动，但这个设想是没错的。现在已有好几个研究组试图在这块画板上从不同角度来完善这一作品。

这种装置被称作脑机接口（brain-computer interface，简称 BCI）[①]。不同于给大脑提供感觉输入信息的人工耳蜗，脑机接口是用来加工来自人脑的输出信息的。它们获取大脑神经活动产生的副产品——电位，并将神经信号转换成控制电脑光标的电脉冲。或许在以后，它还可以控制其他装置。

基础科学的突破

1991 年，德国马克斯·普朗克研究所的彼得·弗罗姆赫茨（Peter Fromherz）成功研发了一个神经元与硅元素的连合。这一连合位于绝缘晶体管和水蛭的雷丘斯细胞之间，是脑机接口真正的起点。需要被克服的问题是，虽然电脑和大脑都是基于电荷工作的，但它们的电荷携带方式是不一样的，这就好比试图给你的煤气炉连上电线一样。在芯片中固态硅的电子可以携带电荷，而离子（获得或失去了一个电子的原子或分子）在大脑的体液中也可以携带电荷。任何在海边工作或生活过的人都知道，半导体芯片还要能够抵抗身体中盐水环境的腐蚀。弗罗姆赫茨所面临的“智力和技术挑战”在

① 脑机接口研究先驱米格尔·尼科莱利斯（Miguel A. Nicolelis）在《脑机穿越》一书中讲述了脑机接口的发展史与未来前景，该书简体中文版由湛庐引进，浙江人民出版社于 2015 年出版。——编者注

于从电子和离子信号层面将这些不同的系统直接连接在一起。

另一个实验室利用这项技术在人体中植入了一个被称作“大脑之门”的系统。这个系统是美国布朗大学的约翰·多诺霍（John P. Donoghue）在美国犹他大学的理查德·诺曼（Richard Normann）发明的神经植入物的基础上研发而成的。这个植入物被称作“犹他”电极阵列，最初被设计出来是用于视觉皮层的，但多诺霍认为它在运动皮层也可以发挥很好的作用。2004年，有96个电极的植入物被植入了马修·内格尔（Matthew Nagle）脑内。这名患者在三年前帮助一位朋友时被人刺中了脖子，导致四肢瘫痪。由于这名患者已经瘫痪了好几年，没人知道他大脑中控制运动系统的那一部分是还会有反应，还是会因为长期没有使用而衰退。没想到，电极一植入大脑，他立刻就开始有反应了。

HUMAN ▸ 认识人类

这个植入物也比菲尔·肯尼迪的更容易使用。内格尔通过几个月的训练就可以控制它了。只需要通过想象，他就可以打开模拟电子邮件，还可以在电脑屏幕上使用画图软件画出一个大致的圆形。他可以为电视机调整音量、切换频道以及开关电源，还可以玩电子游戏，比如打乒乓球的游戏。在几次试验之后，他看着自己的机械手就可以打开和关闭它，而且还可以使用一个简易的多关节机械肢去抓东西并将其移到另一个地方。尽管他目前还没办法很容易或者很流畅地做出这些动作，但在以后这是有可能实现的。显然，这是很重要的一步。任何能够让这些人在其自身条件的限制下实现任意程度的控制的成果都是意义重大的。这个系统仍然有很多缺陷需要改进，当患者想要使用这个系统的时候，与其相连接的一大堆外部信息加工装置及其导线必须连接到患者头骨内的连接器。每次它开启的时候，技术人员都需要重新校准系统。当然，大脑中的电极阵列也不是毫无问题的。感染的风险会一直存在，伤疤组织可能最终会导致这个植入物失去功效，再次植入或移动电极阵列可能会造成更多损伤，并且它自己也可能会出现故障。

只有 96 个电极的芯片是如何编码控制手臂的运动的呢？美国明尼苏达大学的神经物理学家阿波斯托洛斯·格奥尔格普洛斯（Apostolos Georgopoulos）想出了一个只记录几个神经元就可以完成运动活动的办法。他观察到，一个神经细胞可以实现不止一种功能。一个单独的神经元向不止一个方向发射运动信号，但它只会有一个偏好的运动方向。事实上，它发射的频率决定了肌肉运动的方向：如果更频繁，那么肌肉就会向一个方向移动；不频繁的话，则会向对面移动，有点儿像大脑的摩尔斯电码。格奥尔格普洛斯发现，通过向量分析（并不是所有人都忘记了在高中学的三角函数）发射频率和发射偏好方向，他就可以准确地预测肌肉运动的方向。他还提出，只要记录 100 ～ 150 个神经元就可以在三维空间中进行相对准确的运动预测。这样，使用一个小电极板就足够记录神经元示意图了。

对于闭锁患者或是瘫痪的患者来说，更多的身体自主权可以让他们自己进食，无须叫护工就可以自己喝水，控制机械手臂来完成这些任务会很棒。然而，这个系统还有很多限制因素。不说那些程序错误，一个明显的限制就是这个系统是开环的，信息可以传递出去，但不会收到反馈。要控制假肢来喝一杯咖啡或是按照自己的节奏吃饭，感觉信息需要重新返回大脑来防止功亏一篑。任何玩过“小先生”① 的人都知道这个问题。

---

① 游戏主要由两个人参与。为了组成“小先生”，一个人要站在齐胸高的桌子前，让胳膊自然下垂。这个人的脖子上绕着一块布帘，包住他的胳膊。另一个人则要穿着一件大夹克，站在第一个人正后方并用胳膊围住他，用夹克上的翻领包裹住他的胸膛。“小先生”的胳膊是第二个人的，而第二个人的身体则躲在第一个人的身体后面。然后第三个人会给“小先生”指令，比如喝苏打水、吃蛋糕或者刮鼻子。控制“小先生”胳膊和手的人有来自胳膊和手的感觉输入，但不会获得“小先生”脸部的感觉或视觉输入。最后的结果通常会是苏打水被倒在了“小先生”面前，而蛋糕则会撞到他的鼻子或是脸颊上。

准确输入是一个很复杂的难题。没人完全知道所有生理感受的输入和输出是怎么工作的。而且，我们还需要为系统设定抓杯子要用多少力、杯子的质量、水的温度，以及水怎样能以流畅的抛物线进入嘴里等感觉信息。如果将这些信息的程序编入假肢是有希望的，那么也许对真的手臂也可以进行编程和控制。将手臂的神经与大脑中的植入芯片相连，芯片一方面接收大脑中控制运动方向的信号，另一方面将输入的感觉信息解码并传入大脑以产生反馈。这样一来，植入物就可以绕开损伤的神经，成为手臂与大脑之间的信号桥梁了。

人类一直理所当然地用手臂来端咖啡或是把面卷到叉子上，其实手臂和整个肩膀—肘—腕—手组合，以及所有的手指和骨骼、神经、肌腱、肌肉及韧带网络是极度复杂的。肌群不断变换并延展，被刺激或被抑制，扭曲着调整动作。大脑给出的关于不同速度、感觉、本体感受、认知、疼痛的反馈，都在指示肌肉的位置、力量、屈伸以及速度。感觉系统向大脑传输的信息量是运动系统所传输的 10 倍之多。当前的植入物显然还很原始，但我们每年都在改进它们，减小其体积，增大其容量，正如个人电脑变得更小、更快、内存更多一样。不管怎么说，这个想法是可行的。大脑中的神经元可以连接一个电脑芯片并向它传递神经信号。硅元素替代物是可以成为大脑的一部分的。

理查德·安德森（Richard Andersen）是加州理工学院的神经科学教授，他有另外一个想法。他觉得与其用运动皮层作为捕捉神经元放电的地点，不如用更高级的处理视觉反馈和计划移动的皮层区域——顶叶皮层，这样会更好更简单。后顶叶皮层坐落在感觉和运动脑区之间，是从感觉到运动的一座桥梁。他及实验室的成员在这个区域发现了运动控制的解剖学地图，其中一部分用于控制眼球运动，而另一部分控制手臂运动。手臂活动的运动控制区域以一种认知形式存在，指定意图动作的目标，而不是所有生物机械运动的特定信号。顶叶会指示："把这块巧克力放进我嘴里"，但不会提到所有必须的动作细节："首先伸展肩关节……"这些细节运动都被编码在运动皮层中。安德森和他的同事们正在为瘫痪的患者研究一种神经假肢以记录后顶叶神经细胞的点活动。这样的植入物可以解释并传输患者的意图，他们认为这对软件程序员来说要更容易实现一些。这些神经信号会被电脑算法解码，并被转换成电控制信号来操纵诸如机械手臂、自动汽车或是电脑等外部装置。机械手臂或是交通工具会将接收到的信号输入作为目标（把巧克力放进嘴里），并将如何完成这个目标交给其他系统，比如智能机械控制器。这就是智能机器人吗？我们后文会讲到。这个系统只需要相对来说很少的神经元来发送信号，也不需要闭环系统了。

大脑手术、植入物、感染，难道科学家们就不能发明点不需要放进脑子里的东西吗？他们就不能用脑电波吗？

HUMAN▶
认识人类

乔纳森·沃尔帕（Jonathan Wolpaw）是纽约州卫生局和纽约州立大学神经系统紊乱实验室的负责人，他就是这么想的。他一直在研究这些问题。最早开始研究的时候，他需要弄清楚从外界捕捉脑电波是否可行。他制作了一个耳机，耳机里有一系列外部电极可感应到运动皮层，也就是通过神经元放电来发起运动的脑区。电极能捕捉到这些神经元发出的微弱电信号。从“结合了背景噪声以及数百万神经元和突触微弱活动的头皮脑电节律记录”中找到有用的信号是很难的。几年之后，他展示了人们可以通过学习控制自己的脑电波来移动电脑鼠标。这个系统的软件多年以来仍处于研发中。耳机上的电极可以获取脑电信号，因为每个人的脑电信号强度不一样，不同皮层的信号强度也不一样，所以这个软件会不断监视不同电极来获得最强的信号，并在决策鼠标移动方向的过程中给予这些信号最大的权重。

斯科特·哈梅尔（Scott Hamel）是测试沃尔帕系统的受试者之一，他说当自己完全放松时这个系统是最容易使用的。如果他太努力，脑中有其他事情，或者感到沮丧或紧张，结果就不会很好了。太多神经元都在博取关注。沃尔帕和他的研究组以及其他接受这个挑战的人发现，“许多不同的脑电信号被以许多不同的方式记录下来，并被不同算法所分析，它们可以支持一定程度上的实时交流和控制”。

然而有个大难题：不仅外部控制的脑机接口有问题，植入物也不完美。甚至在控制组中，结果也不尽相同。使用者们在某些日子的表现要优于另外一些日子，而这些表现差异甚至存在于单个实验时间段和每个试次之间。有些人将实验过程中鼠标又慢又奇怪的运动称作是毫无章法的，这是因为研究者没考虑到脑机接口是在让大脑做一件它从未做过的事情。

如果你看看大脑为了指示运动做了些什么，以及如何指示运动，你就会很明了了。中枢神经系统的工作是将感觉输入转换成合适的运动输出。运动输出是从大脑皮层到脊髓这样一整个中枢神经系统的协同工作。单个区域是不会完整负责一个动作的，不论你是走路、说话、跳高，还是驯服野马，这些区域总会一起合作，从脊髓中的感觉神经到脑干再到皮层，再回到基底核、丘脑核、小脑、脑干核以及脊髓，再到中间神经元和运动神经元。即使每一次的运动动作都很平稳一致，在不同脑区中的活动也可能并不是如此。

当我们使用脑机接口时，大脑面临的就是一个全新的局面了。通常由脊髓运动神经元产生的运动动作，现在是由通常只负责控制运动神经元的那些神经元来产生。它们从幕后被推上了舞台，不仅要做好自己原来的工作，还需要承担通常由脊髓运动神经元来负责的角色，它们的激活成了整个中枢神经系统最后的产品和输出。它们承包了所有工作。

大脑虽然有可塑性，但也是有极限的。沃尔帕指出，脑机接口可以给大脑提供新的输出通道，但大脑也需要去学习它们，改变原来的工作方式。他认为，要让脑机接口的表现更加优良，研究者们需要让大脑能够更容易地管控这些新的输出通道，即一条可以控制过程或选择目标的输出通道。他还认为，输出目标要更为简单一些，只要把目标告诉软件，软件就会自己去工作了。沃尔帕的观点正在接近安德森一派。

这项技术并没有被商界忽略。有些公司已经开发出了这个系统的其他版本并用于电脑游戏。主攻神经科学方向的艺莫体公司（Emotiv）开发出了有 16 个传感器的可穿戴式耳机，他们声称这个耳机可以读取使用者的情绪、思想以及面部表情。这个公司说，这是第一个可以探测人类的有意识思维和无意识情绪的脑机接口。当前的游戏程序可以让 3D 游戏角色反映玩家的表情：你眨眼，它就眨眼；你微笑，它就微笑。它还可以让玩家用意念操纵虚拟物体。

美国神念科技公司（NeuroSky）发明了一个单一电极的装置，他们声称这个装置可以读取人的情绪并用软件将其转译成控制游戏的指令。其他一些公司正在进一步开发神念科技公司的技术，并将其运用到手机的耳机和 MP3 播放器中。传感器可以获取你的情绪状态并选择合适的音乐。当你情绪状态不错的时候，或是使用者是比较慢热的人时，它就不会放沮丧的音乐，上午 11 点之前不会播放重金属音乐。当然，目前还没有公司透露他们究竟是在记录和使用些什么。

硅元素挽救记忆

另一个亟待解决的问题是伴随人口老龄化的加剧而来的：记忆丧失。没有患上可怕的阿尔茨海默病的人也会出现记忆的缓慢流失，这很让人烦恼。虽然神经植入物与感觉或运动功能有关，但也有其他研究者在关注高级思维过程中认知遗失的恢复。南加州大学的西奥多拉·伯杰（Theodore Berger）一直对记忆和海马感兴趣，他的研究课题是制造可以替代被阿尔茨海默病所破坏的部位发挥功能的假体，将信息从瞬时记忆转移到长时记忆中。海马在形成有关经历事件的新记忆时扮演了非常重要的角色，海马损伤通常会导致无法形成新记忆的重大障碍，同时也会影响损伤前的记忆的提取。海马的工作似乎并不包括诸如学习如何演奏乐器这样的程序性记忆，因为这种记忆并没有受到海马损伤的影响。

海马位于大脑深处，且在动物进化史中出现得很早，也就意味着它在进化程度较低的动物大脑中也是存在的。然而，它的连接却比大脑其他部分要简单许多，这让伯杰的目标简单了一点儿（也仅仅是简单一点点而已）。人们还在探究海马中受损的细胞原先究竟是做什么工作的，不过这并没有打断伯杰研发可以帮助这种记忆丢失的人的芯片的宏伟计划。他认为不需要完全了解这些细胞的具体工作是什么，而只要将一边的细胞输入和另一边海马中受损细胞的输出连接起来就可以了。

这可不是一项容易完成的任务。他需要根据电输入模式来弄清楚输出模式是一个怎样的过程。打个比方说，你是一个正在把一种语言的摩尔斯电码翻译为另一种语言的电报员。问题是，你对这两种语言以及摩尔斯电码都不理解。你收到一份用罗马尼亚语写的电码，需要将其破译并用瑞典语写出来。你身边没有字典或者密码本帮你，只能自己去弄清楚这件事。这就像他当前的工作性质，当然他的工作还要更难一些。这项工作耗费了许多领域中的许多研究者的大量时间。在伯杰的系统中，受损的中枢系统神经元会被模仿其生理功能的硅神经元所替代。这些硅神经元会从之前连接到损伤脑区的其他脑区接收电活动作为输入，并将其输出到其他脑区中。这个假体会代替损伤脑区发挥计算功能，并恢复向其他神经系统区域传输计算结果。目前，他的实验在大鼠和猴子身上都“极为成功”，但人体实验仍需过几年再进行。

警告和顾虑

诸如雷·库兹韦尔这样的未来学家设想，这项技术在未来的功能会远远强于现在。他预言会有增强芯片出现：它可以增强你的智商、记忆力，将信息下载并储存。想学法语、日语、波斯语？没问题，下载下来就行。做高等微积分？下载就行。增强你的记忆力？再植入个5TB的芯片就行了。玛丽·波利特（Mary Polito）是我的一个偶尔受到“老年问题”影响而导致记忆流失的朋友，她说：“我希望他们赶快做好这些芯片，我现在可真是需要更多内存了。”库兹韦尔还预见了一个满是高智商人类的世界，我们面临的重大问题都会被轻而易举地解决。“温室气体？我知道该怎么解决。饥荒？谁饿了？过去50年里都没有饥荒报告了。战争？这也太复古了吧。”但我的学生克里斯·冯·瑞东（Chris von Ruedon）指出：“问题通常都是由最聪明的人造成的。”其他人则对这样的情景有所顾虑：“亲爱的，我知道我们正在存钱度假，但也许我们应该拿那些钱给咱们的双胞胎买个神经芯片。他们在学校里跟那么多比他们聪明太多的学生竞争，实在是太难过了。我知道你想让他们保持完全自然的状态，但如果他们跟不上学习进度的话，他们的朋友会觉得他们很古怪的。”那将是一场由人造物所驱动的进化之旅！

但从某种程度上来说，人类进化的故事从第一把石斧被造好的时候，也许甚至要更早一些，就一直都是由人造物所驱动的了。默林·唐纳德（Merlin Donald）是美国凯斯西储大学的认知神经科学家，他认为虽然人性与外部世界物理生态的改变息息相关，但我们更应该多多关注大脑内部的活动。从最初个体内部对记忆和经历的存储，以及许多口述故事的人对信息的传播，发展到纸莎草这样的外部工具存储方式，再到书本和图书馆，最后发展到使用电脑和网络来存储和传播信息。正是因为这些海量的外部记忆存储装置的出现，认知生态学中也发生了同等巨量的改变，而且还在继续发展。唐纳德预测，这种速度失控的信息增殖会确定我们这个物种未来的进化方向。也许信息存储进化的下一步就是通过植入硅元素来将信息存储到人体内部。

或许我们不会这样做。折腾人体内部结构的想法令很多人不安。而且，我们要怎样利用更多的智力呢？我们会用它来解决问题吗？还是说我们会有更大的社会群体，要给更多的人寄圣诞贺卡呢？如果我们耗费90%的时间与他人交谈，是会解决世界上的诸多问题，还是仅仅会产生更多要讲的故事呢？而且，库兹韦尔设想的场景还有另一个主要的问题：没有人知道大脑做了些什么才会让人变聪明。拥有大量信息并不一定会让一个人更聪明。而且聪明也并不一定会让一个人明智。正如耶鲁大学的计算机科学家戴维·格伦特尔（David Gelernter）所思考的那样："人类在信息时代究竟都了解些什么？电子游戏吗？"他觉得这没什么了不起。事实上，他觉得人们知道的东西太少了。那智力呢？智能机器人又是怎么一回事呢？

你想要个什么样的机器人

我对个人机器人的欲望还是比较世俗的。我只想让它做所有我不想做的事情。我想让它帮我收邮件，把手写的私人信件和邀请函递给我，并处理剩下的所有事情。我想让它检查我的电子邮件，删掉所有垃圾邮件，然后为我付账单。我想要它关注我的经济状况，我的退休金和纳税金，并在年末给我一份净收益报告。我想让它帮我打扫屋子（包括窗户），再修车、除草、抓老鼠，还有……好吧，还要帮我做饭，我想做饭的时候除外。我希望我的机器人长得跟《意大利式离婚》（*Divorce Italian Style*）里的索菲亚·罗兰（Sophia Loren）[①]一样，而不是R2-D2[②]那样。不过我可能很难弄到那个机器人，因为我妻子想让有约翰尼·德普外形的机器人来做所有家务。也许R2-D2也不错……正如我所说的，我的需求很世俗。我可以做上述所有事情，但我宁愿用自己的时间做些其他事情。而对于无法做到这些事情的残疾人来说，一个个人机器人会让他们有更多的自主能力。

而且很棒的是，这些机器人离我们不再遥远，至少实现某些功能的机器

---

① 索菲亚·罗兰，意大利女演员，被誉为世界上最具自然美的女人。——译者注

② 电影《星球大战》系列中的一个虚构机器人角色。——编者注

人不远了。但也许，如果我们不小心的话，智能机器人不会在打扫地板时抱怨猫掉毛，而是会讨论量子力学，或更糟的是，讨论它的“感受”。而且如果它有智力的话，还会帮我们做家务吗？正如你和你的孩子一样，它不会找个办法不做家务吗？这也就意味着它有了欲望。一旦它有了感受，我们会因为让它们做这些粗活而内疚，并在机器人进屋前开始自己清理房间。我们会因为把房间弄得乱七八糟而感到抱歉吗？一旦它有了意识，我们是否需要去法院才能让其退役并购买最新的机器人呢？机器人会有权利吗？正如克莱因斯和克莱因在他们最初描述太空中的半机械人时所指出的：“制造半机械人的目的在于提供一个可以自动并无意识地解决那些机械问题的组织系统，让人能够自由地探索、创造、思考并感受。”我不用在身体中植入硅部件，不用真的变成半机械人，只需要一个机器人助手，这样我就可以有更多时间去探索、创造、思考并感受（还有变胖）了。所以我在选定机器人时要非常小心。我不想要有感情的机器人。我可不希望在机器人正用吸尘器工作，而我却在天台上晒太阳、吃低卡路里的午餐和冥想的时候感到内疚，好像我该起身给庭院除个草似的。

我心目中的个人机器人还有多遥远呢？如果没有一直关注机器人领域的大事件，你会感到非常惊讶的：现在已经有机器人可以胜任大量重复性或对准确性有要求的工作了，从组装汽车到进行手术都可以。当前机器人的主要工作领域有三个：无聊的工作、危险的工作、肮脏的工作。肮脏的工作包括清理有毒废弃物。手术不属于这三个领域，但机器人只在微观层面进行过手术。当前重约 18 千克的背包机器人被用于紧急情况和军事行动中，它们可以跨越诸如石头、木头、石堆、废墟等复杂的地形和障碍，从两米高的空中垂直掉到水泥地上也可以继续工作，还可以在两米深的水下正常工作。它们可以进行搜寻和营救活动，还可以拆除炸弹。它们被用于探测路边炸弹和侦查山洞。然而，这些机器人长得并不像你在梦中傻傻地去爬悬崖结果掉下去后，前来营救你的帅气搜救员（就像我的姐夫）。它们看起来就像孩子们用积木拼起来的东西。

现在还有无人驾驶飞机。一个机器人还开车穿过了大半个美国。在城市里开车仍是最困难的考验，机器人的功能需要进一步完善。“城市挑战”（The Urban Challenge）是 2007 年 11 月由美国国防部高级研究规划局（DARPA）资助的一项自动化交通工具 100 千米竞赛。交通工具需要能够越过城市街道、十字路口和停车场，找到空闲位置并合法停车，再避开购物车和其他随机障碍，并在没有造成任何交通事故的情况下驶离停车场。这些交通工具不是遥控的，而是被软件所控制的自主行驶的车辆。可能再过不久，电脑程序就会代替我们开车了。而我们则可以在工作结束后在车上躺下，读读报纸，啃个甜甜圈（我会吃果冻甜甜圈），喝上一杯拿铁。

但目前为止，在居家清理方面，我们只有长得像 CD 播放机一样的地板清洁机器人和吸尘机器人，以及割草机。这些机器人只有轮子，并不是我梦中的机器人。至今没有机器人可以像索菲亚 · 罗兰或约翰尼 · 德普一样走过房间。人类大脑的半数神经元都在小脑中工作。它们工作内容的一部分是激励，并不是像“加油，你能做到的”那样，而是协调肌肉和运动技能，并调整速度。

开发一个拥有和动物一样的运动能力的机器人异常困难，我们至今尚未成功做出这样的机器人。但理查德 · 格林希尔（Richard Greenhill）成立的英国暗影机器人公司（Shadow Robot Company）认为自己快要成功了。从 1987 年开始，他们就一直在研究制造双足机器人。格林希尔说：“家用机器人需要拟人化，一个典型原因就是楼梯。改变房子或是移除楼梯肯定是不行的。设计有爬楼梯附件的机器人不是不可能，但设计上总有缺陷。提供一个具有和人一样的运动结构的机器人可以保证它能在人类工作的环境中正常工作。”他们快要做出这样的机器人了，而且在制造过程中还研发出了许多新发明，其中之一是“暗影之手”，是一只可以完成人类手部 25 种动作中的 24 种的顶级机械手，具有 40 块“空气肌肉”（这是他们的另一项发明）。“暗影之手”的指尖上有触摸传感器，使其可以捡起硬币。许多其他实验室在制造人形机器人的其他部分。美国得克萨斯大学的大卫·汉森（David

Hanson）制造出了一种被他称为“飞天法宝”（Flubber）的物质。这种物质跟人的皮肤非常相似，并可以做出栩栩如生的面部表情。所以，你还是有可能弄个约翰尼·德普放到客厅里的，只是他现在还没办法跟你跳探戈。

日本研究者遥遥领先

日本是机器人研究的热门地区，他们有一个希望能通过机器人解决的问题。日本是生育率最低的国家之一，并且其21%的人口已经高于65岁，老龄化比例高于世界任何国家。他们的人口从2005年开始下降，生育率一直低于死亡率。政府不鼓励移民，99%的人口是土生土长的日本人。任何经济学家都会告诉你这是个大问题。年轻劳动力不足以完成所有工作，许多领域，包括护工领域，都已经开始出现劳动力短缺的情况。所以如果日本人不希望增加移民，那么他们就需要找到照顾老年人的方法。他们将目光放在了机器人身上。

HUMAN ▶ 认识人类

在日本早稻田大学，研究者们在研究制造与恐惧、愤怒、惊讶、愉快、厌恶、悲伤，还有禅定（因为是日本嘛）等情绪有关的面部表情和上肢运动。他们的机器人带有传感器，可以听、闻、看、触。他们正在研究如何将这些感觉转换成情绪，并试图开发出一个相关数学模型。这样一来，他们的机器人就可以对外界刺激产生和人类一样的情绪反应。它还被编程添加了本能驱动力以及需求。它的需求是被食欲（能量消耗）、安全感（如果感知到危险情境就撤离）以及探索新环境所驱动的（我可不会要这样的机器人）。早稻田大学的工程师们还制造了一个有肺部、声带、关节、舌头、嘴唇、下巴、鼻腔以及柔软的上颚的可以说话的机器人。它可以通过音调控制装置产生类似人类的声音。他们甚至还造出了可以吹笛子的机器人。

日本明治大学的设计师们则专注于制造有意识的机器人。通过机器人技术、计算机技术以及制造人形机器人的愿望之间的交互，我们也许会获得对人类大脑加工更深层的理解。建造一个可以跟人一样行动和思考的机器人意味着用软件来测试大脑加工理论，并观察结果是否能够对应人脑中真正的活动。正如在麻省理工学院负责一个研究小组的辛西娅·布雷齐尔（Cynthia Breazeal）所指出的那样："许多研究者提出了关于社会性参照的特定组成部分的模型，但这些模型和理论很少能与其他理论和模型结合成一个连贯的、可被测试的实例，来预测完整的行为。计算性的装置让研究者们可以把这些分散的模型整合成一个可以工作的整体。"铃木亨（Tohru Suzuki）、稻叶圭太（Keita Inaba）以及竹野纯一（Junichi Takeno，以上三人名字均为音译）痛惜现在还没有人给出一个完整的解释意识的模型。啧啧啧，但你要怎样才能把所有部分整合起来呢？他们提出了自己的模型，并用其设计建造了一个机器人。

他们实际上造了两个，为什么呢？因为他们相信意识是来自一致的认知和行为的。这让你想起了什么？是不是想起镜像神经元了？就是那些在你仔细思考和执行一个行为时会放电的神经元。没什么比这更一致了。他们接下来使用了默林·唐纳德的理论：模仿运动行为的能力是沟通、语言、人类层面的意识以及人类文化的基石。这个理论被称为模仿论。唐纳德对语言的来源有很多研究，他认为语言在没有精细运动能力时是无法形成的，特别是没有自编程运动能力时。毕竟，语言和手势需要肌肉的精细运动。其他动物物种有基因决定的固定类型的行为，而人类的语言不仅不固定，而且很有灵活性。所以语言所需的运动技能也必须是灵活的。我们必须有自主的、可以灵活控制的肌肉，才有可能发展出语言。他认为这种灵活性来源于运动技能的基础之一——程序性学习。要改变或练习一个运动动作，个体需要能够重复

这个动作，观察它的结果，记住结果并根据需求改变它。唐纳德将其称为训练循环，我们都对它很熟悉。他指出，其他动物是不会这样做的。它们不会出于练习技能的目的主动发起并训练自己的行为。你在办公室的时候，你的狗不会整天在家练习握手。唐纳德认为这个训练循环能力是人类所独有的，它形成了所有人类文化的基础，包括语言。

所以铃木和朋友们拟定了一个行为和认知相一致的机器人计划。他们造了两个机器人，看它们是否有模仿行为。一个机器人被编程为可以做出一些特定的动作，另一个则会模仿这些动作。模仿行为意味着机器人可以分辨自己和其他机器人，这就是自我觉知。铃木相信这是通往意识的第一步。不同于其他设计，但跟人类意识模型很相似的是，这个机器人有对内部和外部信息的反馈回路。机器人需要外部信息（躯体感觉）的反馈来模仿和学习行为。行为的外部结果必须回到内部才能够根据所需进行调整，行为需要连接到认知上。内部反馈回路就是连接认知和行为的桥梁。然而，我敢打赌，这些机器人绝对不是你现在所想的那样。它们看起来像是机械师从宝马发动机里拆下来的，可以随时更换胳膊和腿的东西。

专注机器人认知的麻省理工学院

机器人的问题在于，它们的行为基本上还是很像机械。辛西娅·布雷齐尔做了一个总结："现今与我们交往的机器人要么与环境中的其他物品一样，要么最多与社会行为受损的人一样。它们通常不理解或不把人当作人来交往，觉察不到我们的目标和意图。"她想将心理理论赋予自己的机器人，让机器人理解她的想法、需要以及欲望。她继续说道："如果一个人想造出可以帮助老年人的机器人，这样的机器人应该对人很敏感并有说服力，比如可以在不吵闹、不惹怒人的情况下提醒他们吃药。它必须理解一个人不断变化的需求以及这些需求的紧急程度，并给目标设立合适的优先度。它需要理解人的痛苦或困境，并适时给予帮助。"

HUMAN ▶
认识人类

凯斯米特（Kismet）是第二代认知机器人，它是由麻省理工学院的计算机科学以及人工智能实验室主任罗德尼·布鲁克斯在实验室中制造的，是一个可以社交的机器人。主要工作由当时还是布鲁克斯的研究生的辛西娅·布雷齐尔负责。凯斯米特之所以能成为一个可社交的机器人，有一部分原因是它有很大的眼睛来观察它关注的东西。它被编程为关注三种东西：移动的东西、亮色的东西以及有皮肤颜色的东西。它还被编程为在孤独时会看向有皮肤颜色的东西，而无聊的时候看亮色的东西。在注意移动的东西时，它的眼睛会跟随那个东西移动。它有一套经过编程的内部驱动力使移动需求不断增加，直到做出特定的行为。如果它的孤独驱动力很高，就会四处张望，直至看到一个人。然后，因为这个驱动力被满足了，另一个驱动力（可能是无聊）会开始增加，它会开始寻找亮色，这让它看起来像在寻找什么特定的东西一样。它可能会找到一个玩具，给观察者它在寻找这个特定玩具的感觉。它还有一个可以探测言语中韵律的听觉系统。以此机制为基础，它的一个程序可以把特定的韵律与特定的情绪相匹配。所以它可以探测特定情绪，诸如赞同、禁止、获取关注以及宽慰，就跟你的狗一样。凯斯米特接收到的知觉会影响它的“心境”或情绪状态，这个情绪状态由三个变量组成：价（正或负）、唤起（有多累或是有多激动）以及新异性。面对不同的运动和韵律线索，凯斯米特会有不同的情绪状态，并通过眼睛、眉毛、嘴唇、耳朵以及声音中的韵律来表达情绪。凯斯米特被 15 种运行着不同操作系统的电脑交互控制——这是一个没有中央控制的离散系统。它不理解你对它说了些什么，而且它也只会乱说话，虽然这种乱语的韵律在当前情境中是没错的。因为这个机器人会模拟人类情绪和反应，许多人会与它产生情绪层面上的联系，而且会把它当作活的生物一样对它说话。瞧，我们又回到拟人论上来了。

布鲁克斯在思考机器人那种模拟的、编码的情绪是否跟真实情绪一样。他的论据是，许多人和人工智能研究者都同意，装有正确的软件、处理正确的问题的电脑是可以推论事实、做出决策并拥有目标的。人们可能会说电脑的行为表现看起来像是模拟出了恐惧，但仍然没有人能轻易下结论说它真的害怕。布鲁克斯把身体看作生物分子的集合，遵从特定而完善的物理法则，结果就是产生了一个根据一套特定法则做出行为的机械。他认为虽然生理和组成材料可能完全不一样，但我们还是很像机器人的。我们并不特殊，也不独特。他认为我们把人类过于"拟人化"了:"我们最终也不过是机械而已。"根据定义，我不太确定我们是不是可以把人类过于"拟人化"。也许应该说是我们低估了机械的拟人度，或是人类的机械度。

HUMAN ▸

认识人类

布雷齐尔及其研究小组下一步研发机器人心理理论的尝试对象是李奥纳多（Leonardo）。李奥纳多看起来像是把约克郡犬和 80 厘米高的松鼠连到一起的恶作剧。除了凯斯米特的所有功能，它还有更多能力。他们想让李奥纳多能够识别他人的情绪状态以及理解产生这种状态的原因，还想让"他"（他们把李奥纳多称作"他"而不是"它"，所以我也这样说吧）知道一个物品在一个人心中所占的情绪成分。他们不想让李奥纳多踩到名牌皮鞋上，或是丢掉孩子的那幅对除了家长以外的所有人来说都是垃圾的最新画作。他们还想让人觉得李奥纳多很容易被教导。当你拥有第一个机器人的时候，你不需要去读操作手册并学习全新的交流形式，他们想让李奥纳多能够跟人一样去学习。你只要说，"李奥[1]，周四给番茄浇水"，并向他演示怎么做就行了。好一个雄心壮志！

① 李奥纳多的昵称。

他们根据神经科学理论得知，人类具有社交性，并且通过社交技能来学习。所以首先，要有社交反应的话，李奥纳多需要能够弄清楚他所交往的人类的情绪状态。他们进一步设计李奥纳多的时候使用了来自神经科学的证据:“通过观察别人来学习的能力（特别是模仿能力）是发展适当的社会行为，并最终得以推理他人的思想、意图、信念和欲望的重要前提。”这是研究心理理论征途上的第一步。这个设计是从第5章提到的安德鲁·梅尔佐夫和基思·穆尔对新生儿面部模仿和模拟能力的研究中获得灵感的。他们需要李奥纳多能够完成婴儿在一岁大时就能完成的5件事：

1. 定位并辨认演示者的面部特征。
2. 找到对方和自己一致的知觉特征。
3. 从这种一致中识别出意愿表达。
4. 将其特征移入意愿配置中。
5. 使用知觉到的配置来判断自己是否成功。

所以他们在李奥纳多身体里安装了一个模仿机制。跟凯斯米特一样，他也有视觉输入，但他的要更强一些。李奥纳多可以辨别面部表情，他有一个可以让他模仿自己所看到的表情的计算系统，还有一个与面部表情相匹配的内置情绪系统。一旦他模仿了一个人的表情，这个系统就会产生相应的情绪。

这个视觉系统还可以辨别“指向”的手势并使用空间推理把手势与手势所指的物品联系起来。李奥纳多还可以追踪其他人的头部姿势。这两种能力的结合让它可以理解目标并分配注意力。它还可以跟人产生眼神交会。

跟凯斯米特一样，他也有一个听觉系统，而且他还可以识别韵律、音高以及声音的能量，并用这些信息来给声音赋予正性或负性的情绪价值。他还会情绪化地对他所听到的东西做出反应。跟凯斯米特不一样的是，李奥纳多可以识别一些词语。他的语言追踪系统可以将词语与他的情绪评定相匹配。打个比方，“朋友”这个词有正性评定，而“坏”这个词则有负性评定，而他会用与这些词相匹配的情绪表情来做出回应。

布雷齐尔及其研究小组还应用了一些有关记忆被身体姿势和情绪加强的神经科学发现。当李奥纳多把信息存储到长时记忆中时，这些记忆可以与情绪相连接。他与他人共享注意的能力也使他能够将情绪信息与世界上的其他东西联系起来。你看到自己孩子的画作时微笑了，李奥纳多也看到了它，然后把它作为好东西纳入了记忆，他不会把它跟垃圾一起丢掉。共享的注意也可以给学习提供基础。

我们理所当然地会亲近一个外表和动作跟人一样的，可以模拟情绪并进行社交的机器人。然而，你最好不要跟你的机器人跳伦巴舞，因为它要是不小心踩到你的脚，那你的脚可能就完蛋了（这些家伙可不轻）。你还应该考虑到它的能量需求（电费飞涨）。但智力呢？我的机器人可不仅仅需要社交智力而已。它还要能跟老鼠斗智，特别是要比我家院子里的那些老鼠聪明得多才行。

库兹韦尔并不太担心机器人的物理身体，他更关心机器人的智力。他认为一旦电脑足够聪明，甚至比人类还聪明，它们就可以自己设计自己的身体。其他人认为类人智能及其所有组成成分都无法在没有人类身体的情况下存在：我思故我的大脑和身体在。阿鲁恩·安德森（Alun Anderson）是《新科学家》（*New Scientist*）杂志的主编。当被问到自己最危险的一个念头是什么时，他这样回答：“没有身体，大脑无法思考。”盒子里的大脑是永远无法拥有人类智力的。情绪和模拟可以影响我们的思维，而没有这些输入，我们可能会是完全不同的动物。掌上电脑的发明者杰夫·霍金斯（Jeff Hawkins）也认为，因为我们还不知道智力是什么，也不知道它是由大脑里的哪些加工过程产生的，所以我们在创造出有智力的机器之前还有很多工作要做。

人工智能的可能性

“人工智能”（artificial intelligence，简称 AI）一词出自人工智能夏季研讨会。关于人工智能的研究项目由达特茅斯学院的约翰·麦卡锡（John McCarthy）、哈佛大学的马文·明斯基（Marvin Minsky）[①]、IBM 公司的纳撒尼尔·罗切斯特（Nathaniel Rochester）以及美国贝尔实验室的克劳德·香农（Claude Shannon）一起于 1956 年夏天在达特茅斯学院开展。研究意在检验我们对学习或是智力特征的其他各个方面的推测是不是大致准确，机器是否能够模拟它们。其中一个尝试是造出能够使用语言、形成抽象概念、解决人类尚无法解决的问题并提升自己的机器。如果一群顶尖科学家在一个夏天里合作，应该可以为这些问题中的一个或多个的解决带来显著的进展。

现在回顾起来，当时的人们似乎有些过于乐观了。美国人工智能协会将人工智能定义为“科学地理解思维和智能行为的形成机制，并将其赋予给机械”。然而，虽然投入到制造智能电脑中的计算能力和努力非常多，电脑还是没办法完成三岁小孩都能做到的事情，它们没办法分辨猫和狗。它们也没办法做到所有丈夫都会做的事情，它们不理解语言的细微差别。比如，它们不知道“你倒过垃圾了吗”这个问题实际上是在说“去把垃圾倒了”，而且这个问题还有隐含的意思：“如果你不把垃圾倒了，我就……”随便使用一个搜索引擎，看看搜出来的东西，你会想：“这些玩意儿是哪儿来的？这不是我要找的东西。”语言翻译软件也很不好用。显然这些程序完全不知道它所翻译的句子的意思。人们一直在努力改进，但即使运用了海量的计算能力、内存以及模仿能力，想要造出有人类智能的机器仍是一个梦。为什么呢？

---

① 马文·明斯基作为人工智能领域的先驱之一，写就了引领人工智能大趋势、透视下一个大挑战的领先巨作《情感机器》，该书中文简体字版由湛庐引进，浙江人民出版社 2016 年出版。——编者注

人工智能分为两种：低级的和高级的。低级人工智能就是我们所说的电子计算机，它用软件来解决问题或进行推理任务。低级人工智能没有完整的人类认知能力，但它可能有人类所没有的能力。低级人工智能已经慢慢渗透进了我们的生活。人工智能程序正在控制我们的手机通话、电子邮件以及网页搜索。它们被银行用于探测欺诈交易，被医生用于诊断并治疗患者，还被救生员用来扫描沙滩以发现需要帮助的游泳者。人工智能的出现导致我们打电话给任何大企业，甚至许多小企业的时候，跟我们通话的都不是真人[①]；而智能语音识别则让我们只需说话不必按键。低级人工智能打败了国际象棋冠军，也能比大多数分析师选出更好的股票。但杰夫·霍金斯指出，IBM的那台在1997年打败国际象棋冠军加里·卡斯帕罗夫（Garry Kasparov）的超级计算机"深蓝"并不是因为比人类聪明才赢得比赛的。它获得胜利只是因为它比人类的思考速度要快几百万倍：它每秒可以评测200步棋。"'深蓝'对比赛历史没有概念，它也不知道对手是什么。它虽然可以下棋，但并不懂棋，就好像计算器可以执行算法，却不懂数学一样。"

高级人工智能则是让许多人烦恼的人工智能。"高级人工智能"是加州大学伯克利分校的哲学家约翰·塞尔（John Searle）创造的一个词。虽然他本人并不这么认为，但根据其定义，高级人工智能可以理解并拥有自我觉知。"根据高级人工智能的定义，电脑不仅仅是研究心智的工具。具有合适程序的电脑就是心智，因为有这种程序的电脑可以理解并拥有其他认知状态了。"塞尔还说，所有意识状态都是由更低级的大脑加工过程产生的，所以意识是一种涌现现象，是一种物理属性，源自整个身体的输入之和。意识不会产生于脑中的几个无伤大雅的笑话，也不是计算的结果。你必须有一个身体，以及来自身体的生理和感知输入，才能够产生一个经过思考且有人类智能的思想。

相信机器可以拥有意识的逻辑跟制造人工智能的逻辑是一样的。因为人

① 美国大量企业使用智能客服来回答致电者的简单问题。——译者注

类的思维过程就是电活动的结果，如果你能用机器模拟同样的电活动，那么机器就会拥有人类的智能和意识了。而且就跟人工智能一样，有些人认为这并不意味着机器的思维进程需要跟人一模一样才能产生意识。同意霍金斯观点的人则认为思维进程必须一样，而要有一样的思维进程就也要有一样的组合方式。还有一些人持观望态度。

探寻人工智能之旅并非始于针对大脑的逆向工程。因为在 1956 年，当人工智能刚刚兴起时，人们还并不怎么了解大脑的工作机制。这些前辈工程师们在设计人工智能时没有理论支持，只能即兴设计。他们首先各自提出了制造人工智能不同部分的方法，其中一些方法实际上为理解大脑工作机制提供了线索。有些方法是基于数学法则的，比如基于以往的相似事件来确定未来事件发生的可能性的贝叶斯逻辑，或是评测特定序列事件发生可能性以及被用于一些语音识别软件的马尔可夫模型。这些工程师造出了“神经网络”，用于并行运行和大致模拟神经元及其连接。他们还发现了没有经过提前编程的机器反应。这些系统还被用于语音识别软件、对信用卡欺诈的探测和笔迹识别当中。有些系统是基于推断的，基于传统的“如果这样，那么那样”的逻辑。有很多程序可以在大量可能的选项中进行搜索，就好比“深蓝”运行的国际象棋程序。有些人则在设计了解世界基本常识、因果规则、与某种情况紧密联系的事实以及意图目标等的人工智能，比如能规划路径并告诉你最近的中餐店怎么走的车载导航仪。

但人类大脑在很多方面都与电脑不同。库兹韦尔在他的著作《奇点临近》（*The Singularity Is Near*）中枚举了这些差异：

- 大脑电路虽然很慢，但能进行大量平行处理。大脑有大约 100 万亿个神经元连接，这比目前任何电脑都要多。
- 大脑无时无刻不在重新改造自己并进行自组织。
- 大脑可以启用紧急方案。这也就意味着智能行为是由混乱和复杂所产生的难以预测的结果。

- 大脑的发展水平很稳定。人们并不会突然比之前聪明 10 倍，只会变得更聪明一点点。
- 大脑很民主。我们会反驳自己，有内部冲突，从而可能产生一个高级解决方案。
- 大脑会进化。6 ～ 8 个月大的婴儿不断发展着的大脑会产生许多随机突触，其中那些与理解世界最相符的连接模式会被保留下来。某些大脑连接模式很重要，而其他则是随机的。结果是，成年人的突触要比婴幼儿的少得多。
- 大脑是一张分工网络。脑中没有独裁者或是中央处理器来做决定。它的连接四通八达，信息有许多种在这张网络中穿行的方式。
- 大脑有以特定连接模式相连的成块区域，可以完成特定功能。
- 大脑的综合设计比神经元的设计要简单。

有趣的是，库兹韦尔忽略了一些很重要的事情。他忽略了大脑是连接在身体上的。目前为止，人工智能程序只能做它们被设计去做的事情。它们不会概括，也没有灵活性。“深蓝”即使有大量的连接、海量的内存以及能源，也并不知道应该把垃圾倒了，或者其他任何设计之外的事情。

虽然尚未达到与人类同等的智能水平，但电脑已经在一些能力上超越了人类。它们在解决符号代数和微积分问题，安排复杂任务或序列事件，排布装配线路，以及其他许多与数学相关的加工过程中都比人类要强。它们不擅长评估质量，也没有常识。它们无法评论戏剧。正如我之前所说的，它们也不善于把一种语言翻译成另一种，不理解语言中的细微差别。奇怪的是，它们做不到的很多事都是 4 岁小孩儿就能做到的，而不是物理学家或数学家才能做到的。

至今没有电脑能够通过计算机科学之父艾伦·图灵（Alan Turing）在1950年提出的图灵测试，因此无法验证这样一个问题：机器可以思考吗？在图灵测试中，一个人类判断者会与两方进行自然语言交流，两方中的一方是人类、另一方是机器人，两者都试图表现得跟人类一样。如果判断者无法确信哪个是机器人，那么机器人就通过测试了。对话通常限制在文字上，以免声音成为偏差因素。

许多研究者并不认为这个测试可以判断机器是否有智力。行为不是测试智力的方法。电脑可能表现得很智能，但并不代表它就是有智力的。

掌上电脑前来救驾

杰夫·霍金斯认为自己知道人类为什么没能造出真正的智能机器。有些研究者认为这是因为电脑需要变得更强大，要有更多的内存，但他不这么认为。他认为，所有研究人工智能的人都找错了对象。他们一直在基于错误的假设工作，而他们原本应该更关注人类大脑的工作方式才对。虽然约翰·麦卡锡和大多数人工智能研究者认为“人工智能不需要将自己限制在生物学上可见的运作方式之中”，但霍金斯仍认为这就是人工智能研究走错了路的原因。他对神经科学家也不满意。他埋头查找神经科学文献，试图回答大脑是如何工作的，却发现虽然人们做了成堆的研究，收集了成吨的数据，却至今没有人把结论整合在一起，提出一个理论来解释人类是如何思考的。他已经厌烦了制造人工智能的失败尝试，总结说如果我们不知道人类如何思考，那么就无法造出像人类一样思考的机器。他还说如果没有其他人打算提出这样的理论，他就只好亲自行动了。所以他建立了红杉神经研究院（Redwood Center for Theoretical Neuroscience）并着手研究。霍金斯可没有拖延症。哦，或许他有。他靠着沙发，把脚搁到桌上，仔细考虑了一会儿，提出了记忆-预测理论，给人类大脑里的加工过程做了一个大规模的框架。他希望其他计算机科学家也能用用这个理论，修改修改，看看它对不对。

大脑是如何工作的

霍金斯在读知名神经科学家弗农·芒卡斯尔（Vernon Mountcastle）写于 1978 年的一篇论文时着了迷。这位神经科学家就是发现大脑新皮层整体非常相似，并推论所有皮层脑区肯定都在做同样的事情的那个人。为什么大脑不同区域的工作结果不同呢？这是因为视觉是视觉皮层的加工结果，听觉是听觉皮层的加工结果，诸如此类——并不是因为它们的加工方式不一样，而是因为它们的信号输入不同，以及不同脑区相互连接的方式不同。

HUMAN ▸
认识人类

支持这个结论的证据是麻省理工学院的米利甘卡·苏尔（Mriganka Sur）向世人展示的皮层可塑性（改变连接结构的能力）。为了寻找皮层区域的输入对其结构和功能有什么影响，他把新生雪貂的视觉输入路径改变了，使其接入听觉皮层而不是视觉皮层。雪貂会使用躯体感觉皮层的另外一部分（比如听觉皮层）来看东西吗？事实上，输入信号有很重要的影响。雪貂具有了某种程度的视觉，这意味着它们在用通常负责听觉的脑区来看。新的“视觉皮层组织”与原本的正常视觉皮层的连接方式并不完全相同，这让苏尔和他的同事们得出结论：输入活动可以改变皮层的网络，但它并不是决定皮层结构的唯一因素，可能还有内部线索（由基因决定）为连接提供大体框架。这意味着，通过进化，特定的皮层区域会用于处理特定信息，被设置成可以最好地适应这种信息的特定方式，但如果需要的话，因为所有神经元的实际加工模式都一样，所以皮层的任何部分都可以对信息进行加工。

大脑使用同样的机制来处理所有信息，霍金斯认为这个想法非常合理，把大脑的所有能力整合在了一起。大脑不用在每次扩展新能力时都重新发明新的组织，它有一个适用于所有问题的万能解决方案。如果大脑可以使用单一加工方式，那么计算机也可以，只要他弄清楚这个方法是什么就行了。

霍金斯自称是新皮层沙文主义者。他认为人类的智能产生于新皮层，它是最后发展出来的脑组织，而且也比其他所有哺乳动物的都更大，且拥有更好的连接功能。然而，他还记得，所有传入新皮层的信息都已经被低级脑区加工过了，这些在进化中更早出现的脑区，也是人类与其他动物共有的脑区。所以，霍金斯用他自己的新皮层构思出了记忆预测理论，我们现在就来看一看。

与所有动物一样，进入新皮层的全部输入都来源于我们的感觉。有一件令人惊讶的事情是，不论我们说的是哪种感觉，进入大脑的输入都是同样类型的神经信号，部分是电信号，部分是化学信号。这些信号的模式决定了你所经历的感觉，而其来自哪里并不重要。感觉替换现象就是一个很好的例子。

HUMAN ▶
认识人类

保罗·巴赫-利塔（Paul Bach-y-Rita）是美国威斯康星大学的医生和神经科学家。他在照顾自己处于中风康复期的父亲时对大脑可塑性产生了兴趣。他理解大脑有可塑性，也理解看见东西的是大脑而不是眼睛。他好奇是否可以通过不同的输入通道，也就是说除了那双不再工作也不再提供输入的眼睛以外的输入通道，给予盲人正确的电信号，从而使盲人重获视力。他制造了一个可以在舌头上呈现出视觉模式的设备，盲人安装这个设备后，可以通过舌头上的感觉来“看”。受试者会在额头上戴上一台微型的电视摄像机，这台摄像机会把视觉图像传输到舌头上的一个刺激器阵列（他试验了身体的很多部位，包括腹部、背部、大腿、前额以及指尖，但最后发现舌头是最合适的）。来自摄像机的图像被转译成神经代码，并通过刺激器在舌头上制造特定的压力模式来传导。压力模式所产生的神经冲动通过舌头上完好的感觉通路传入大脑，而大脑很快就学到了如何把这些冲动当成视觉来处理。很奇怪吧？运用这个系统，先天失明的人能够在微型二极管组装线上完成组装和检查任务，而完全失明的人则可以抓住滚过桌面的球以及识别面孔。

霍金斯说，所有这些感觉信息重要的一面在于，无论正在加工的感觉输入是什么，其输入形式都是有空间和时间模式的。当我们听的时候，重要的不仅是声音之间的时机，也就是时间模式，还有耳蜗中接受器细胞的实际空间位置。运用视觉的时候，显然需要识别空间模式，但我们没有意识到的是，对于每一幅知觉到的图片，我们的眼睛实际上都在每秒跃动三次来注视不同的点。这些移动被称作扫视。虽然我们知觉到的是不动的图片，但实际上它并不是不动的。视觉系统会自动处理这些不断变化的图像，好让你将它们知觉为静止的。触觉也有空间性，但霍金斯指出，只用单一的感觉是不足以识别一个物体的，我们需要触碰物体的不同位置才能识别出这个物体，也就是说我们需要触觉在时间方面的表现。

带着这些对输入的理解，让我们来看看六层厚的“洗碗巾”——新皮层吧。根据芒卡斯尔的理论，霍金斯假设在这块“洗碗巾”每一层上的所有细胞加工方式都是同一种。所以第一层上的所有神经元都做一样的工作，然后把结果传给第二层，第二层的细胞做好自己的事情，以此类推。然而，信息不仅是在不同层级上传递，它还会被传递到横向的其他区域然后再传回来。每个锥体神经元最多能有 10 000 个突触。这简直就是信息超级高速公路啊！

新皮层还被分成加工不同信息的几个区域。现在我们要来看看“层级”的概念了。大脑会以一种层级方式来对待信息。这不是诸如高级皮层区域位于其他皮层区域之上的那种物理层级，而是信息加工的层级，连接的层级。层级底端的区域是最大的，会接收巨量的感觉信息，每个神经元都专精一小点儿东西。打个比方，层级底端的视觉加工区域被称为 V1。V1 中的每个神经元都负责图像的一小片，就好像照相机里的像素一样，但不只如此。它们还会区分像素内部的特定模式，每个神经元只对特定的输入模式放电，比如 45° 向左下倾斜的线。不论你是在看一只狗还是一辆轿车，如果有一条 45° 向左下倾斜的线，这个神经元就会放电。V2 区则是这个层级中的下一个脑区，它初步整合来自 V1 的信息，然后把整合好的信息传给 V4。V4 工作完后把信息传递给叫 IT 的脑区，IT 专精于整个物体。所以如果所有的输入信息符合一张面孔的模式，那么 IT 中一组专精于面孔模式的神经元就会在接收到源自下层的信息之后开始放电。“我正接收到一个面孔代码，还在，还在这儿，呃，好了，它不见了，我的任务结束。”

不要觉得这是一个单向系统。事实上，下行的信息跟上行的信息一样多。为什么呢？

计算机科学家们在建模时一直把智能当作计算结果，是一个单向进程。他们认为大脑也跟电脑一样在进行巨量的计算。他们把人类智能归因为我们有大量并行的连接同时运行，最终给出单一的回答。一旦电脑可以具有大脑中并行连接的数量，它们就会有人类级别的智能了。但霍金斯指出了这个推理中的一个错误，他称之为百步法则。他给出了这样一个例子：一个人看到一张图片，要求如果看到图片中有猫就按下按钮，这只需要半秒甚至更短的时间。而这个任务对于电脑则很难，甚至不可能完成。我们已经知道神经元比电脑要慢得多了，在半秒的时间内，进入大脑的信息只够穿过一条几百个神经元的连接。你只用 100 步就能想出回答，而电脑则要几十亿步才能给出回答。我们究竟是怎么做到的呢？

这就是霍金斯假设的关键：“大脑不是‘计算’问题的答案，而是从记忆中提取出答案的。实际上，答案在很久以前就已经存储在记忆中了。从记忆里提取出某样东西只需要短短的几步就够了。缓慢的神经元不仅可以足够快地完成这个任务，而且它们本身也是构建记忆的一部分。整个皮层就是一个记忆系统。它完全不是计算机。”这个记忆系统与计算机内存有四处不同：

1. 新皮层存储的是模式的序列。
2. 它会自动回忆相关的模式，也就意味着它在只接触部分模式的时候也可以回忆出整个模式。你只看到墙的上方露出一个头，就会知道是有一个身体跟它连接在一起的。
3. 它以同一种形式存储模式。它可以自动处理模式的变体，当你从不同角度和距离看到一位朋友时，虽然视觉输入是完全不一样的，但你还是可以认出她来。电脑是做不到这一点的。输入中的变化不会让你重新计算你看到的人是谁。
4. 新皮层将记忆以层级的方式存储。

霍金斯提出，大脑会不断使用它所存储的记忆来做出预测。当你进入自己的屋子时，你的大脑在通过过往经历来做预测：门在哪儿，门把手在哪儿，门有多重，灯的开关在哪里，每一样家具在哪里，等等。当你注意到什么的时候，是因为你的预测错了。你的妻子没打招呼就把后门刷成了粉色，所以你注意到了。（这是什么玩意儿？）它与你所预测的模式不匹配，事实上，它与任何东西都不匹配。作为一个寻找刺激的人，霍金斯提出预测“是新皮层的主要功能，也是智能的基础”。这意味着不论何时，不论做何事，你都会做出预测，因为所有这些新皮层细胞都以同样的方式加工信息。霍金斯称：“人类大脑比其他所有动物都要智能，因为它可以对更抽象的模式以及更长的时间模式序列做出预测。”

丽塔·鲁德纳（Rita Rudner）在她有关结婚纪念日的喜剧小品里说到，你必须对婚后前两周在家里做的事情非常小心，因为这些可能会是你将来一直要做的事情。你可不能建立一个会让自己后悔的预测模式！霍金斯认为，智能就是对我们记忆和预测的能力有多强的测量。所以这就是皮层区域在往下级皮层传输信息时发生的事情。

多年来，大多数科学家忽略了这些反馈连接。如果你对大脑的理解在于皮层如何接收和加工输入信息，并根据输入信息行动，那么你是不需要反馈的。你只需要从皮层的感觉区域到运动区域的前馈连接就够了。但当你开始意识到皮层的核心功能是做出预测时，就需要在模型里加上反馈了，大脑需要向最初接收到输入的地方传输信息。预测需要在正在发生的事情以及你预计会发生的事情之间做一个比较。实际发生的事情会向上传输，而你预计会发生的事情向下传输。

回到我们最开始讲的面部视觉加工：IT 正在发射识别面孔模式的信号，把这个信息发送到额叶中，同时也将其向下级层级反馈。“我正接收到一个面孔代码，还在，还在这儿，呃，好了，它不见了，我的任务结束。”但 V4 已经把大多数信息整合好了。当把信息传输给 IT 的时候，V4 也会回过头对 V2 吼道：“我猜那是张脸。我基本上把它给拼好了，过去 100 次里有 95 次都跟现在一样，是同一张脸，所以我猜这也是我们现在看到的东西！”而 V2 吼道：“我就知道！我就说好像见过它。我也准备猜那是脸来着。V1 刚开始给我传输信息的时候我就跟它说了。我猜得太准了！”这只是我对它们之间对话的简略翻译，不过你应该大概知道是怎么回事了。

功能更低级的爬行类大脑外附加了哺乳动物的新皮层（并做了些修改）。然而那个爬行类的大脑可不是个小角色。它曾经可以而且仍然可以做许多事情。鳄鱼可以看、听、触、跑、游泳、保持内稳态平衡、捕捉猎物、交配，还能让一个鞋具公司用它的名字命名。我们不需要新皮层就可以做到这些事情中的绝大多数。新皮层让哺乳动物更聪明，而且霍金斯说这是因为人类有了更多记忆。记忆让动物可以预测未来，因为它让动物可以回忆以往的感觉和行为信息。神经元接收输入，认出它在几天之前出现过。“天哪，我们昨天接收过同样的信号，它昨天让我们吃上了一顿好的。好吧，我们所有的输入都跟昨天是一样的。让我们预测这东西跟昨天的一样，是美味的烟熏鲱鱼，我们开吃吧！”

早期进化出的大脑结构发展出了一些固定行为，记忆和预测让哺乳动物可以更智能地使用它们。你的狗预测如果它坐下，把爪子放在你大腿上，再抬起头来，你就会跟以前一样爱抚它。它不需要发明新的动作。如果它没有新皮层，也能坐下、举起爪子、抬起头来；但有了新皮层，它就能记住过去并预测未来。然而，动物依靠环境来使用记忆。你的狗在看到你时获得了一个线索，没有证据表明它会在室外的草坪上思考自己要做什么才会被你爱抚。默林·唐纳德坚称自动提示的能力是人类独有的。我们可以不需要环境，自愿地回忆特定的记忆项目。霍金斯认为人类智能的独特之处在于人类的新皮层更大，让我们能够学到更多有关世界的复杂模型，做出更复杂的预测。“我们比其他动物对类比的理解更深，能从结构中看到更多结构。”我们还拥有一种他认为能很好地嵌入记忆预测框架的能力——语言。毕竟，语言是纯粹的类比能力，是在层级结构（语义和语法）中的特征集，也就是他所提出的框架里最基本的部分。而且正如唐纳德所说，语言需要运动协调。

人类还将自己的运动行为推向了极致。霍金斯指出，人类之所以能够执行复杂的运动，是因为新皮层控制了多数运动功能。把大鼠的运动皮层移除，你可能不会发现有什么变化，但如果把人类的运动皮层移除，那么人就会瘫痪。人类的运动皮层与肌肉间的连接性远远高于其他物种，这就是为什么迈克尔·乔丹需要他的新皮层才能加冕篮球之王。霍金斯认为，人类的运动是预测的结果，而且预测导致了运动指令的移动：“人类新皮层不只是基于旧脑的行为来进行预测，还能指导行为来符合预期。”

霍金斯并没预见到我会拥有个人机器人。他认为，要让机器人跟人一样行动或是以人类的方式交流，它需要完全一样的感觉和情绪输入，还需要有人类的经历。要跟人有一样的行为，你需要具有人类的生理实体来经历生活。这是非常难以编程的，而且在他看来也没什么必要。霍金斯认为这种机器人要比真人贵得多，维护成本高得多，而且其共同体验根本达不到人类的水平。他认为我们可以通过给机器感觉（并不一定要跟我们的一样，比如它可以有红外视觉）和大量内存来造出智能机器，这样它就可以通过观察世界来学习（而不是事事都靠编好的程序），但这样的机器不会长得跟罗兰或者德普一样。

霍金斯不担心智能机器会作恶，占领世界，或是不满于自己是人类压迫者的奴隶。这些恐惧都是基于错误的基础：错误地认为智能就是“跟人一样思考”，也就是我们之前讲过的，被我们早先进化出的那部分大脑结构中的情绪性驱动力所控制。智能机器并不需要有变成人类的动力或欲望。以层级性记忆的预测能力为代表的新皮层智能，以及整合了大脑其他部分的输入后产生的东西，这两者之间是有区别的。雷·库兹韦尔认为，我们能够把自己的思维下载到芯片中，再安装到机器人身上，可霍金斯对此持怀疑态度。他预见不到有什么方法可以将神经系统中数百亿的独特连接拷贝下来，放进跟你长得一样的机器人里。经过这么多年，来自某个身体的各个准确维度的感觉信息已经被打磨进了每个人大脑里的预测之中。将其转入另一个身体中的话，预测就会失效了。迈克尔·乔丹在丹尼·德维托（Danny DeVito）① 的身体里肯定会很不适应，反之亦然。

意义重大的蓝脑计划

亨利·马克莱姆是瑞士洛桑联邦理工学院大脑和思维研究所主任，也是“要理解大脑如何工作，最重要的是理解大脑的生物性质”这一观点的倡导者。他同意霍金斯所说的给人工智能建模所存在的问题：“计算神经科学的主要问题在于，建立大脑模型的理论家们没有深厚的神经科学知识。当前的模型可能可以抓住生物表征的一些元素，但离生物本质还是很远。这个领域需要的是愿意与神经科学家紧密合作、认真学习生物学知识的计算神经科学家。”马克莱姆很注重细节，不是一个只会鼓吹理论的人。他研究过离子通道、神经递质、树突、突触层级，靠自己的努力才有了现在的成就。

① 丹尼·德维托，意大利裔美国喜剧演员，身高 1.52 米。此处是为了强调两人的身高差。——译者注

马克莱姆的研究所正在与 IBM 公司的蓝色基因（Blue Gene/L）超级计算机合作。他们正在进行对哺乳动物大脑的逆向工程。这个项目被命名为蓝脑计划，其复杂程度与人类染色体计划不相伯仲。首先，他们正在制造一个老鼠大脑的 3D 复制品，最终目标是制造出人类大脑的 3D 复制品。“这个雄心勃勃的计划意在以高生物准确度模拟出哺乳动物的大脑，并研究生物智能出现的步骤。”这不是制造大脑或人工智能的尝试，而是表征生物系统的尝试。通过这个计划，我们将更了解智能，甚至也更了解意识。

马克莱姆认为最基本的问题在于“有机体不同级别的智能之间的‘质量’是有巨大差距的”。所以，原子的智能要比 DNA 分子的智能少，DNA 分子的智能要比它所编码的蛋白质少，而蛋白质的智能又远远比不上产生不同种类细胞的蛋白质组合。这些不同的细胞结合起来产生不同的脑区，这些脑区又接收并加工不同的输入，等等。大脑作为整体，其智能的质量是远远高于其物理结构、单独脑区以及神经元的。而问题在于，究竟是不是神经元间的交互作用，也就是这些良好的连接导致了这个巨大的质变呢？所以，这个 3D 模型并不是以前造出来的那些乱来的模型。事实上，它将是一具前所未有的大脑模型。完成它需要世界上最大、最强、最快的计算机蓝色基因的巨量计算力才行。

HUMAN▸

认识人类

他们正在一个神经元接一个神经元地建造复制品，因为所有神经元的解剖结构、电学构造以及树突连接都是独特的。这个计划基于过去百年来大量的神经解剖学以及生理学研究，起始于对新皮层柱的微结构的解释，以及离子电流模型和神经元树突影响其加工的观点。这个计划的第一个目标已经完成了，即建立两周大的老鼠的一个新皮层柱。为了给这个计划做准备，洛桑联邦理工学院的研究者在过去十年中一直在配对记录两周大的老鼠的躯体感觉皮层中数千个神经元的形态、生理及其突触连接。新皮层柱的复制品“蓝色柱”[①]由新皮层柱维度内一万个新皮层神经元组成，其直径大约为 0.5 毫米，高 1.5 毫米。

2006 年末，第一个皮层柱制造完成，这个模型中包含 3 000 万个位置精确的突触！下一步就是用模型的模拟结果与老鼠大脑的实验数据进行比较了，我们将会识别出需要更多信息的脑区，也会进行更多研究来填补空白。这不是能一步登天的事。大脑回路需要根据不同脑区的新数据不断进行重构，而真实生理回路连接的复制品也将会越来越准确。

马克莱姆有一整张清单上写满了需要从这些模型里获得的信息。正如布雷齐尔认为自己的机器人会对证实神经科学理论有帮助一样，马克莱姆也觉得自己的“蓝色柱”会有这样的作用：“详尽、准确地模拟生物大脑让我们能够回答很多基础问题，这些问题是以当前任何实验或理论方式都解释不了的。”他认为这是一个把我们已知的所有关于皮层柱的随机信息拼图收集起来放在一起的方式。当前的实验方法只能让人获得对结构中一小部分的匆匆一瞥，而这个模型能够将拼图收集完整。你们这些拼图狂热爱好者肯定知道这有多么令人愉悦吧。

马克莱姆希望，不断修正模型细节可以让我们理解离子通道、接受器、神经元以及突触通道的精细控制。他希望能够借此回答关于各个成分的准确计算功能的问题，以及其对涌现行为的作用。他还预见到我们将可以知道这些线路的涌现特征（如记忆的存储和提取，以及智能）是如何出现的。一个详尽的模型还会对疾病诊断和治疗有所裨益。除了识别回路中容易造成功能障碍的弱点并针对它们进行治疗以外，我们还可以对神经或精神疾病进行模

---

① “蓝色柱”由第一层中不同种类的神经元、第二到第六层中不同亚种的锥体神经元、第四层的尖星形神经元，以及第二到第六层中超过 30 种不同解剖结构和电学构造的中间神经元变体组成。

拟，以此检验对其病因的假设是否正确，并设计诊断和治疗疾病的方法。这个模型还能给我们提供可以用于硅基芯片的电路设计。真是太棒了！

操纵自身的进化

格雷戈里·斯托克（Gregory Stock）是加州大学洛杉矶分校药物、技术与社会项目的主任。他不认为技术和机器人领域会改变作为人类的意义。他认为，目前它们的意义就在于把人类变成功能性机械人了。机器仍只是机器，身体仍是碳基的。没事就躺上手术台做个神经手术对他来说没什么吸引力，而且他也不认为这会吸引多少人，特别是你只需要在身上携带一个外设装置就可以获得和做神经手术一样的效果。反正我知道神经手术肯定不在我的待办事项上。当你戴个智能手表或者在皮带上夹个东西就能做到同样的事情时，为什么要冒这个风险呢？当你只要戴副眼镜就可以获得夜视能力时，为什么要放弃一只完好的眼睛呢？斯托克认为我们的世界将会被基因和基因工程所颠覆，通过改变 DNA，人类将可以自己决定自己的进化。这些改变将不会是什么疯狂科学家炮制出来的将人类按照他的定制进行改造的主意，而是会随着治疗基因疾病并避免将其遗传给孩子们的努力过程开始慢慢显现。理解一个人的性情是由基因决定的，而且这些基因将会是可以被改变的，这也会加速这一进程。“我们已经可以运用技术来改变身边的世界。大城市里的玻璃、混凝土和不锈钢峡谷并不是我们的更新世祖先常来的地方。现代科技已经非常强大和精确，可以将其运用在我们自己的身体上了。而在我们完蛋之前，我们可能会像改造周遭世界一样来改造我们的身体。”

通过生物手段改变 DNA

你可以通过药物来改变生理，或者改变记录着如何建构你的身体的操作手册。这份手册就是 DNA。有两种改变 DNA 的方式：体细胞基因疗法和生殖细胞基因疗法。

体细胞基因疗法是修改非生殖细胞中的DNA，它只能影响当前个体。生殖细胞基因疗法则是改变精子、卵子或是受精卵的DNA，让未来成年有机体的所有细胞都拥有新的DNA，包括生殖细胞。这意味着这种改变会被遗传给后代。

HUMAN▸
认识人类

斯坦利·科恩（Stanley Cohen）和赫伯特·博耶（Herbert Boyer）分别来自斯坦福大学和加州大学旧金山分校，他们之间只有50千米的距离，却在夏威夷碰了头。1972年，他们参加了一个关于细菌质粒的会议。质粒是DNA分子，通常是环状的，它与染色体DNA分离，但仍能够复制，通常漂浮在细菌细胞中。质粒之所以很重要，原因之一是这些DNA链可以携带让细菌对抗生素产生抗性的信息。科恩一直在试图隔离质粒中的特定基因，并将其放到大肠杆菌中，让它们自己复制自己。博耶发现在特定DNA序列中，有一种酶可以切断DNA链，留下一个让它能与其他DNA连在一起的“黏性末端”。这两人在午餐时间聊了起来，并开始好奇博耶的酶是否可以把科恩的质粒DNA切断成特定而非随机的片段，然后把这些片段结合成新的质粒。他们决定合作，并在几个月的时间里成功把一段外来DNA接入了一个质粒。这个质粒就好像载体一样携带着这个新的DNA，而这个新的DNA给一个细菌插入了新的基因信息。当细菌繁殖的时候，它也将这个外来DNA复制给了自己的后代。这就成了一个制造新DNA链的天然工厂。博耶和科恩这两个现在被称作“基因工程之父”的人，知道自己发明了一种又快又简单的制作生物化学物质的方法。博耶与他人合作建立了第一个生物技术公司基因泰克（Genentech）。今天，来自世界各地的人们都享受着博耶和科恩的“细胞工厂”所带来的好处。被生物改造过的细菌会制造人类生长激素、人工合成胰岛素、血友病患者所需的凝血因子、肢端肥大症患者所需的促生长素抑制素，以及被称作“组织纤溶酶原激活剂”的抗凝剂。这条研究道路意味着有朝一日定制 DNA 可能会被加入人类的细胞里，问题就在于如何将它们放进去。

体细胞基因疗法的目标在于通过把好的基因插入个体的细胞来更换导致疾病或功能障碍的坏掉的基因。虽然接受者的基因被改变了，但并不是身体里所有的细胞都改变了，而且这个改变不会传给下一代。这可不是一项简单的工作。虽然在这个领域有很多研究，花费了很多经费，但还有很长的路要走。

我们首先得知道如何把基因插入细胞才行。最终，研究者发现他们应该使用细胞入侵和细胞内复制的专家：病毒。跟细菌不一样的是，病毒无法自行复制。事实上，病毒只是 DNA 或 RNA 的载体而已。它由一层蛋白质保护层包裹着 DNA 或 RNA 构成，就这么简单。

病毒是典型的糟糕的客人。它偷偷溜进寄主细胞，使用细胞的复制装置来复制自己的 DNA。然而，如果你可以制作一种含有正常基因 DNA 的病毒，并将其放入含有缺陷基因的细胞里，那么病毒就会起到和体细胞基因疗法一样的作用了：把病毒的 DNA 拿出来，加入你想要的 DNA，再放毒归山。

最初的研究集中在由细胞里的单一缺陷基因所导致的疾病，而不是由多个缺陷基因协同作用导致的病症，而且这样的细胞必须是易于接触的，比如血细胞或是肺部细胞。但当然，没有什么事情会跟最初的预期一样容易。病毒的蛋白质保护层对人体来说是外来物质，有些时候寄主会产生排异反应，不过意大利研究者们可能已经解决了这个问题。因为排异反应的问题，他们研发了不同的 DNA 载体。在染色体上插入 DNA 链也并非易事，因为放置的位置很重要。如果切断了调节下一个 DNA 序列表达的序列，那就有可能产生无法预料的后果，比如肿瘤。而且大多数基因疾病，诸如糖尿病、阿尔茨海默病、心脏病以及多种癌症，都是由一连串基因引起的，而不是单一基因所致。同时，治疗效果可能不是永久性的。被修改过的细胞的存活时间可能不会很长，所以这种疗法需要多次重复。

基因疗法有过一些成功案例，包括对重度联合免疫力缺陷病（也就是所谓的“气泡男孩症”）和 X 连锁慢性肉芽肿病（另一种免疫缺失疾病）的治疗。我在写这本书的时候，英国广播公司（BBC）报道了伦敦芜田眼科医院（Moorfields Eye Hospital）的研究小组对 RPE65 基因缺陷所导致的失明进行的第一次基因治疗尝试。问题在于，体细胞治疗只是打补丁而已。被治愈的人们仍然携带着变异的基因，并会将其传递给后代。这就是为什么人类发明了生殖细胞疗法。

在生殖细胞疗法中，胚胎的 DNA 会被改变，包括生殖细胞里的 DNA。卵子或精子会携带新的 DNA，并把改变带给后代，产生疾病的单个或多个基因会在这个个体的基因序列里完全被消除。这个想法直到 1978 年第一个试管婴儿出生时才被提出。体外受精过程包括从女性卵巢中收集卵子，并将其放到一个培养皿里与精子混合。合成的受精卵接下来就可以被操纵了。当年备受争议的试管内受精如今成了鸡尾酒会上的闲谈。这并不意味着这个过程让人愉悦，它在情感上和生理上都是很难让人接受的。尽管困难重重，依然有许多无法生育的夫妻因为这项技术而获益，到 2007 年，美国有 1% 的新生儿都是试管婴儿。

不是所有使用该技术的人都是无法生育的夫妻。有些人是因为生过有遗传病（比如囊性纤维化）的孩子，另外当准父母知道自己有缺陷基因的时候也会这样做。胚胎会在试管里受精，当它成长到 8 个细胞大的时候，就会接受一系列目前可用的遗传测定。直到 2006 年前，只有很少一部分疾病可以被检测出来。然而，伦敦盖伊医院（Guy’s Hospital）研发出了植入前遗传学单倍型分析（简称 PGH）这样一种新手段，改变了这一状况。现在只需从早期胚胎中提取并复制单个细胞的DNA，用它做出DNA指纹图谱就可以了。这不仅将能从植入前的胚胎中探测出来的基因缺陷种类增加到了数千个，还增加了可使用的胚胎数量及其存活率。在这个测试出现之前，如果怀疑受精卵带有X染色体疾病，男性胚胎是没有办法接受测试的，现在它们也可以接受筛选了。人类是唯一可以修改自己（以及其他物种）的染色体并指导自身基因繁殖的动物。

未来PGH的运用将会很广泛。有一个网站，其首页关于PGH评论的留言非常好地描述了它可以运用到的领域：

> “这真的很重要！因为它能影响个体一生的幸福以及他们为世界所做的贡献。”
>
> “这真的很棒，而且还合法。你难道不爱渐进主义[①]吗？”
>
> “但我们需要定义疾病。我认为平均寿命长度就是一种疾病。”
>
> “也许可以推断出长寿基因，这样我们就可以通过基因工程来让人们长寿了。”
>
> “当我们清楚知道某种DNA模式具有对特定疾病的高危倾向时，传播它就是不道德的。”
>
> “没错，从好的特质中淘汰掉疾病不是一个简单的过程。多样化是很重要的。”
>
> “然而，对于公共政策来说：应该有一个国际道德协会决定哪些基因选择会导致医学疾病。”

那些没这么热情的人可能会同意约瑟芬·昆塔瓦莱（Josephine Quintavalle）的观点，她是美国一个反人工流产游说组织的成员。她说：“想到这些人坐在那儿对胚胎做出裁决，决定谁该活下来、谁该死亡，我觉得很可怕。”

---

① 指在过去的基础上不断修补以获得更好的结果。——译者注

甚至早在这种测试出现之前，早期那个只能筛选少量疾病的版本就已经让不同国家采取了不同的立法和调节措施，结果导致了生育旅游现象的出现——一种你在回程时会显得并没有休息好的旅游。显然这个更复杂的测试会带来更多的道德问题。

当前，如果一对夫妻接受这个测试，他们也许只会考虑到造成 生痛苦或早夭的遗传疾病。但事实上，没有胚胎是完美的。它可能没有童年疾病的基因编码，诸如囊性纤维化或是肌肉萎缩症，但如果它有很高概率会在中年发展出糖尿病、心脏病或是阿尔茨海默病的基因呢？你要把它丢掉，重新开始，生个更好的孩子吗？抑郁症又怎样呢？这就是生殖细胞基因疗法的未来——所有这些令人头疼的道德问题都将会出现：别丢掉它们，去改变它们！

改变胚胎的DNA会改变所有未来细胞里的DNA，从大脑到眼珠再到生殖器官。它也会改变未来卵子和精子的DNA。这意味着被改变的DNA会被传递给所有后代，也就让他们成为“转基因生物”了。从某种程度上来说，所有有机体都通过重新改变基因序列修改了自己的基因。从庄稼种植到现代药物，人类并没有意识到自己自主改变进化的能力有多强。现代药物找到了一些方法能够治疗诸如传染病、糖尿病以及哮喘等病症，让人们更长寿，但它也让一些人（一些通常活不到生育年龄的人）能够生育并把基因传递下去。无形之中，这就影响了进化，增加了编码这些疾病的基因的普遍性。然而，“转基因生物”这个词的到来意味着人类可以通过改变DNA来选择或淘汰特定的特质。这已经在植物及实验室动物身上做到了，但尚未用于人类。

在2007年，除非你用试管生孩子，否则没法决定他的DNA，遗传到什么就是什么。即使你知道自己带有可以产生疾病的缺陷基因，你还是会选择正常生育。不同观点对此的道德判断不一。人类基因序列已经被查明，而你将马上能只花一点儿钱就拥有自己订制的基因序列了，之前那种对未来后代的DNA放任自流的态度将是不可接受的。

我可以想象法院里的场景将会是这样：

“史密斯先生，这里说你在2010年2月做过基因测序，对吗？”

“噢，是的，我觉得这样做很酷。”

“我还看到你收到了一份结果详单和对结果的解释，对吗？”

“对的，他们给我结果了。”

“好的。你签了一张文件，表明你清楚自己携带有可能导致后代患上某某疾病的基因，对吗？”

“对，我想是这样。”

“然后你没做PGH就生了个孩子？你没做些什么好让你的孩子免于这种疾病吗？”

“好吧，我们那时没多想，她的怀孕是个意外。”

“你告诉你的伴侣你知道自己有这些缺陷基因了吗？”

“呃，我好像忘了说了。”

“你好像忘了？我们有技术去阻止这种东西的时候你居然忘了？”

但事情还有另一面。你未来的孩子到了青春期可能会对你给她的身体不满意。“天哪，老爸，你就不能有点原创力吗？所有人都是金色卷发和蓝眼睛。而且你应该让我有更好的运动能力啊，我现在跑个马拉松还要接受训练！”

目前还没有人能够改变人类的生殖细胞。太多不同基因的属性尚不明了，它们如何相互影响和控制也不甚清晰。可能最后我们会发现基因太过复杂，以至于没办法去随便调整它。控制特定特质表达的基因可能与其他基因的表达和控制相关，无法被隔离出来。特定特质可能是一大堆基因合作的产物，改变这个特质就会影响其他特质。父母们将会不愿意，最好也不应该，干涉孩子的基因。这就是为什么人们一直在探寻另一个想法：人造染色体。

随心订购人造染色体

第一版人造人类染色体是凯斯西储大学的一个研究小组在 1997 年制作的。它曾被用于帮助揭示人类染色体的结构和功能，并避免一些病毒和非病毒基因疗法带来的问题。你应该还记得人类有 23 对染色体。人造染色体就是在这个基础上加上一个可以用于修改的“空”（而且我们希望它是惰性的）染色体。这个人造染色体被放进胚胎，你订购的基因都会附加在它身上。有些被加进去的基因可能带有开关，让个体年长一些后可以自己控制它们。打个比方，可能有一种产生抗癌细胞的基因，只有在一种特殊化学物质存在时才会开始表达。这种化学物质可以通过注射进入人体。一个人发现自己患上了癌症，他就注射这种物质，开启这个产生抗癌细胞的基因，然后，瞧，身体就会清除掉所有癌细胞。另一种注射则会关掉这些基因。如果发现了更好的基因序列，那么当你的后代生育的时候，他们就可以把人造染色体换成更好的新版本。如果你想让某些基因控制你想修正的特质，那么它们必须能够抑制原始染色体的基因表达。

当然，这些都是以试管内受精为前提的。人类会控制自己的繁衍到这种程度吗？我们当前基因编码中的性冲动导致了大量不管不顾的繁殖。在美国，堕胎除去了这些意外怀孕中的半数。然而，如果这种冲动被精心计划并选择后代的行为所抑制的话，我们还能作为一个物种存活下去吗？这将会让我们付出什么代价呢？是否只有发达国家的民众或是有钱人才能够负担得起这个价格？这会有什么关系吗？

你可能会觉得这令人不安，认为我们应该拉一下这匹马的缰绳，但你也应该记住是什么驱动着自己的行为。我们的基因被编码为需要繁殖。除了驱动生育行为，它还让我们保护自己的孩子，让他们生存到可以自己生育。斯托克预言，这种对孩子的保护也包括进行常规的 PGH，那些可以负担得起试管内受精和胚胎选择这类生育方式的人将不会再使用传统的方法生育了。

疾病预防的下一步当然就是胚胎修正或增强了。随着我们对个人基因编码如何控制大脑活动、特定 DNA 序列如何导致精神疾病以及不同气质的基因编码是怎样的这些知识的了解越来越多，改变基因的诱惑将会越来越无法抗拒。最初，改变基因的动机是预防疾病。但当你这样做的时候，何不更进一步？斯托克引用了 DNA 双螺旋结构的发现者之一詹姆斯·沃森（James Watson）在 1998 年人类生殖细胞基因工程会议上的发言："没有人真的敢这样说，但如果我们可以通过加入基因来让人类变得更好，有何不可呢？"修正和增强的概念是模糊的，如何看待两者取决于你的观点。"如果你真的很笨，我觉得这就是一种病。"沃森在一个英国纪录片里说道，"所有人里最笨的 10% 真的甚至连小学课程都学不会，这是为什么？许多人可能会说：'好吧，应该是贫穷之类的原因导致的吧。'但实际上可能并不是如此。所以我想要改正这个基因，来帮助最笨的那 10% 的人。"沃森和斯托克都意识到，我们将不得不认识到，人与人之间的许多心理区别都是有其生物学根源的。

这些技术最初是被开发用于预防和治疗疾病、研发基因剪裁药物以及进行基因咨询服务的。但显然它们可以被应用到修正和增强人类基因上。"好吧，我这儿有一对胚胎。你们想加些什么？哦，对了，这是你们的订单。你们选择了高大、匀称、蓝眼睛、快乐、男性。嗯，你们确定吗？所有人都选了高大和男性。天，跟赛马似的。哦，你们还想要运动员套装，还有抗癌、抗衰老、抗糖尿病、抗心脏病套装。这些已经是标准配置了，随染色体赠送。"

所以人类马上将会可以亲手干涉自己的进化了。然而时间的浸染是这种变化无法改变的。被选择的特质并没有经过数十万年的生理、情绪、社会以及环境交互的打磨。在我们的记录中，保持平衡交互的能力并不是一流的。想想澳大利亚的兔子吧，它们在 1859 年因为狩猎活动而被引入，仅仅 10 年间，最初的 24 只兔子大量繁殖，以至于每年猎杀 200 万只也没怎么影响其数量。兔子导致了澳大利亚八分之一的哺乳动物和不计其数的植物的死亡。它们消耗了大量植物，导致大面积的土地被侵蚀。随便在哪儿弄只袋子都能抓到几只兔子。你甚至都不会想要知道人类为了应付这些兔子已经花了多少钱。

显然兔子带给人们的教训还不够。另一个原本被认为是好主意的想法又办了坏事。1935 年，100 只海蟾蜍被引进澳大利亚，这些蟾蜍在中美洲和南美洲的甘蔗地里很好地起到了控制害虫的作用。现在澳大利亚的新南威尔士和北部地方已经有超过一亿只这种蟾蜍了。它们可不受人欢迎了——又吵又丑，食量大得不行，胆汁还有毒，而且它们可不是只吃害虫。它们给澳大利亚的本土动物带来了毁灭性的影响。还有被偷渡到夏威夷控制鼠害的印度猫鼬，它们不仅消灭了老鼠，还消灭了地上的所有家禽。还有 20 世纪 80 年代中期，随着欧洲船舶的压舱水被一起倒进五大湖的斑马贝，它们源自黑海、里海以及亚速海，现在成了美国危害最大的入侵物种，最远甚至出现在路易斯安那州和华盛顿州。斑马贝减少了浮游植物（也就是当地食物链的基础）的数量，从而彻底改变了五大湖的生态系统。它们还造成了其他负性经济影响，破坏了船体、港口，并堵塞了入水口和灌溉沟渠。还要我继续往下说吗？这些原本具有良好生态平衡的系统仅仅是一些我们看得见的例子而已。

基因研究会带来什么样的后果呢？生机勃勃的技术前景让我们变得聪明无比，可以解决全世界的问题，根除疾病，存活数百年。我们考虑的这些事情真的是问题吗？还是说它们是我们还未考虑到的更大问题的答案呢？如果一头鹿能够说出自己面临的问题的话，我们可能会听到："我总是觉得很焦虑，总觉得有只豹子在盯着我。每晚我都睡不好。如果能把这些该死的豹子变成吃素的，我一半的问题都能解决了。"我们看到过豹群数量下降的结果：丛林里的鹿太多了，植被被大量啃噬，导致土地被侵蚀……个体的问题也许是大局的解决方案。动物权利组织会想要修改一些食肉动物的基因，把它们变成食草动物吗？如果他们认为人类不该捕食鹿，那豹子呢？

基因增强中肯定会包括改变人格特质。如果没有人拥有那些人们不喜欢的特质，也可能会在不经意间带来坏处。理查德·兰厄姆认为骄傲导致了许多社会问题。但也许正是骄傲激励我们去好好工作。也许把骄傲剔除出基因会导致人们不在乎自己的工作质量，于是我们会听到更多“差不多得了”(如果还有可能更多的话)。焦虑也总被人们认为是不好的。也许世界上没有焦虑会更好，但也许并不是这样。有可能焦虑是世界的金丝雀[①]。所以应该由谁来定义什么好什么不好呢？是满怀好意，认为完美设计出来的孩子就会有完美生活的家长吗？结果会不会跟俄罗斯轮盘赌一样难以预料呢？

HUMAN ▸

作为人类肯定是很有趣的，而且似乎越来越有趣了。我们疯狂地使用着独特的人类能力，比如让我们拥有了精细运动能力的可以弯曲相对的拇指，以及提问、推理、解释看不见的原因和效果的能力。通过运用语言、抽象思维、想象、自动提示、计划、互助、组合数学等能力，科学正在建立关于人类和其他的大脑中发生了什么的模型。在研究者试图建造智能机器人的时候，我们接触到了更多人类所独有的能力。其中之一是唐纳德提出的训练循环，另一个是他认为人类是唯一能够自动提示的动物的假设。我们还知道了每个物种都有躯体感觉和运动特异性，它们知觉和适应这个世界的方式都是独一无二的。

这些研究的一部分动力在于纯粹的好奇心——这不是只有人类才有的特质；还有一部分是希望帮助处于伤痛或疾病中的人解脱的共情和同情心——这是不是人类

① 通常进入长期不通风的地下时会用诸如金丝雀之类爱叫的鸟类来测试地下是否有足够的氧气。——译者注

独有的还存在争议；而还有一些则是为了提高人类的整体状况——这绝对是人类才有的目标。更有一些研究是被我们和其他动物共有的欲望所驱动的，那就是繁衍健康和能够适应环境的后代。我们的欲望是否会驱使我们在某一时刻操纵自己的染色体，使我们不再是智人？它是否会让我们变成硅基生物？也许我们在未来会被人称作狗头军师人[①]呢！

① 这里作者自己造了一个词 Homo buttinski，与智人的英文 Homo sapiens 相对应，其中 buttinski 指的是爱乱出主意的人。——译者注

结语

只有人类会思考生命的意义

> 只要我们的大脑还是个谜，反映着大脑结构的宇宙就也会是个谜。
>
> 圣地亚哥·拉蒙-卡哈尔
> （Santiago Ramón-y-Cajal）
>
> 西班牙物理学家、诺贝尔奖获得者

我开始写这本书的很久以前，当我还是学生的时候，我向自己的家庭成员和朋友们问了这样一个问题：“你认为人类为什么是独特的？”几年前，我又一次更严肃地问起这个问题。我给美国许多著名思想家写信，问他们这个问题，想知道既然他们每天都在决定世界性的问题，那么他们对人类本质又是怎么理解的呢？这是在我准备写《社会性大脑》一书时所做的事情。这个过程十分有趣，结果也很有意义。所以为什么我们不再做一次，问问不同性别和不同年龄段的家人和朋友们呢？

自然，我认为这本书应该从这些观点出发，对其进行证实或是证伪。大多数人告诉我，他们会想想然后给我答复。我存起了那寥寥几份回复，直到现在才再一次翻看它们是不是跟我之前讲到的许多想法和事实相似。

看起来，虽然回答的人不多，但我还是获得了不错的剖面。虽然它们不是用专业术语写出来的，但仍多少总结出了一些我们所独有的能力。让治疗师去为道德情绪的定义头疼、内疚和羞耻吧。一位老师认为，人类是唯一可以主动将知识传授给年轻后代的物种。一位会计提到了数学能力。还有一个5岁大的孩子跟我说："动物自己不会开生日派对，你得给它们办一个。"一名刚从高中毕业的青少年说，其他动物不会因为减肥而饿肚子，不会打扮，也不会有腹壁整形。其他人提及的独特能力包括人类可以主动回忆大量之前存储的信息，可以演奏和创作音乐，有语言和宗教，相信未来，玩团队运动，还会被粪便恶心到。

还有人对人类不那么看好。有些人说人类并不是独特的。来自产科门诊的一份回复说："我认为人类本质上跟动物没什么区别。我们都有扩张捕猎范围、控制资源、传递DNA的动物本能。我们不一样的地方在于人类有问问题的需要，但事实上我们的行为与动物并没有太大差别。"还有一位鸟类学家在经历了一整天的坎坷以后说："人类是以自我为中心的自大狂，他们只顾自己开心就去占其他人类、动物以及他们所居住的土地的便宜，完全不考虑自己的行为会不会影响其他活物，比如植物和动物。"当然，这也是对她爱着的所有动物的描述：一只鹰在吞下老鼠当午餐的时候不会考虑老鼠家人的感受，海狸也不会考虑它在溪上建的水坝会造成什么影响。

还有人给了我一些听起来很不错的意见，但之后我发现它们有点儿不对了。一位人类学家说，人类是唯一有乱伦禁忌的生物。正如我们看到的，黑猩猩群体中好像也有一些这种现象，这件事也让我很惊讶。一位海洋生物学家说，人类是唯一可以改变自然选择的生物。我在书中没有讨论生态位构建理论，这个理论认为动物会改变自己的生态位，从而对自然选择产生影响。然而，人类是唯一有意识地通过技术手段来改变自己DNA的生物。沿着这个思路，还可以看到人类可以通过科技将性和生育区分开来。

显然，人们都是从自己的角度、自己的工作以及个人兴趣来看问题的。我觉得我应该问一位厨师，因为给我的回答里没有人提到做饭。有趣的是，没有人提到动物是否能理解其他个体的想法、信念、欲望以及自己的想法这样一个基础问题。没有人好奇动物的意识是不是与我们的不同，这恰恰表明我们人类多么喜欢将动物人格化，把心理理论胡乱强加在它们身上。同时，没有人提到只有人类拥有抽象思维，有想象力，或是能对知觉不到的力、原因以及影响进行思考、推理和解释。也没有人提到我们是唯一可以分辨假想和现实之间的区别、运用即时的信息，在想象中进行时间旅行以及表现出情景记忆的动物。而且没有人意识到我们是唯一可以通过暂时抑制冲动来延迟满足的动物。没有人提到我们是唯一用事件发生频率来匹配概率的动物，这倒是没什么可惊讶的。但令人生气的是，我家里没有一个人提到左脑解释器。这是为什么呢？

在进化之树上，我们人类是独自处于自己那根树枝的尖端上的。黑猩猩的树枝上生发出了倭黑猩猩，同时它们也与我们有着共同的祖先。我们与所有有机生物有着同样的根源。这就是为什么有些人认为人类和动物之间并没有太多本质上的区别。我们有大量的相似之处。我们的细胞加工过程是基于同样的生物学原理的，我们也遵循同样的物理和化学属性。我们都是碳基生物。然而每一个物种都是独特的，人类也不例外。每个物种都在以不同的方式占据着不同的生态位，并回答着生存这样一个问题。

我还收到了这样一个回复，说人类没有诸如尖牙利爪这样的先天防御机制。我们确实有拳头，但我们还有大侦探波洛所说的小小的灰质细胞。我们智人擅长的领域是认知。没有尖牙利爪，我们照样做得很出色。如果没有生理结构的改变，我们是不会有如今这样的能力的。我们需要解放双手，拥有灵活的拇指和喉咙，以及所有其他身体构造上的改变，才得以获得我们这许多独特的能力。然而我们改变的不光是身体构造。

正如这本书中提到过的，我们是有一个很大的脑袋，但事情远没有这么简单。尼安德特人和我们相比脑子更大，却没有进化出跟智人这些暴发户一样的先进工具。是否有一天我们会知道究竟是什么改变了我们，以及这些改变是怎么出现的？这个问题困扰着像伊恩·塔特索尔（Ian Tattersall）这样的古生物学家。他只是想知道而已，出于不需要任何其他回报的纯粹好奇。许多人试图用量变到质变的方式来定义我们的独特性。我们是像达尔文设想的那样连续进化的，还是在进化过程中有些大的突变呢？通过研究我们最近的亲戚黑猩猩，我们知道了人类的大脑在质量和数量上都与它们不同。我们的大脑更大，而且有些脑区也跟它们不同。但我认为最重要的区别在于大脑连接方式的不同。在我们的大脑中，所有东西都交织相连。我们拥有反馈回路，这让我们能够反思和抑制，它还可能是自我觉知和意识的基础。胼胝体让大脑的每立方厘米都能容纳更多的东西，消除冗余，让两侧半球特异化来提高效率。特异性似乎随处可见，令我们的大脑制造了各种模块通路。我们的镜像神经元系统也似乎无处不在，向我们提供了社交能力、学习、共情以及语言的可能的基础。不仅如此，我们的大脑连接之谜还在不断被揭开。

人类实际上才刚刚知道怎么去理解自己的能力。我们是否具有吸收所有可获得的信息的脑容量都还是个问题。也许那些认为人类只与其他动物有一点儿不同的人是对的。和其他动物一样，我们也被自身的生理限制着。我们也许无力超越他们最坏的评价，但希望或想象我们可以变得更好的能力本身就已经非比寻常了，没有其他物种想要超越自己。也许我们真的可以超越自己。当然，我们与动物也可能没什么不同，但有些冰块也只是比水冷一度而已。冰和水都被它们的化学成分所限制，但它们却因为形态变化而完全不同。我的兄弟在最后总结动物和人的区别时说：“人类会坐在电脑前试图弄清楚生命的意义，而动物则会去体验生命。问题在于，谁能笑到最后，是人类还是动物呢？”

好了！我要出去整理葡萄园了。我的加州葡萄马上就可以用来酿一壶好酒了。我不是只黑猩猩，这真是太棒啦！

致谢

本书动笔很长时间了。它大概始自加州理工学院（我有幸在那儿读研究生）的J. 艾尔弗雷德·普鲁夫洛克公寓吧。我们总是亲切地称它为“家”，那儿有好几间卧室，其中一间便是我的。我要告诉你，住在那儿的其他舍友全都比我聪明。他们大部分是学物理的，如今各自奔赴了前程大好的事业。他们总是费尽心血地思考最难的问题，并且解决了其中的大部分。

对像我这样的新人来说，聪明舍友的激情给我留下了迄今难以磨灭的印象。从难题开始苦干。苦干，苦干，苦干……我照做了，现在也是这么做的。有点讽刺的是，我研究了一辈子的这个问题，比他们的要难得多，用一句话总结便是：人类到底是怎么回事？好在他们对我的问题很着迷。与此同时，对于他们解决问题时随时要用到的那些概念工具，我完全摸不着头脑。下国际象棋，我能把身为物理学家的舍友诺曼·东贝（Norman Dombey）打个落花流水，可直到今天我也不敢肯定，自己到底有没有真正理解热力学第二定律。其实，我知道自己不懂。诺曼却好像什么都懂。

那儿有一种氛围，大家都相信，得以实现人生意义的目标，就是洞穿人生之奥妙。这种情绪极具感染力。于是，将近45年之后，我打算再来一次。当然，光靠我自己是不成的。我的题目是揭示人之为人意味着什么。说得够清楚了吧？为了再一次打开眼界和思路，我找来了身边所有聪颖的年轻学生。

三年前，在达特茅斯学院执教的最后一年，我开始了本次旅程。我找来高级研讨班上最杰出的青年男女，把我想探索的课题分配给他们。姑娘小伙们全身都是活力，而且满腹见识。我们一起忙活了两个多月，成绩斐然。两名学生自此着了迷，我很高兴地告诉大家，他们走上了研究思维科学的职业道路。

接下来的一年，我来到加州大学圣巴巴拉分校执教。这所大学在研究和学术工作上不遗余力。我教的是一群专注的研究生，他们对进化的故事相当入迷，还补充了许多有益的见解。之后发生了一件有趣的事。

医生说我患了前列腺癌，需要动手术。我跟你讲，那天可是相当不顺利。我落入了一群可怕的医护人员之手，还好最后终于挺过来了！然而，我的工作还是那么多，几乎能把人淹死。还好我够幸运，碰上姐姐丽贝卡·加扎尼加（Rebecca Gazzaniga）想尝试点儿新活法。她真是全世界最好的人了，她是医生、植物学家、画家、大厨、旅行家，全家人最爱的姑姑。这一刻，我发现她还是个科学迷、作家、编辑兼合作者。明星就此诞生。没有她的帮助，这本书恐怕无法跟各位见面。

趁此机会，我想替家里和学校班上的许多天才宣传宣传。我很骄傲，也很荣幸，因为我至今记得加州理工学院普鲁夫洛克公寓的那条座右铭：“思考大问题。”不光因为它们意义重大，还因为它们充满挑战性、鼓舞人心，并且经得起时间的检验。看看你怎么想吧。

译者后记

作为一名长期为不同时代的哲学思想所着迷的心理系学生，我总是在苦恼着一些有关“人”的定义的问题。不同时代的哲学对人有着不同的定义。欧洲中世纪神学唯心主义的观点认为上帝造人。他们认为，人一方面有着与上帝相通的神性，另一方面又有使其陷入罪恶的肉体，由此说人“一半是天使，一半是野兽”。而在近代资产阶级哲学家反对宗教神学的斗争中，人则是一种具有更高感觉能力的动物，而人的本质就在于使人自由的理性。可是这些哲学概念并没有解释清楚人的本质：是什么让我们人类如此特殊？是什么让我们好奇地吃下禁果，又是什么让我们拥有自由和理性呢？带着这样一些问题，我激动地翻开了迈克尔·加扎尼加这位认知神经科学大师的作品《人类的本质》。

不同于因为固执己见而与持异见者争得面红耳赤的哲

学家，这位殿堂级的认知神经科学家坚信，不同的经历和不同的遗传条件都会让我们对什么是“人”有着截然不同的理解。在不同的篇章里，迈克尔通过整合不同领域的科学研究和发现来向我们分享他对人类的记忆、认知、社会、知觉等方面的深刻理解，为我们描绘出了一幅宏大的人类画卷。他让读者在尽可能地了解他对“人类”的定义的同时，也能给出自己对“人类”这个物种的定义，在他的引导下给这幅困扰哲学家们数千年的拼图拼上属于自己的那一块。

本书的推荐者之一史蒂芬·平克说：“在这里，你可以找到一切有关‘什么是人类’的顶尖科学发现。”的确，在迈克尔·加扎尼加轻松幽默而又不失严谨的写作风格下，即使对脑科学和认知科学没有太多了解的读者也能够不用耗费太多时间就了解人类独特性背后的神经机制。同时，贯穿全书的还有迈克尔的研究历程和生活经历，这些有趣的细节描述也给科学家刻板、不苟言笑的白大褂形象添上了一缕活力。

我唯一担心的是自己的能力难以完美地译制这样一本饱含大师心血的作品，传达他的知识和幽默。感谢高晓雪师姐、李志爱师姐和余星儿同学对我的协助，让我有幸能为大师作品的传播贡献一份力量。由于个人能力有限，译文中不免出现这样或那样的疏漏，也请读者们批评指正。

未来，属于终身学习者

我这辈子遇到的聪明人（来自各行各业的聪明人）没有不每天阅读的——没有，一个都没有。巴菲特读书之多，我读书之多，可能会让你感到吃惊。孩子们都笑话我。他们觉得我是一本长了两条腿的书。

——查理·芒格

互联网改变了信息连接的方式；指数型技术在迅速颠覆着现有的商业世界；人工智能已经开始抢占人类的工作岗位……

未来，到底需要什么样的人才？

改变命运唯一的策略是你要变成终身学习者。未来世界将不再需要单一的技能型人才，而是需要具备完善的知识结构、极强逻辑思考力和高感知力的复合型人才。优秀的人往往通过阅读建立足够强大的抽象思维能力，获得异于众人的思考和整合能力。未来，将属于终身学习者！而阅读必定和终身学习形影不离。

很多人读书，追求的是干货，寻求的是立刻行之有效的解决方案。其实这是一种留在舒适区的阅读方法。在这个充满不确定性的年代，答案不会简单地出现在书里，因为生活根本就没有标准确切的答案，你也不能期望过去的经验能解决未来的问题。

而真正的阅读，应该在书中与智者同行思考，借他们的视角看到世界的多元性，提出比答案更重要的好问题，在不确定的时代中领先起跑。

湛庐阅读 App：与最聪明的人共同进化

有人常常把成本支出的焦点放在书价上，把读完一本书当作阅读的终结。其实不然。

时间是读者付出的最大阅读成本

怎么读是读者面临的最大阅读障碍

“读书破万卷”不仅仅在“万”，更重要的是在“破”！

现在，我们构建了全新的“湛庐阅读”App。它将成为你“破万卷”的新居所。在这里：

- 不用考虑读什么，你可以便捷找到纸书、电子书、有声书和各种声音产品；
- 你可以学会怎么读，你将发现集泛读、通读、精读于一体的阅读解决方案；
- 你会与作者、译者、专家、推荐人和阅读教练相遇，他们是优质思想的发源地；
- 你会与优秀的读者和终身学习者为伍，他们对阅读和学习有着持久的热情和源源不绝的内驱力。

下载湛庐阅读 App，
坚持亲自阅读，
有声书、电子书、阅读服务，
一站获得。

图书在版编目（CIP）数据

人类的本质 / （美）迈克尔·加扎尼加
(Michael S. Gazzaniga) 著 ; 彭雅伦译. -- 杭州 : 浙江教育出版社, 2022.12
ISBN 978-7-5722-4777-4

Ⅰ. ①人… Ⅱ. ①迈… ②彭… Ⅲ. ①心理学－通俗读物②脑科学－普及读物 Ⅳ. ①B84-49②Q983-49

中国版本图书馆CIP数据核字(2022)第220238号

上架指导：心理学 / 认知科学

人类的本质

RENLEI DE BENZHI

[美] 迈克尔·加扎尼加（Michael S. Gazzaniga） 著
彭雅伦　译

责任编辑：童炜炜
文字编辑：王昕雨　周嘉宁
美术编辑：曾国兴
责任校对：汪　斌
责任印务：刘　建
封面设计：ablackcover.com
出版发行：浙江教育出版社（杭州市天目山路 40 号　电话：0571-85170300-80928）
印　　刷：唐山富达印务有限公司
开　　本：710mm ×965mm　1/16
印　　张：25.25　　字　　数：387 千字
版　　次：2022 年 12 月第 1 版　　印　　次：2022 年 12 月第 1 次印刷
书　　号：ISBN 978-7-5722-4777-4　　定　　价：129.90 元

如发现印装质量问题，影响阅读，请致电 010-56676359 联系调换。